典型城区河道生态综合整治规划与工程设计

中国电建集团华东勘测设计研究院有限公司

杜运领　芮建良　盛　晟等　著

科学出版社
北　京

内 容 简 介

本书总结了中小流域生态综合整治的总体思路及技术方法，并以典型城区河道为研究对象，完整地阐述了流域综合整治及河道生态修复的规划设计过程。全书共分为四个部分，第一部分着重介绍了河道生态综合整治技术研究的理论及方法；第二部分介绍了典型流域生态综合整治规划的思路、方法及相关的水文水利规划、水环境综合整治规划和生态景观修复与建设规划；第三部分在规划的基础上，分节就典型河道修复工程设计进行了详细介绍，包括湿地工程设计、水工设计以及景观工程设计；第四部分介绍了流域综合管理体系与工程管理。

本书可供水利工程、生态工程、环境工程、景观规划设计等专业人员参阅，也可供各级政府有关管理人员参考。

图书在版编目（CIP）数据

典型城区河道生态综合整治规划与工程设计/杜运领等著. —北京：科学出版社，2015.8

ISBN 978-7-03-045427-0

Ⅰ. ①典… Ⅱ. ①杜… Ⅲ. ①城市–河道整治–生态环境–环境规划 Ⅳ. ①TV882

中国版本图书馆 CIP 数据核字（2015）第 197509 号

责任编辑：周 丹 吴春花 / 责任校对：刘亚琦
责任印制：张 伟 / 封面设计：许 瑞

科学出版社 出版
北京东黄城根北街 16 号
邮政编码：100717
http://www.sciencep.com
北京厚诚则铭印刷科技有限公司 印刷
科学出版社发行 各地新华书店经销
*
2015 年 8 月第 一 版 开本：787×1092 1/16
2022 年 3 月第六次印刷 印张：13 插页：6
字数：291 000
定价：89.00 元
（如有印装质量问题，我社负责调换）

编辑委员会

主　　编：杜运领　芮建良　盛　晟

副 主 编：王银龙　魏　俊　李海林　陶如钧

编写人员：陈奋飞　白福青　张善亮　叶盛华

韩万玉　陆俊宇　程开宇　李俊杰

傅菁菁　李华斌　李　军

前　言

我国正处于经济、社会快速发展时期，经济持续快速增长同资源环境约束的矛盾，呈逐步增加的趋势，开始成为我国经济社会发展中诸多矛盾和问题产生的重要原因。为了实现中华民族的全面和可持续发展，党中央、国务院高度重视生态文明建设，在党的十八大报告中作出了“大力推进生态文明建设”的战略决策，描绘了我国生态文明建设的宏伟蓝图，其中水生态文明建设成为生态文明的重要组成部分和基础内容。

河流是水资源、水环境、水生态、水文化的重要载体，是水生态文明建设关注的重中之重。近年来，随着经济发展，人口增加，生产、生活对环境的影响不断加剧，致使部分区域溪流生态环境有所恶化，阻碍了经济社会的可持续发展。因此，做好流域生态综合整治工作，对于实现经济社会全面、协调、可持续发展和全面建设小康社会具有十分重要的意义。

河道生态综合整治是一项系统工程，涉及生态工程学、水文学、环境学、景观生态学等诸多专业领域。通过多年实践与发展，河道生态综合整治已从传统水利向现代水利，从工程水利向生态水利转变。研究人员经过多年实践摸索，通过大量工程实例研究，形成了具有自身特色的河道生态综合整治技术方法，确立了以保护水资源、保障水安全、修复水生态、改善水环境、提升水经济、彰显水文化为主要目标和内容的河道生态综合治理思路。通过水生态系统的有效保护和水资源的合理配置，维护水生态系统的健康；积极开展水生态系统的恢复工作，逐步达到水功能区的保护目标和水生态系统的良性循环，支撑沿岸城市和社会经济的可持续发展，以实现人与自然的和谐发展。

本书以典型城区河道为研究对象，总结了中小流域生态综合整治的总体思路及技术方法，以满足日益增长的河道综合整治需求。书中详细阐述了河道生态综合整治规划与工程设计的各个阶段，包括区域调查、总体规划、详细设计等，完整地阐述了一个流域生态整治及河道生态修复工程实施的全部过程。全书共分为四篇 12 章，第一篇分为 3 个章节，着重介绍了河道生态综合整治技术研究的理论及方法。其中，第 1 章进行了相关研究的综述，阐述了河道生态综合整治的发展历程；第 2 章介绍了流域生态综合整治思路与主要内容；第 3 章介绍了流域生态综合整治技术与方法。第二篇分为 4 个章节，分别介绍了典型流域生态综合整治规划的思路、方法以及涉及的各项内容。其中，第 4 章系统地阐述了典型区概况及总体规划策略，包括整治思路、指导思想与理念，并进行了总体规划；第 5 章在水文分析和水利计算的基础上，进行了防洪规划、河道防枯规划以及水利工程规划；第 6 章以水环境污染整治为侧重点进行流域水环境综合整治规划；第 7 章进行了流域生态景观修复与建设规划，并提出了“以水带陆”促进区域经济转型升级策略。第三篇分为 3 个章节，在规划基础上，分章节就典型河道修复工程设计进行了详细介绍。第 8 章介绍了湿地工程设计的总体思路，进行了湿地工程总体方案比选与分项设计；第 9 章介绍了护岸工程设计的总体思路，进行了不同方案比选并进行了工程设计；第 10 章在湿地工程与护岸工程的基础上进行了景观工程设计。第四篇分为 2 个章节，分别介绍了流域综合管理体系与工程管理。第 11 章从监测预警体系、法律与政策保障体系以及流域行政管理体系 3 方面出发，阐述了流域综合管理体系的构建；第 12 章介绍了工程管理，并从环境效益、经济效益以及社会效益 3 个方面进行了效益分析。

本书涉及的专业领域较广，需要兼容并包多学科的技术方法，而本书正是由具有不同专业背景的、在一线从事专业技术工作的工程人员所共同完成的。同时，本书在写作过程中，得到了重庆沙坪坝滨江建设开发有限公司等相关单位的鼎力帮助，在此一并致以谢意。

河道生态综合整治需要在理论上不断总结提高，也需要在实践应用中不断完善，将理论研究与实践创新相互结合。由于作者理论水平与专业知识所限，书中恐有疏漏与不妥之处，敬请各位专家、同仁和各界读者提出宝贵意见和建议。

作　者

2015 年 5 月于杭州

目　　录

第二篇　典型流域生态综合整治规划

第四篇　流域综合管理体系

第一篇　河道生态综合整治技术研究

第 1 章 绪　　论

河流具有行洪排涝、供水、灌溉、航运、景观、生态等多种功能，既是重要的水利资源，又是生态环境的重要组成部分。河流不仅能够为人类提供宝贵的水资源，而且也能够为各种水生生物提供生存的自然空间，同时它对区域生态系统的稳定性和小气候起着重要的调节作用。

城市河流是指城区内用于防洪、排涝、引清、蓄水、排水及航运的天然或人工水道。在城市社会经济发展优先的阶段，城市河流/河道的开挖或改造设计一般依据以下原则：基于水力学最佳水力半径的概念，用最经济的断面输送最大流量。这种设计思路的优点明显，即空间省、成本低。在这种理念指导下，我国多数城市河道都被裁弯取直、沟渠化、硬质化，呈现千篇一律的人工景观。

从某种意义上讲，目前多数城市河流已经难以称为河流，称为渠/河道似乎更为恰当。按照传统的河道治理思路，一般会使上下游断面趋于统一，导致水流多样性丧失。由于忽略了河道与岸上生态系统的有机联系，因此不少河道显得有些突兀，与周边环境不协调。当前实施的一些河流整治工程，往往只着眼于河道本身，忽视了河道周围生物的存在，整治后未能使沿岸生物群落得到恢复。

基于以上原因，目前不少城市河道的天然属性基本丧失，河道水体及沿岸生态系统遭到严重破坏，河道的抗冲击力大大削弱。近年来，不少城市河道相继出现黑臭问题或富营养化现象，表明河道的生态功能几乎已经损失殆尽。值得庆幸的是，研究者和管理者已经注意到这一问题，并开始着手进行改进。一些研究者指出，健康的城市河道生态系统是保障城市生态安全的必要条件，也是建设生态城市的基本要求。因此，对城市河道实施生态恢复，构建良好的河道生态系统是十分必要和紧迫的。

1.1　国内外河道治理进展

1.1.1　国内外河道治理理论发展历程

国外对河道生态修复的研究起步较早，如 1938 年德国 Seifert 首先提出近自然河流治理的概念，他指出工程设施首先要具备以传统理念治理河流所要求满足的各种功能，如防洪、供水、水土保持等，同时还应该达到亲近自然的目的；20 世纪 50 年代，德国创立了近自然河道治理工程理论，提出河道的整治要植物化和生命化，随后将其应用于河流治理的生态工程实践，并称为“再自然化”；1962 年 Odum 等提出自我设计（self-organizing activities）的生态学概念并运用于工程中；1965 年德国 Ernst Bitt-mann 在莱茵河用芦苇和柳树进行了生物护岸实验等。70 年代以来，发达国家纷纷对以往的水环境治理思路进行反思，提出了生态治水的理念，尊重水环境的自然规律，注重对其自然生态和自然环境的恢复和保护。例如，德国从 70 年代中期开始，在全国范围内拆除被渠道化了的河道，将河流恢复到接近自然的状况，这一创举被称为“重自然化”。80 年代以来，美国和日本对河道的生态恢复进行了大量研究及工程实践。美国自 1980 年起开始进行河流生态恢复（restoration）方面的尝试，1989 年美国 Mitsch 和 Jorgensen 探讨 Odum 提出的生态工程概念并赋予定义，正式诞生了生态工程学，并不断论证了生态学原理运用于土木工程中的理论问题，奠定了“多自然型河道生态修复技术”的理论基础。80 年代中期，日本开始认识到“生态体系保护、恢复和创造”以及“环境净化”的重要性，特别在水环境领域，引进了新的河流整治理念，即要保护并创造适宜生物的环境和自然景观，同时尊重自然所具有的多样性，保障满足自然条件的良好水循环，避免生态体系孤立存在，取得了很大成效。90 年代以来，日本逐渐修改已建河流的混凝土护岸，在理论、施工及高新技术的各个领域丰富发展了“多自然型河道生态修复技术”，统称为“近自然工法”（near nature engineering）。

国内近年来开始转变传统的河道治理思路，对河道治理观念已经由传统的以满足防洪、排涝的要求转变为在加强河道基本功能的同时，逐步满足生态城市发展要求。河道整治的新目标包括：有效控制和抵御常遇洪水、暴雨、风暴潮，从而保障社会稳定和社会经济的可持续发展；建立多功能、高效益水环境保护综合体系，使堤岸、河道整治达到“堤固、通畅、水清、美观、岸绿”的要求。“十五”至“十二五”期间，国内对河道生态修复与功能重建的技术研发有了前所未有的重视，一批技术在实践中诞生。例如，在生态坡岸建设中，构造湿地、生态砖、简易土工模袋的利用；河水净化的生态河床技术、生物膜技术、高效微生物技术、水体曝气充氧和底泥生物氧化技术等。尽管如此，整体上国内对河道生态修复与功能重建的工作仍处于起步阶段，还处于对国外技术零星的吸收、消化与适应性转化阶段，还缺乏一个完整的河道生态修复与功能重建的技术体系。

1. 美国：水资源管理策略的转变

1899 年，《河川港湾法》（Rivers and Harbors Act）的制定，使修建航道、提高河流航运能力成为河道整治的主要目的。此后，基于密西西比河洪灾的再次发生，1928 年美国颁布了《防洪法》（Flood Control Act），提出了河流改善工程、密西西比河及其支流防洪堤的建设，并规定拿出专项资金用于防洪堤的巩固和改善。之后，于 1936 年和 1944 年对防洪法进行了两次修正，进一步加强了洪水的控制力度，并引发此后大规模的大坝建设，这一时期的河道整治倾向于防洪工程，即采取工程措施来减少洪水灾害的发生。

1948 年，《联邦水污染控制法》（Federal Water Pollution Act）的颁布标志着水污染控制工作在美国的全面开展，基于水污染的日益严重，美国成立了美国环境保护署（EPA），并于 1977 年颁布了《联邦水污染控制法》的修正案，推动美国水污染控制进入了一个新的阶段，确立了与自然相协调的、可持续的河流管理理念，并进入了大规模反对大坝建设的阶段，但此时相关环境及水资源政策仍过于强调水的化学性质，在很大程度上忽视了河流水资源的生态功能，其结果是水体达到联邦政府要求的水质标准，而河流功能却未得到有效恢复。基于上述教训，20 世纪 80 年代，美国联邦政府、资源质量监测研究委员会提出，水资源的质量必须与其用途相联系，不仅要考虑化学指标，更要考虑生态指标、栖息地质量和生物多样性及完整性等。90年代后，美国开始了更为广泛的河流生态恢复活动，将城市河流作为公众舒适性的一部分，并在开展河流管理过程中强调公众参与。

2. 澳大利亚：从工程措施转向生态修复

在20世纪30年代以前，澳大利亚主要以获取水源、灌溉、防洪及水土保持等作为河流利用与整治的重点。随着洪水灾害及河岸侵蚀等问题的日趋突出，澳大利亚转而寻求防洪堤建设、河岸植被清除、河道渠化等整治工程。为控制河床及河岸侵蚀，1948年澳大利亚颁布了河流与海滩整治法（Rivers and Foreshores Improvement Act）。这一阶段的河道整治以工程措施为主，通过供水工程、防洪工程、灌溉工程，以及河床、河岸侵蚀的控制工程等，来提高河流防洪排涝能力，并采取清除河岸植被、截弯取直等一系列措施以提高水利效率。根据1986年全国河流生境条件的调查及1988年维多利亚州内陆河道的环境状况调查结果，河流环境退化已成为澳大利亚河流的主要问题。基于此，河流生态恢复和修复成为1996～1999年澳大利亚河流保护和管理的重点，并于1999年出版了澳大利亚河流恢复导则。这一时期河道整治开始倾向于从利用并结合生态保护的角度进行河流管理，关注河流环境条件和状态，结合生态条件评价溪流状况，此时河流环境改善的措施主要包括河岸带的植被再植、河流的结构调整、河流自然弯曲形态的重新恢复、河道内生境的恢复等。

3. 日本：河道整治理念的创新

直至20世纪后半叶，日本的城市河道整治目标仍是减少洪涝灾害，而从未考虑河流的自然环境特征以及美学景观价值。自20世纪70年代开始，日本的河流管理政策发生巨变，河流提供的环境完整性及舒适性逐渐成为日本河道整治和管理政策的中心目标。自80年代开始，河流管理者意识到快速城市化和工业化对城市河流水质、生态的损害，并认识到保护景观和生物多样性的重要性，所以恢复河流的环境特性显得越来越重要；同时对“多自然型河流治理法”进行了广泛研究，强调采用生态工程的方法治理河流环境、恢复水质、维护景观多样性和生物多样性。90年代初，日本开始实施“创造多自然型河川计划”，提倡凡有条件的河段应尽可能利用木桩、竹笼、卵石等天然材料来修建河堤，并将其命名为“生态河堤”。

4. 中国：由工程治河向生态治河过渡

我国城市河道的整治过程可以分为3个阶段，即20世纪50～70年代的初级开发与治理阶段、80～90年代的防洪排涝与工程治河阶段以及90年代末开始的环境保护和综合治理阶段。其中，初期整治阶段以开发水资源、河道航运，以及建设水库、水坝等提高抗灾能力和改善灌溉条件为主；80年代进入工程治河阶段，全国各大城市普遍开展大规模以工程措施为主、防洪排涝为目的的河道整治。这些措施一方面发挥了它们的安全功能，提高了河道的防洪排涝能力，另一方面也对河流生态系统的自然特征造成了一定程度的破坏。到20世纪末，国内开始认识到传统的防洪、水资源开发等活动，使河流的水文条件和地形、地貌特征等发生了较大变化，河流的生态系统功能严重退化。此后，国内开始广泛吸收国外先进的思想和理念，逐步在河流管理中注重对河流生态的保护和恢复。与发达国家相比，国内的城市河道整治理念和措施较为滞后，尤其是在城市河流生态修复方面仍处于起步和技术探索阶段，基本局限于水质改善和景观建设，传统水利与栖息地修复、景观营造等的有机结合较为缺乏。

1.1.2 国内外代表性河流/河道的治理

1. 污染治理的典范：泰晤士河的治理

由于工业的发展，19 世纪中叶至 20 世纪中叶英国的泰晤士河受到了严重污染。1850～1949 年，英国政府开始第一次泰晤士河治理，主要是建设城市污水排放系统和河坝筑堤。1950 年至 21 世纪进行了第二次污染治理，建设大型城市污水处理厂、加强工业污染治理、采取对河流直接充氧等措施治理水污染。全流域建设污水处理厂 470 余座，日处理能力为 360 万 t，几乎与给水量相等。经过 100 多年的综合治理，特别是 20 世纪 60～70 年代的高强度治理，泰晤士河已成为国际上治理效果最显著的河流。

总结泰晤士河治理的经验，其成功不仅因为采取了先进的治理技术，更重要的在于建立和制定了完善的体制和制度。1974 年，英国全国范围内按流域划分成立 10 个水务管理局，泰晤士河水务管理局独揽泰晤士河流域的所有业务，对泰晤士河流域统一进行规划与管理，即将全流域 200 多个管水单位合并，建成一个新的水务管理局——泰晤士河水务管理局，统一管理水处理、水产养殖、灌溉、畜牧、航运、防洪等各种业务。这项举措被国际上称为“水工业管理的一次大革命”，对泰晤士河的治理发挥了巨大的作用。1989 年，英国通过新版的《水资源法》，实施水务私有化。1990 年，泰晤士河水务管理局等 10 家水务管理局改制成私营公司，把供水、污水处理业务留给企业，水质检测、污水监管、检举起诉等权力则统一收归全国层面的国家河流管理局。在私营公司和政府监督的合力下，这条英国最知名的河流变得更加充沛、洁净。

2. 国际合作的典型：莱茵河的治理

莱茵河沿岸各国在早期的河流管理过程中，采用了大量如筑坝、河道疏浚，以及裁弯取直、截断小支流等工程措施。尽管这些工程措施在一段时期内促进了生产的发展，但却使河流丧失了应有的水文活动。沿河密集的工业基地也使莱茵河受到了严重污染。从 20 世纪 50 年代末起，莱茵河的水质逐步恶化。1950 年 7 月，“莱茵河防治污染国际委员会”（ICPR）在巴塞尔成立，成员国包括瑞士、法国、德国、卢森堡和荷兰。ICPR 自成立以来，先后签署了一系列莱茵河环境保护协议：签订防止化学污染公约，要求各成员国建立监测系统，制定监测计划，建立水系预警系统，规定了某些化学物质的排放标准，建立不同工业部门的协调工作方式，采用先进的工业生产技术和城市污水处理技术减少水体和悬浮物的污染；签订防治氯化物污染公约，减少德国与荷兰边界水体盐的含量；签订防治热污染公约，强调莱茵河沿岸的电站和工厂必须修建冷却塔，确保排放水温低于规定值。1988 年，各国部长们公开宣布莱茵河必须防止热污染。除了消减污染外，莱茵河的治理理念转为尽力维护、恢复河流的自然特性，大力恢复河流生态，同时逐步拆除因航行、灌溉和防洪在河流上修建的各类工程，如河流两岸的水泥护坡，并代之以灌木、草本，对曾被裁弯取直的人工河段，逐步恢复为弯曲原貌。经过多年的治理，莱茵河水质得到了很大改善。

3. 美国休斯敦布雷海湾林荫道

作为休斯敦市投资最多的公共场地之一，该项目使曾经闲置荒芜、垃圾肆虐的废墟摇身变为绵延 900m 的狭长的城市公园，使得流经此地的水牛河重现了自然形态，水体水质得到了明显的改善。SWA 集团负责在超过 3000m 长的河道周边城市环境中开展项目的总体规划和随后的整体景观规划，获得新生的坡岸和台阶将休斯敦人的活动重新融入河湾。沿岸的天然河道和土壤利用 14 000t 的岩石以及再生混凝土得以加固。杂草和其他外来入侵植物被 287 000 株新植被所取代。改造过后，自然驳岸的恢复、植被群落的配置以及自然湿地的设计，能够有效地缓解和消除周期性、季节性洪水所带来的不良影响。同时，该绿道为布雷海湾的环境和文化再生设计与城市绿色通道战略性执行扩展了防洪策略。它提出了防止洪水破坏的保护方案，同时提出了满足城市游憩、栖息地保护和文化提升的需求。绿道蜿蜒曲折的自然化河道形态、植被覆盖良好的软质自然生态驳岸，提高了整个城市气候和局部小气候的质量，河流植被不仅发挥了降温、防风功能，还为野生动物的生存、繁衍和迁移提供了良好的环境，此外对控制水土流失、保护分水地域、净化水质、消除噪声都具有明显的经济效益。该项目实现了将布雷海湾走廊作为一个整体，以一个大规模、经济上可持续发展的开放空间存在。

4. 中国台州市永宁江河道的生态修复

台州市永宁江河道生态修复，属于典型的河流生态再生设计。通过对于河流关键地段的设计，加强并改善了河流生态系统对周边居民的服务功能，让城市居民的活动重新融入到河湾之中。经过改造，长达 2000m 的永宁江水岸逐步由硬质混凝土驳岸演变成自然植被驳岸，河道形态上恢复了自然河流形态，沿岸生态系统得到修复，河流的滞洪、泄洪作用明显改善。除此之外，对于植被的自然生长演替进行保护和促进，保留河道水岸的菖蒲和芦苇等原生植物，并大量运用乡土植被种植于坡岸，达到固土、护坡、巩固堤岸的效果，在滨水区域形成了群落结构丰富的湿地生态系统。

此外，这次河道生态修复的核心是浙江黄岩永宁公园，其设计的最大特点是在防洪堤的内侧营建了一块带状的内河湿地，其面积虽只有 $2hm^2$ 左右，但如果沿江能形成连续的湿地系统，必将形成一个区域性、生态化的旱涝调节系统。经过人工干预形成的内河湿地系统不仅为当地动植物提供了良好的生态栖息环境，而且完善了河岸周边绿化空间的植物群落结构，还为附近居民提供了休闲娱乐的场所。

1.2 国内传统城市河道治理中的问题与理念转变

1.2.1 国内传统城市河道治理中的问题

目前河道治理中普遍存在的问题如下。

（1）防洪排涝问题

部分河道两侧没有护岸，或是河堤单薄，防洪能力达不到设计标准。一些有通航功能的河道，由于行船和风浪长年累月的冲刷，使河堤遭受不同程度的破坏，甚至出现坍塌。此外，河岸带植被的缺失，往往造成河岸边坡和堤坝顶面水土流失，流失的泥沙在河床内淤积，致使河床抬高；不恰当的城镇开发使许多河道变窄、河网被分割，加之城镇废物的倾倒使河床越来越高，甚至发生河道被填埋的现象。这些都严重影响了河道的防洪排涝功能。

（2）生态防枯问题

随着城镇化的加快，生活工业用水以及河道景观用水需求不断增加。部分河道天然径流量较少，河道内水量不能得到有效补充，无论从河道水位还是从水量上都不能满足用水需求；目前，国内城市河道在规划建设时很少进行生态防枯规划，导致在枯水期部分城市河道完全断流。

（3）堤防护岸问题

过往的堤防设计过程中，为了减少工程建设成本及考虑到洪水排泄的速度，往往会使用“截弯取直”的方式形成规则的、整齐划一的直立面或者斜面。原本凹凸不平的河床、浅滩、河岸也因此被推平，规则的堤防、岸坡打破了河流原本的生态平衡，原本拥有的植被遭到破坏，河道两旁的自然景观消失，扼杀了生物生存的天然的栖息场所。

（4）水体污染问题

随着经济的快速发展，部分区域存在工业废水和生活污水未经处理或处理不达标就排入河道的现象，导致河水污染严重；部分区域管道使用年限过久，管道材质较差，有的管道已经老化，致使发生污水渗漏；多数区域农村污水未集中处理，均以散排为主；部分区域农田、畜禽等农业面源污染、初期雨水面源污染较为严重；多数城区河道底泥内源污染较为严重。

（5）生态系统问题

随着人类活动的加强，河道的形态结构发生了巨大的变化，河道断面形状多样性降低，河床材料由透水性材料变为硬质化的不透水性材料，水利工程的建设造成河流形态表现出不连续性。河道形态结构的变化，河道生态系统形态多样性的降低，使得河道生态系统生境异质性降低、生物多样性降低，引起了河道生态系统服务功能的降低、水体自净化能力的下降。

（6）生态景观问题

目前，国内很多城市河道在建设时由于忽略了河道与岸上生态系统的有机联系，不少河道显得很突兀，与周边环境不协调。当前实施的一些河流整治工程，往往只着眼于河道本身，而忽视了河道周围的环境，所以呈现出了千篇一律的景观形象，部分城市滨水绿地空间景观面貌较差，无法满足城市休憩活动的需求。

（7）管理系统问题

我国现行的流域管理体制是一种传统的管理体制，某种意义上来说已不能充分适应流域综合管理的要求。传统水资源部门分割管理体制的弊端主要反映在：①部门管理的冲突；②阻碍管理信息的交流；③制约相关规划的融合；④造成管理职能的重叠；⑤导致管理领域的盲点。由于部门分割与职能交叉而无法实施水资源的统一管理，缺乏履行职能所必需的自主管理权、经济实力、制约手段以及正式的充分沟通信息的渠道，使得流域管理、区域管理、行业管理与统一管理的关系没有理顺。

1.2.2 城市河道治理的理念转变

治水是一项“牵一发而动全身”的系统工程，现代水利发展逐渐走出传统水利的禁锢，以水患治理为龙头、生态恢复为核心、沿岸土地开发为手段、实现人水的高度和谐为最终目的。通过河道综合整治，不仅营造出“面清、岸洁、水净、流畅、有绿”的水环境，更应使这一区域生态系统健康，自然环境优美，社会文明进步，经济持续发展，人与自然互相依赖、和谐共存，从而提高整个区域的土地价值，促进整个区域的经济发展和人民生活水平的提高。

1. 人水相亲新理念

以往在城市防洪规划中，通常只注重排洪，不考虑生态、景观，或者仅是在河道沿岸建设一些人工硬质景观，并没有改变人与水的关系，更没有实现绿色生态系统。市区河道被混凝土和浆砌石所包围，防洪墙与护坡完全隔断人与水相亲的关系。汛期城市防洪工程发挥了巨大作用，但占大部分时间的非汛期，河道断流干涸，灰白色混凝土护坡映射城市空间，形成极不美观的城市景象，严重破坏了生物系统对水体中污染物质的截留和吸附作用，造成水环境治理不断恶化，水生态系统严重失衡。

近年来，河道整治摒弃以往完全石砌岸壁的做法，而是在更多的沿溪流域采用新型的生态护坡形式，来保护当地的原生态，从而使其变成一个以水为轴、以绿为体、以人为本的“绿色生态走廊”，并增加“亲水性”，使两岸的居民能更加亲近自然水体。综合考虑防洪、水环境、水生态、水景观和水文化的要求，按照自然生态型、防洪技术型和城市空间型相结合的原则，将水安全、水环境、水生态、水景观、水文化互为一体地纳入到规划之中，实现人水相亲的理念。

2. 因地制宜的河道整治原则

岸线布置尽量维持河流的原始自然形态，改变几十年来惯用的治河几条大直线的做法，根据河势，制造丰富多变的河底线、河坡线，避免大规模的裁弯取直和人工渠化，在可能与河边绿地相结合的地方，可修建蜿蜒曲折的水路、水塘，创造较为丰富的水环境，改变原来呆板、单调的河道模式，建设蜿蜒曲折的水流形态。

3. 生态优美、形式多样的断面选择原则

在满足防洪要求的前提下，结合周边土地利用性质，考虑营造满足柔美生态线和亲水观光的要求，依形就势地选择生态化和多样化的断面形式；同时结合未来城市开发地面高程，按照控制堤防高度以保持水景视觉通廊的要求，选择合适的断面尺寸，可修建主槽与滩地相结合的断面型式。对于只有汛期才可能发生较大流量洪水的河流，平时和汛期对河道断面的需求差别很大。因此，有条件的地区在河中修建主槽，平时使少量水体在主槽内流动，在滩地修建湿地或进行绿化，甚至可以提供人们休憩的场所，充分发挥河道的多项功能。

4. 软硬结合，以草为主、灌乔搭配的护坡型和生态绿化工程布置原则

堤防迎水坡正常蓄水位以下不再大量使用现浇砼、砼板、浆砌石等阻断水和空气交换的硬质护坡材料，而是改用适宜水草生长的多孔砼或砼植生块护坡。在正常蓄水位以上与休闲步道之间主要种植草皮，休闲步道与堤顶之间以草为主，间杂灌木；堤防背水坡以草皮为主，间杂灌木和乔木。

5. “统筹考虑、因需而设”的蓄水工程和排水涵管工程布局原则

针对治理河段径流状况，统筹考虑营造水清岸绿的生态美景、滨水观光和亲水项目，适度发展节水型生态农业等需要，在河道适当布置跌水，并结合城区雨水和农业排涝的要求，沿路和分块布置排水涵管。河道治理中根据需要，形成深潭、浅滩等不同形态的生境变化，从而有利于水生动、植物的生长，也有利用跌水形成多级曝气，净化水体。

第 2 章　流域生态综合整治思路与主要内容

2.1　生态综合整治理念

生态治理的理念是要保障防洪排涝安全、水质洁净优良、生态系统健康、环境整洁优美，使河道由“单一功能”向“综合功能”转变、由“工程水利”向“生态水利”转变、由“传统水利”向“现代水利”转变。其新型治理理念可以概括为“一个思想、三个结合、六大目标和九大策略”。

一个思想：坚持科学发展观，贯彻治水新思路，通过水生态系统的有效保护和水资源的合理配置，维护水生态系统的健康；积极开展水生态系统的恢复工作，逐步达到水功能区的保护目标和水生态系统的良性循环，支撑沿岸城市和社会经济的可持续发展，实现人与自然的和谐发展。

三个结合：河湖的综合整治必须与环境保护和生态建设相结合；必须与城市发展和产业结构调整相结合；必须与历史文化的保护和景观建设相结合。

六大目标：保护水资源、保障水安全、修复水生态、改善水环境、提升水经济、彰显水文化，六大目标有机联系、不可分割，构成了相互依托、协同共赢的有机统一体。

以一个思想为指导，三个结合为核心，围绕六大目标，进一步归结为治水的九大策略，即安水、活水、清水、灵水、韵水、美水、乐水、富水、管水。

1）安水策略，采用湖库蓄水、分洪、引洪、泄洪、排涝、挡潮等综合措施，保护区域行洪排涝的安全。

2）活水策略，采用蓄水、引水、配水、调水、中水利用、雨水利用等综合措施，实现水量的时空优化分配和水资源的重复利用。

3）清水策略，核心即污染防治与水质改善，根据污染物的传输规律和路径，设计不同的、有针对性的污染防治方案，建立起一套系统的、立体的和多层次的“源—途径—末端—汇”以及“山地—平原—河道—湖区”相结合的 4 级污染物削减体系。

4）灵水策略，即水生态保护与修复。通过开展水土保持方案设计，小流域整治、生态涵养林建设以涵养水源；通过栖息地生境营造与修复、鱼道设计、仿自然通道设计、鱼类增殖站建设等措施进行水生态保护与修复。

5）韵水策略，注重文化的挖掘与打造。构建文化载体，包括挖掘历史文化遗存、开发河道沿线景点，丰富河道景观节点形式，建设文化游憩区域，开展水上活动，发展体验经济。打造新的文化内容，包括历史文化资源；人文艺术资源；民俗文化资源；水文化的衍生物，桥文化、井文化、建筑与园林文化等。

6）美水策略，强调水景观设计，按照“人文、人本、生态、开放、亲水”的原则，构建特色景观结构体系。

7）乐水策略，注重水旅游开发，谋划自然体验游、历史人文游、都会时尚游、水乡风情游等主题游览线路，打造丰富多彩的旅游产品。

8）富水策略，即对沿岸开发价值进行评价，从社会经济和物质环境层面，提出滨水地区的开发战略与开发理念，构筑开发框架，明确开发模式和要素控制。

9）管水策略，即通过环境保护与生态建设管理咨询，为管理部门提供流域水环境管理咨询，构建上下游协同、多部门联合管理的流域管理架构。

2.2 生态综合整治总体思路

流域作为一个相对独立的自然、社会、经济复合系统，是各种人类活动和自然过程对环境影响的汇集地和综合反映，以流域为单元进行管理，能够使自然、社会和经济要素有机地结合起来，从而有利于协调环境保护和社会经济发展的目标，实现区域的可持续发展。近年来，国家在流域生态环境保护与修复方面已经投入了大量的人力、物力和财力，生态环境恶化趋势得到了一定程度的遏制，但总的来说，生态系统保护与恢复未实现规划目标。究其原因，除了经济发展加快、治理与修复关键技术落后、管理机制有待完善、投资力度还需加大以外，生态系统保护与修复缺乏整体的创新性思路可能是其重要原因。我国在流域生态系统保护与修复方面，尚未形成综合管理理念和技术体系，没有统筹考虑流域自然条件、社会经济发展与生态承载力的关系，“头痛医头、脚痛医脚”的局部行为不仅收效甚微，而且造成人力、物力、财力的重复和浪费。如何创新思路，借鉴国内外流域治理的先进思想和理念，在人类活动干扰状况下，开展生态系统保护与修复的理论研究与实践工作，是当前乃至今后的方向和挑战。

流域生态综合治理需要在不同尺度上开展，包括流域尺度、河流廊道尺度以及河段尺度。①流域尺度的生态修复应关注流域生态格局与过程的修复，注重生态景观格局、生态过程与联系的重建；②河流廊道尺度的生态修复应关注河流本体特征，注重提高河流廊道连通性与生态上的连续性；③河段尺度的生态修复则具体到工程，要保证修复的可操作性与有效性。

流域生态综合治理的核心思路，即以生态防洪为基础、以流域生态环境治理为核心，以美化生态景观为表现形式的综合治理模式。首先在对流域内空间数据分析及现状调查的基础上，从流域尺度构建景观生态安全格局，确定“核心保护区”、“缓冲区”、“连接廊道”、“战略点”等，其次对其他区域提出“控制利用”要求，以此作为流域综合治理的指导基础。同时，结合目前国内外在流域综合治理实践中采用的工程和管理技术，提出备选技术方案，治理方案可总结为以下几点。

1）生态防洪防枯：以《防洪标准》为依据，确定不同区段的防洪标准等级；在河道断面测量的基础上，结合区域特征参数，搭建流域水文计算模型；确定适宜的河道断面形式与护坡方式，构建防洪安全体系；同时，针对存在水利工程的区域，需依据河道生态需水量的计算，采取相应的工程措施与管理措施，以保证足够的生态流量。

2）水污染综合治理：调查分析流域内污染的现状条件，以子流域为基本单元，对比分析不同子流域的污染特点和污染负荷。以满足不同保证率下的环境容量为基准，确定各子流域污染削减的目标与方案。通过水土保持治理，工业污染治理，城镇、农村污水治理，畜禽养殖污染治理，垃圾治理，农业面源污染治理，底泥污染治理，湿地生态修复等一系列工程措施与生物措施，达到水污染治理的效果。

3）景观建设与打造：在实现水文安全、水质安全、生态安全的前提下，进一步打造和谐、健康、可持续发展的景观体系，并能够与区域特色、旅游开发相结合。

流域综合管理是对流域内资源全面实行协调的、有计划的、可持续的管理，是流域生态综合治理的实施保障。其包括政府横向协调机制的建立，流域补偿机制的建立，流域水环境管理决策支持系统、监测体系的建立，生态修复与建设评估指标体系、效益评价指标体系的建立，突发性污染事故预警系统的构建与对策技术的集成等，并在以上基础上，构建流域综合管理体系。

2.3　生态综合整治主要内容

生态综合整治的内容主要包括：生态防洪防枯体系构建、水环境综合整治体系构建、景观生态修复体系构建，以及根据流域自身的特点，构建针对性的流域生态综合管理体系。

1. 生态防洪防枯体系构建

采用蓄水、引水、配水、调水、中水利用、雨水利用等综合措施，实现水量的时空优化分配和水资源的重复利用；采用湖库蓄水、分洪、引洪、泄洪、排涝、挡潮等综合措施，保护区域行洪排涝安全。洪水调蓄安全旨在构建一个自然连续的洪水调蓄系统，为洪水留出基本的宣泄空间，实现工程治洪和自然调蓄结合的防洪减灾空间策略。该系统应包括河道过洪区，现状滞洪区，湖泊、湿地和发生流域性洪水灾害的主要淹没区域。通过对流域性洪水进行计算机模拟，结合河道断面现状，流域内现有的湖泊、湿地和蓄滞洪区共同构建洪水调蓄安全格局。通过对流域原始、现状和规划目标的径流进行分析比较，既不过分改变原始径流状况，又要满足两岸城镇、农田、旅游等发展的需要。分析常用生态型护岸技术的工程指标特性，如植草护坡、植被网垫护坡、生态袋护坡等技术的抗冲刷性、抗侵蚀性、水力特性及生态经济性等。在此基础上，分析生态型护岸技术在该流域的应用适宜性，选择适宜的护坡形式。

2. 水环境综合整治体系构建

根据流域的自然和生态环境现状，以河流为重要的景观廊道，划分水污染防治子流域；通过对子流域内污染源的控制（城镇污水、农村污水、工业污水、垃圾治理、畜禽养殖、农田面源污染治理、初雨污染治理等），减少入河污染物量；通过对河道的污染治理和生态恢复（河道清淤、人工曝气、生态浮床、生态基、生物操控、人工湿地技术等），增强其对污染物的净化作用；再通过对河口的生态修复和内源疏浚，进一步削减污染物量；经过以上过程，根据污染物的传输规律和路径，设计有针对性的污染防治方案，建立起一套系统的、立体的和多层次的“源—途径—末端—汇”以及“山地—平原—河道—湖区”相结合的 4 级污染物削减体系。

3. 景观生态修复体系构建

对沿岸开发价值进行评价，从社会经济和物质环境层面，提出滨水地区的开发战略与开发理念，构筑开发框架，明确开发模式和要素控制。注重文化的挖掘与打造，即挖掘历史文化遗存、开发河道沿线景点，丰富河道景观节点形式，建设文化游憩区域，开展水上活动、发展体验经济。打造新的文化内容，包括历史文化资源；人文艺术资源；民俗文化资源；水文化的衍生物，桥文化、井文化、建筑与园林文化等。强调水景观设计，按照“人文、人本、生态、开放、亲水”的原则，构建特色景观结构体系。注重水旅游开发，谋划自然体验游、历史人文游、都会时尚游、水乡风情游等主题游览线路，打造丰富多彩的旅游产品。

4. 流域生态综合管理体系构建

流域长效管理是对流域内资源全面实行协调的、有计划的、可持续的管理，是流域生态综合整治的实施保障。综合管理的核心步骤是通过对政府综合治理平台的构建，对流域内资源进行全面协调与管理；通过政府横向协调机制的建立，可有效的整合相关资源，达到资源的高效利用。通过构建法制平台、共治及实施平台、技术平台、监督监测及预警平台、融资平台等，建立起流域的长效管理机制，以期为流域可持续管理打下基础。

2.4　生态综合整治方法与技术路线

流域生态综合整治总体技术路线是在了解规划背景的基础上，通过对流域自然概况、社会经济概况、已有规划设计概况等的调查研究，明确项目区功能要求和定位，分析流域综合整治的必要性，得出基本任务和目标；通过对区域现状进行综合分析，找到存在的、制约其功能发挥的、与功能定位相悖的主要问题；在主要问题分析的基础上，确定规划设计的主要内容，并开展河道防洪减灾、截污治污、流域生态修复与建设、土地开发利用及产业布局、景观设计及遗产保护等专项规划；通过各专项规划，分析确定流域综合整治的重点工程，并制定规划实施的各项保障措施以及对综合整治后的效益进行分析预测。

流域生态综合整治总体技术路线如图 2-1 所示。

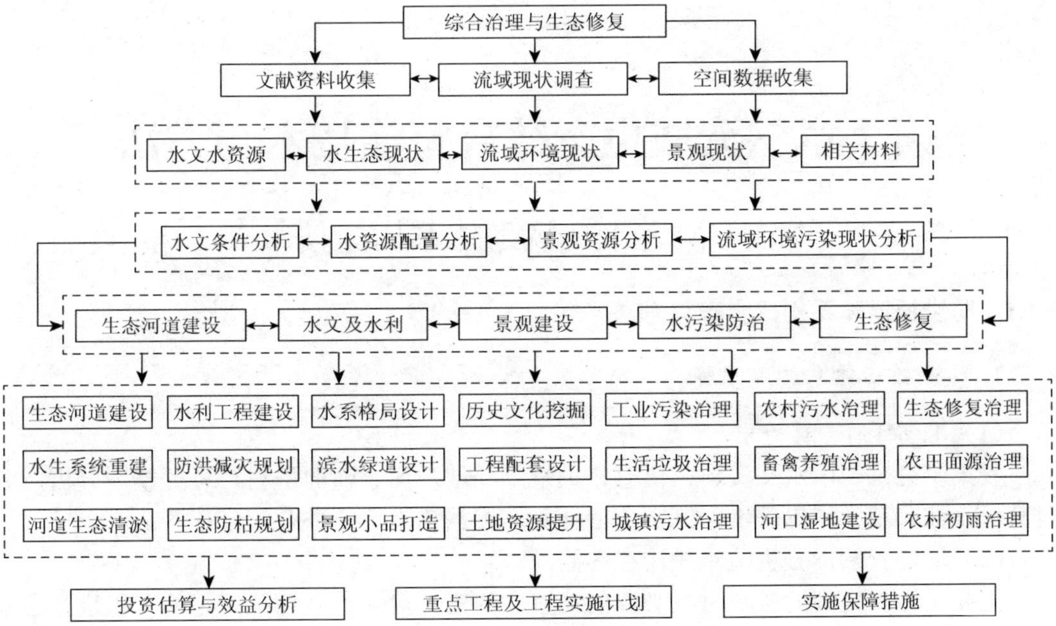

图 2-1　流域生态综合整治总体技术路线图

第 3 章　流域生态综合整治技术与方法

3.1　河道水文规划体系构建技术

3.1.1　防洪排涝体系构建步骤与方法

1. 防洪排涝体系构建步骤

（1）准备工作

收集研究范围内水文资料、已有相关规划、地形图、断面资料，进行整理分析，并对其可靠性和精度作出评价，制定查勘计划，根据需求下达外业测量任务。

（2）现场查勘，分析防洪排涝存在问题

主要按已收集到的资料进行必要的调查、补充。对河道及可能兴建的工程进行必要的勘测。

通过实地走访、现场查勘、收集观测试验成果等途径了解河道水力特性，分析洪涝灾害成因。

（3）明确工程范围、水文及水利模型研究范围

根据防洪保护对象的重要性，通过现场调研并与业主（多为当地水行政主管部门）充分沟通，明确河道整治工程设计范围，确定红线。根据红线范围内涉及的河道水系情况，对流域范围及附近流域内重要的水利工程及水文测站进行调研，明确水文及水利模型研究范围。一般情况下，水利模型研究范围要大于工程设计范围，模型下游边界应远离工程设计边界，尽量减少外部边界对内部的影响；水文分析研究范围又要比水利模型范围更大，通常要延伸至河道所在流域的流域边界及与流域水文特性类似的临近流域。

（4）水文分析计算

a. 水文基本资料

根据水文站网分布与工程位置关系，选取工程流域内站点作为设计站，若本流域内无水文站点，可选取邻近流域降水、植被、土壤、蒸发及地理等条件与本流域相似的站点作为设计参证站。

b. 径流分析

根据资料的基本情况，选定径流计算方法。对于有实测径流系列的，可采用流量法进行计算分析；对于无实测径流系列但有降水系列的，可采用径流系数法、水文模型法等；对于既无径流系列也无降水系列的，可采用径流模数法，或者利用全球降水数据库资料通过水文模型法进行分析，为使得径流计算成果比较合理，应采用多方法经对比分析后确定。

c. 洪水分析

根据资料的基本情况，选定洪水计算方法。对于有实测流量系列的，可采用流量法

进行计算分析；对于无实测流量系列，有短历时暴雨资料的，可采用推理公式法、瞬时单位线法、地区经验法等；对于既无径流系列也无降水系列的，可采用洪水诺模图法，或者利用全球降水数据库资料通过水文模型法进行分析，为使得洪水计算成果比较合理，应采用多方法经对比分析后确定。

d. 水位流量关系

河道工程设计中，设计断面往往缺乏实测水位流量资料，应在设计河段进行洪、枯水面线调查及河段纵断面图、设计断面横断面图施测。然后根据河段纵断面图和设计断面横断面图，参照主槽河底平均比降和洪、枯水调查的水面比降，以及根据河道特征参照天然河道糙率，采用比降法估算各级假定水位下相应流量，绘制“计算的”水位流量关系曲线。

1）若河段顺直均整，上下断面形态及断面面积接近，河床稳定，可近似地用稳定均匀流公式计算各级假定水位下相应的流量，据以点绘水位流量关系曲线。

$$Q=\frac{A}{n}R^{2/3}I^{1/2}$$

式中，Q 为洪峰流量（m^3/s）；n 为河道糙率；I 为水面比降；A 为有效过水断面面积（m^2）；R 为水力半径（m）。

2）若设计河段内断面沿水流方向逐渐扩散或逐渐收缩时，应采用稳定非均匀流公式计算各级假定水位下相应的流量，即

$$Q=\overline{K}\sqrt{\frac{\Delta H}{L-\frac{1\pm\zeta}{2g}\left(\frac{\overline{K}^2}{A_1^2}-\frac{\overline{K}^2}{A_2^2}\right)}}$$

式中，ΔH 为沿程水头损失（m）；L 为河段长度（m）；$\overline{K}$ 为上下两断面输水率平均值（m^3/s）；A_1、A_2 为上下两断面的有效过水面积（m^2）；g 为重力加速度，取 $9.8m/s^2$；ζ为局部水头损失系数，断面收缩时ζ=0.1 或 0，断面突然扩散时ζ=0.5～1.0，逐渐扩散时ζ=0.3～0.5，收缩河段为 $1+\zeta$；扩散河段为 $1-\zeta$。

如果设计河段较长，调查洪痕点较少，河段内河底坡降及横断面的变化较大，不能由少数洪痕连成直线确定水面比降时，一般用水面曲线法推求洪峰流量。常用计算方法有试算法和图解法（水利电力部东北勘测设计院，1978）。

根据假定水位及相应流量点绘制水位流量关系曲线。

（5）分析现状防洪标准，明确防洪保护对象设计标准

根据保护对象的重要性，发生水灾的危害性、工程量及投资条件等因素，综合分析并征求有关方面的意见，选定防洪标准，作为规划措施的依据。防洪标准有两个特点：第一，防洪标准的相对性。防洪工程受水文、气象等变化影响很大，同时和国民经济的发展关系密切，具有一定的随机性和发展阶段，因此防洪标准只能是相对的，要求做到：①安全与经济统一考虑，允许有一定风险；②国民经济不断发展，洪灾损失随着年代加大，势必要考虑逐步提高防洪标准；③必须有超标准的对策，避免毁灭性灾害，力争减轻洪灾程度，缩小灾区范围。第二，现有防洪能力是基础。通过调查研究，分析河道与

工程现有的防洪能力，是选定防洪标准的基础，对现有情况一定要作出恰当的评价。

防洪标准选定原则：防洪标准越高，抵御洪灾损失的效益越大，但相应的工程规模、投资及运行费用也越大。反之，防洪标准低，工程投资少，防洪效益小，遇到大洪水可能损失更大。因此，必须研究工程种类规模效益在经济建设中的作用以及发生事故可能造成的后果等，并进行经济分析，从当前国民经济水平出发，以安全和经济统一考虑为原则，选定防洪标准，还要考虑今后进一步提高标准的可能性，因此不同时期、不同地区、不同河段可选取不同的标准。有时保护的对象很重要，防洪标准不宜偏低，但投资又不足，所以防洪设施一时难以达到规定的标准，可采取分期逐步实施的办法。防洪标准选定应依据《防洪标准》（GB50201—94）、《水利水电工程等级划分及洪水标准》（SL252—2000）、《城市防洪工程设计规范》（GB/T50805—2012）。城市和乡村防护区分别按照表 3-1 和表 3-2 确定。

表 3-1 城市防护区的等级和防洪标准

等级	重要性	防护区人口（万人）	设计标准（重现期：年）	
			洪水	涝水
Ⅰ	特别重要的城市	≥150	≥200	≥20
Ⅱ	重要的城市	50～150	≥100 且<200	≥10 且<20
Ⅲ	中等城市	20～50	≥50 且<100	≥10 且<20
Ⅳ	一般城镇	≤20	≥20 且<50	≥5 且<10

表 3-2 乡村防护区的等级和防洪标准

等级	防护区人口（万人）	防护区耕地面积（万亩①）	防洪标准（重现期：年）
Ⅰ	≥150	≥300	50～100
Ⅱ	50～150	100～300	30～50
Ⅲ	20～50	30～100	20～30
Ⅳ	≤20	≤30	10～20

（6）水利模型构建、验证及现状分析

水利模型概化原则，概化河道系统必须能模拟计算区域的蓄水能力、水流方向，且应与规划水系一致。工程设计范围内河段作为主干河流，其余支流可作为旁侧集中入流，区间入流作为均匀入流汇入。河段内闸门、堰坝、桥梁等水工建筑物可以水工结构物的形式加入模型。

水利计算边界上游采用天然洪水过程，若上游有水库，可采用调蓄过的下泄洪水过程，内边界将控制断面的支流汇入过程及区间来水作为源汇项。下边界采用下游河道的水位流量关系或者水位、潮位过程线。

模型参数率定，需要根据实际发生的洪水计算洪水水面线，并与实际调查最高水位

① 1 亩≈666.7m^2。

进行比较，水位差一般在 0.1m 以内的，则认为糙率参数率定合理、模型计算可靠，能较好地反映洪水演进规律。对于洪水资料较丰富的河道，可针对不同量级洪水分别进行率定糙率，并选取其他场次洪水进行验证。

根据率定过的糙率建立现状水利计算模型，通过计算现状洪水水面线，分析工程范围内各河段相应的防洪标准，对未达标河段进行标示，以便于拟定工程措施。

（7）拟定不同工程措施，进行方案比选，推荐最优方案

防洪治涝规划应根据河流水系规划，结合涝区的地形特征、涝灾特征以及城市总体规划等设计，任何试图割裂防洪和排涝问题的思路是行不通的，只有将两者统一考虑，统一到一个模型之中，才是最理想的解决方式。在进行综合分析各方案时，要求正确处理好高水高排与低水低排、蓄与泄、自排和强排等各种关系，综合比较，最终形成技术可行的、经济最优的解决方案。

在制定防洪排涝工程规划方案时，应针对各排水片区的特点，还应遵照以下思路。

1）主客水分开，洪涝水分开；自排与机排分开，尽量减少机泵抽排，以自排为主，机排为辅。排涝规划应结合城市排水规划，城市雨水是城市内涝的主要组成部分，城市雨水管网调整了内水分布，故雨水管网出口位置及相应流量对排涝较为重要。

2）保持现有水域面积，并考虑在合适位置新增调蓄水面，使之具备防洪与生态景观的双重功能。城区内涝情日益增加，重要原因之一就是水面率较小，河湖调蓄能力不足。因此，规划时必须充分认识河网、人工湖调蓄作用的重要性。

3）防洪排涝工程方案的制定应充分考虑到上下游水利工程和灾情后果，在不影响水系整体防洪排涝的情况下，提高本地区的防洪排涝能力。本次河道水系规划必须建立在水系整体规划的基础上，以流域综合规划、城市防洪规划、片区排涝规划等报告为基础进行分析，根据合理可靠的河道水系分析计算结果，并提出建设性意见。

4）根据城市总体规划要求，留足水利用地，保证近、远期规划的防洪排涝要求。要充分利用现有河道、涵闸的功能，对河道进行疏浚、拓宽和整治。结合城市建设规划和旧城改造，进行河道整治，节约建设用地，尽量减少拆迁，尽可能减少防洪排涝工程的投资，增加防洪排涝效益。

5）各片防洪排涝河道的治理与水环境保护和改造、城市景观建设相结合，充分发挥城市排涝工程与城市生态建设、水环境保护的综合作用。水面力求均匀分布，在保证河道防洪要求及排涝能力的基础上，综合考虑水面分布，营造一个优美的人居环境。

6）规划方案中考虑城市化进程的时限，统一规划，分期实施。城市近期和远期城市化进程如有较大范围和较大强度的增加，应在河道防洪排涝工程设施中加以体现。

7）综合考虑防洪排涝工程和非工程措施，在有条件的情况下，建立防洪排涝整体联合优化调度体系，以充分发挥现有防洪排涝能力，减轻灾害损失。

8）防洪排涝规划时，要充分考虑中心城区和规划城区的地面标高问题，在排涝河道水位与地面标高出现矛盾时，对河道工程措施（拓宽、开挖等）和土地整理上进行经济比较，以获得最经济、可行的建设方式。

（8）计算推荐方案，推求设计洪水水面线，确定工程规模

根据最终确定的推荐方案，进行河道水动力模型计算，确定工程规模，取得各设计

断面设计水位、控制河宽、流速等水利要素，为水工建筑结构设计及工程布置提供依据。

河道工程的工程规模主要包括堤防工程、闸坝工程、清淤工程、水景观工程等，根据工程规模计算投资，根据项目重要程度及资金情况安排分期实施进度，以便于有序推进工程建设。

2. 防洪排涝体系设计方法

（1）水文基础资料收集、整编

根据河道综合治理的目标，明确工程任务，现代河道治理不仅需满足水安全，同时还需要满足水生态、水景观等多种功能的要求，因此河道生态综合治理往往要综合考虑防洪排涝、截洪治污、生态景观等多种任务。

防洪排涝要求分析设计洪水、设计涝水；水污染防治需要河道设计水位；生态景观需要对河道径流及生态需水量进行分析。

a. 水文气象

1）基础资料：降水、气温、风况、水位、流量等资料。

2）地形资料：流域地形、河道纵横断面等。

3）与工程有关的资料：水文设计手册、水文图表、流域规划、城市防洪规划。

b. 社会经济资料

1）流域内的行政区划、人口、土地、耕地、房屋、固定资产等。

2）流域内生产状况，近年来工农业产值、社会总产值等。

3）近年来洪涝灾损失资料，发生频率、危害程度等。

4）区域人口、土地、经济发展目标及预测资料。

c. 规划用图

流域特征值计算，多采用 1：50 000 地形图；排水分区布设，一般用 1/10 000～1/5000 地形图；河道两岸进行工程措施布设，多采用 1/2000～1/500 带状地形图。河道整治工程各设计阶段的地形测量要求参见表 3-3。

表 3-3　河道整治工程设计参数表

图别	设计阶段	比例尺	图幅范围及断面间距	备注
地形图	项目建议书	1：10 000～1：2 000	自建筑物轮廓向外 100～300m	建筑物或河势变化较大处可适当加大测图比例
	可行性研究	1：10 000～1：2 000	自建筑物轮廓向外 100～300m	
	初步设计	1：2 000～1：1 000	自建筑物轮廓向外 100～300m	
横断面图	项目建议书	竖向 1：100 横向 1：1 000～1：500	间距 200～500m	断面间距可根据地形变化情况适当加密或放宽
	可行性研究		间距 100～200m	
	初步设计		间距 50～100m	
纵断面图	项目建议书	竖向 1：200～1：100 横向 1：10 000～1：1 000	—	视整治河段长短，可适当调整测图比例
	可行性研究			
	初步设计			

（2）设计径流计算方法

a. 本流域有实测流量资料

1）系列较长，可作为设计站。工程地址附近水文站有 30 年以上实测径流资料，水文站控制流域面积与工程地址流域面积差值不超过 5%，且区间又无大支流加入或大量引水和分洪，可将水文实测流量系列直接用到工程地址；当流域面积差值超过 5%、小于 30%，且区间产流条件近似时，可按流域面积比修正后作为工程地址径流量。

2）系列较短，采用临近参证站插补延长。即用本流域上下游或邻近流域水文站流量资料延长，通过两站年、月平均流量相关关系插补。

b. 本流域无实测流量资料

1）流域面积比值法。邻近流域有流量资料，且降水、流域植被、土壤、蒸发及地理等条件与本流域相似，流域面积接近时，可用流域面积比值法。将邻近流域的流量资料换算到本流域工程地址或某地点。

2）径流系数法。流域有长系列降水资料，且降水量与径流关系密切时，可利用多年平均降水量与径流量间的关系计算年径流量，即利用年降水量的多年平均值乘以径流系数推求多年平均径流量，计算公式如下：

$$Q=1000aXF$$

式中，Q 为流域多年平均径流量（m^3）；X 为平均时段流域平均降水量（mm）；F 为流域面积（km^2）；a 为历时径流系数，大于零小于 1 的无因次数。

径流系数为流域面积上一定历时的降水量产生的径流量与降水量的比值。该值可从各省、地区或县编制的水文手册中选用。

3）降水径流模型。通过水文模型，输入降水及流域特征参数，计算工程地址流量，较常见的模型有新安江模型、陕北模型、NAM 模型等。

新安江模型是河海大学赵人俊教授研制的概念性降水径流模型。新安江模型采用三层蒸发模型进行蒸散发计算，基于蓄满产流机制进行产流计算，引入线性水库将产生的径流划分为三水源——地面径流、壤中流和地下径流。流域汇流计算包括坡地汇流和河网汇流。新安江三水源模型将经过水源划分得到的地面径流直接进入河网，成为地面径流对河网的总入流（TRS）；将壤中流（RI）流入壤中流水库，经过壤中流蓄水库的消退（壤中流水库的消退系数为 CI），成为壤中流对河网的总入流（TRI）；将地下径流（RG）进入地下蓄水库，经过地下水蓄水库的消退（地下水蓄水库的消退系数为 CG），成为地下水对河网的总入流（TRS）。新安江三水源模型采用无因次单位线模拟水体从进入河槽到单元出口的河网汇流。单元出口到流域出口断面的河道洪水演算采用马斯京根法线性解。

由于新安江模型产流采用蓄满产流的概念，适用于湿润和半湿润地区，但在我国的洪水预报中，半干旱的黄河、海河等流域也用到了该模型。

陕北模型是由河海大学赵子俊教授在研究黄土高原子洲径流实验站的产流和产沙时提出的产流模型，适用于我国干旱植被差流域的产流模拟与预报。由于是超渗（不蓄满）产流模型，时段均化和面积均化问题都很突出，所以适用于小面积流域。该模型适用地区的主要特点为干旱，包气带缺水量大，不可能蓄满，植被很少，表土的下渗能力比较小，比较容易超渗。超渗产流，发生在包气带上界面（地面）的产流机制。地面径流的形成过程是在降水、植物截留、填洼、雨期蒸发及下渗等几个过程组合下的发展过程。地面径流产生的原因是同期的降水量大于同期植物截留量、填洼量、雨期蒸发量及下渗量等的总和，多余出来的水量产生了地面径流。一般来说，植物截留量、雨期蒸发量、填洼量一般较小，而下渗量一般较大，且变化幅度也很大，它从初渗到稳渗，在时程上具有急变的特性，空间上也具有多变的特性。下渗量的时空变化一般表现为同一种土壤情况下，土壤干燥时，下渗能力强；土壤湿润时，下渗能力弱。由此可见，下渗对地面径流产生的影响很大。地面径流产生的前提条件是产流界面是地面（包气带的上界面）；必要条件是要有供水源（降水）；充分条件是降水强度要大于下渗能力。

NAM 模型是 1973 年丹麦理工大学动力工程学院的 Nielsen 和 Hansen 提出的集总参数的概念性降水径流模型，适用于湿润或半湿润地区。NAM 模型分 4 层蓄水体进行流域产汇流模拟计算。4 层蓄水体分别为融雪水库、地表水库、浅层水库和地下水库。模型要求的资料为降水、蒸发能力及气温（考虑融雪径流时需要）；模型输出结果包括径流量、地下水位以及土壤含水量和地下水补给量。

降雪进入融雪水库，当达到温度指标时，即有融雪径流产生，并直接进入地表水库。降水（融雪和降雨）进入地表水库后先用于蒸散发和补充地表水库蓄水（U），当地表水库蓄量（U）超过地表水库蓄水能力（U_{max}）时，模型将剩余水量（PN）进行一次水量分配，一部分生成地表径流，另一部分成为下渗量。由下渗模型再进行一次水量分配，一部分进入地下水库，另一部分进入浅层水库。壤中流（QIF）产生于地表水库。

NAM 模型的蒸散发主要发生在地表水库，当地表水库蓄量（U）大于蒸散发能力（E_p）时，蒸散发量为蒸散发能力，从地表水库中扣除；当 $U<E_p$ 时，蒸散发量先从地表水库中扣除，不足部分在浅层水库中扣除。

NAM 模型还具有模型参数自动率定的功能，可对其 9 个最重要的模型参数进行自动率定。自动率定的优化目标有 4 个，水量平衡、径流过程线拟合、峰值和低水流量。对于一次包括所有 9 个参数的自动率定，一般说来，1000～2000 次的模拟计算就可得到一个有效的结果，这需要 30～60s。

NAM 模型已应用到世界上的许多流域，其精度在不同的水文和气候环境下都得到有效验证。NAM 模型类似于三水源新安江模型产流概念，适用于湿润和半湿润地区。

4）径流模数法。本流域既无流量资料又无降水资料，可由各省、地区或县编制的水文手册中的径流模数等值线图，查出本流域平均径流模数（M）[单位面积的年平均流量，$L/(s \cdot km^2)$] 乘以流域面积，即得年平均流量。

无流量和无降水资料地区，为使径流计算成果比较合理，应采用多种方法，经对比分析后确定。有条件时应开展简易测流。

c. 径流保证率

采用 P-Ⅲ型频率曲线，对设计站径流系列进行频率计算，得到不同保证率下设计站的径流量。根据工程地址与设计站之间的面积差值关系，采用相应的面积比修正，若面积差值较大，还应考虑进行降水修正。

（3）设计洪水计算方法

a. 有实测流量资料地区

流量法、频率计算中的年（期）洪峰流量和不同时段的洪量系列，应由每年（期）内的最大值组成。

在 n 项连续洪水系列中，按大小顺序排位的第 m 项洪水的经验频率 P_m，可采用下列数学期望公式计算：

$$P_m=m/(n+1) \quad (m=1, 2, \cdots, n)$$

式中，n 为洪水序列项数；m 为连续洪水系列中的序位；P_m 为序位第 m 项洪水的经验频率。

频率曲线的线型应采用皮尔逊III型。对特殊情况，经分析论证后也可采用其他线型。频率曲线的统计参数采用均值 $\overline{X}$、变差系数 C_v 和偏态系数 C_s 表示。

b. 无实测流量资料地区

无实测流量资料地区一般可采用推理公式法、瞬时单位线法、地区经验公式进行推算。

试算法：当调查两次或两次以上历史洪水，并能较可靠地估算出其重现期时，可用试定 C_v 及 C_s 试算出设计洪峰流量。

历史洪水加成法：当调查的历史洪水、洪峰流量及相应重现期比较可靠时，可用调查值估算不同频率的洪峰流量。

（4）常用水面线推算方法

1）恒定流，求解伯努利方程。

2）当整治河道具有以下情况之一时，应进行非恒定流计算：①水流要素随时间变化较大的河流；②河道调蓄作用较大的河段；③潮汐河口段。

非恒定流，求解圣维南方程组，包含一个动量方程和一个连续性方程，获得各计算断面的水位、流速等水利要素。

（5）流场流态分析方法

对于水面宽阔的河段、洪泛区和潮汐河口段等，宜采用二维非恒定流数学模型计算。二维模型求解二维圣维南方程组，包含两个动量方程和一个连续性方程。

（6）生态需水计算方法

生态环境需水是指为维护或改善生态与环境质量，在特定生态与环境保护的目标下，生态环境系统所需要的水量。

生态需水量的计算有多种方法，目前大致可以分为以下几类：水文学法、水力学法、生物计算法、水质计算法。其中，水文学法主要有：Tennant 法、最枯月平均径流法等；水力学法主要有：湿周计算法、R2CROSS 法等；生物计算法主要有：生物需求法、潜水蒸发法、景观需水量法等；水质计算法主要有：水域纳污能力计算法、河口盐度平衡法等。

3.1.2　生态防枯体系构建方法与步骤

1. 生态防枯体系构建思路

将流域合理划分出若干区域，确定各区域的植被需水量、土壤需水量、生物需水量、规划取水量以及水环境需水量。采用水流数学模型对流域内水流状态模拟计算，进行水量平衡分析，为河流生态需水量的设置与分配提供依据。在确定某种生态需水方案后，需要将生态需水按一定的水资源配置目标和原则进行合理配置，配置时通过重点考虑重要湿地节点、景观水位、湿地水生植被、鱼类产卵场等基本水资源需求，在满足整个流域基本湿地生态需水量的同时，优先保障重要生态节点的水文条件。

2. 生态需水量分析与计算

（1）计算原理

根据不同区域的特点，分别计算各组成部分的水量需求，然后对各部分生态需水量进行耦合，确定研究区域整体的生态需水量。一般而言，生态需水量包括水环境需水量、湿生植物需水量、湿地土壤需水量、野生生物栖息地需水量及取用水需水量等类型。

（2）生态需水量的类型

a. 水环境需水量

目前，国内城区河道普遍存在水环境问题，对于山溪性河流来说，由于径流年内分布不均，枯水期水环境问题往往更加严重，通过引入一定的生态用水量，往往能够达到稀释污染的效果。针对不同区域环境污染特征，通过水环境容量的相关计算，对比水环境功能区的相关要求，可测算出区域水环境需水量。

b. 植被需水量

湿地景观与大气界面是由植被植株表面和湿地水体表面构成的异质性界面，界面上有效的气热循环是保障湿地植被正常生长的基础。一般湿地植物需水量包括以下 4 个部分：植物同化过程耗水和植物体内包含的水分、蒸腾耗水、湿地植株表面蒸发耗水以及土壤蒸发耗水。前两个部分是植物生理过程所必需的，称为生理需水；后两个部分是植物生活环境条件形成中所必需的，称为生态需水。其中，蒸腾耗水和土壤蒸发是最主要的耗水项目，占植物需水量的 99%，其他两项仅占 1%。因此，可以把植物需水量近似理解为植物叶面蒸腾和棵间土壤蒸发的水量之和，称为蒸散发量。在估算湿地植物需水量中，常常采用湿地植被面积和蒸散发量的乘积进行植物需水量的计算，其计算公式可表示为

$$W_{\mathrm{p}}=A_{\mathrm{t}}\cdot \mathrm{ET}_{\mathrm{m}}\cdot t$$

式中，W_{p} 为植被需水量；A_{t} 为湿地植被面积；ET_{m} 为蒸散发量；t 为时间。

c. 土壤需水量

土壤需水量与植物生长及其需水量密切相关。在一定的时空尺度内，土壤中具有一定的含水量，但土壤中的含水量并不能代表土壤的需水量，因此测定土壤含水量不是决定土壤需水量的办法，但却是一个参照。不同的湿地土壤，持水量、含水量和水特性不同，需水量就会有差异，通常根据研究的需要，或用田间持水量或用饱和持水量参数进行计算，公式为

$$Q_{\mathrm{t}}=\alpha\gamma H_{\mathrm{t}}A_{\mathrm{t}}$$

式中，Q_{t} 为土壤需水量；α 为田间持水量或饱和持水百分比，根据研究的土壤类型而定；γ 为土壤容重；H_{t} 为土壤厚度；A_{t} 为湿地土壤面积。

在计算土壤需水量时，常用到以下几个水分常数。

1）田间持水量，指在地下水位比较深时，土层能保持的最大含水量，对于湿地土壤而言，上部土层的田间持水量与土壤孔隙、结构、有机质、腐殖质含量有关，其体积含水百分比为31%～36%，下部土层通常都少于上部。

2）毛管持水量、饱和持水量，土壤毛管持水量都高于田间持水量，饱和持水量是土壤孔隙能容纳的最大水量，因此它的容积百分比不能超过总孔隙度。在降水条件下，只有遇到特大暴雨或河流泛滥时，低洼地的土壤被水淹没才使土壤水分达到饱和状态或者因某种原因地下水位上升到地表面致使土壤水达到饱和。

在计算土壤需水量时，不仅要考虑需水量能否维持正常的土壤水分特征，而且还要根据地表植被情况划分需水等级，以保证不同等级的土壤需水与对应的地表沼泽植被蒸散量有一定的保障关系，因此土壤需水量是在首先保证湿地植被需水量的前提下进行的土壤水分的估算。

d. 生物栖息地需水量

野生生物栖息地需水量是鱼类、鸟类等栖息和繁殖所需的基本水量。计算原理是根据调查区域的不同类型及湿地生态功能，确定关键物种，如鱼类或鸟类，根据正常年份鸟类或鱼类在该区栖息、繁殖的范围，计算其正常水量。为避免与湿地土壤需水量的重复，只计算地表以上低洼地的蓄水量（满足野生动物栖息、繁殖的水量）。根据国外生物多样性研究，由水面和沼泽植被共同组成的湿地生态系统可为水禽提供最佳的栖息场所，水面和沼泽植被面积的相对比例，是决定物种丰富性的重要因素。因此，可通过水面面积百分比和水深要素划定需水量级别进行计算，计算公式为

$$W_q=A_tB_tH_t$$

式中，W_q为生物栖息地需水量；A_t为湿地面积；B_t为水面面积百分比；H_t为水深。

e. 取水量及损失水量

针对区域工业、农业、居民生活等生产生活用水需求，或某些区域特殊的生态用水需求，预留一定的取水量。与此同时，考虑相关河道损失水量。损失水量的计算主要包括蒸发量与渗漏量。蒸发水量的计算一般需要考虑多年平均条件下最枯月的蒸发量，渗透量的计算则需要根据河床底质类型进行分析。

3. 生态防枯补水水源

用于河道补水的水源一般有本地径流、中水、调水、雨水，根据不同地区的实际情况，考虑不同的补水水源类型。

（1）本地径流

针对常流水河道，流域内降水产生径流可用作河道生态用水。本地径流不需要配建其他设施，可用于河道补水。

（2）中水

中水水量稳定，水质存在不确定因素，但可以通过深度处理工艺解决，深度处理以后的中水可作为本流域的补水水源。中水作为环境用水在河道中停留的时间不宜过长，一般为3～7天（与温度有关，温度越高停留时间越短，枯水期在冬季由于气温较低可适

当延长停留时间）。

（3）调水

从临近区域或者流域调水需建设引水渠道，加之建设、运行成果较高，对临近区域生态系统存在较大影响，因此除非特殊情况，一般不予考虑。

（4）雨水

需要建设配套设施，成本相对较高。随着雨水利用技术的不断发展，在条件成熟的区域，可优先进行试点。

3.2　生态水利工程技术

3.2.1　河道形态

1. 河流形态特征

根据河流的相似性和差异性对河流进行分类，是河道整治及河流生态修复的重要技术手段之一。河流的分类方法很多，Schumm（1977）根据河流的平面形态特征分为直线型、蜿蜒型、分汊型三大类，并将各种类型的河床稳定性与泥沙输移模型建立了对应关系，如图 3-1 所示。

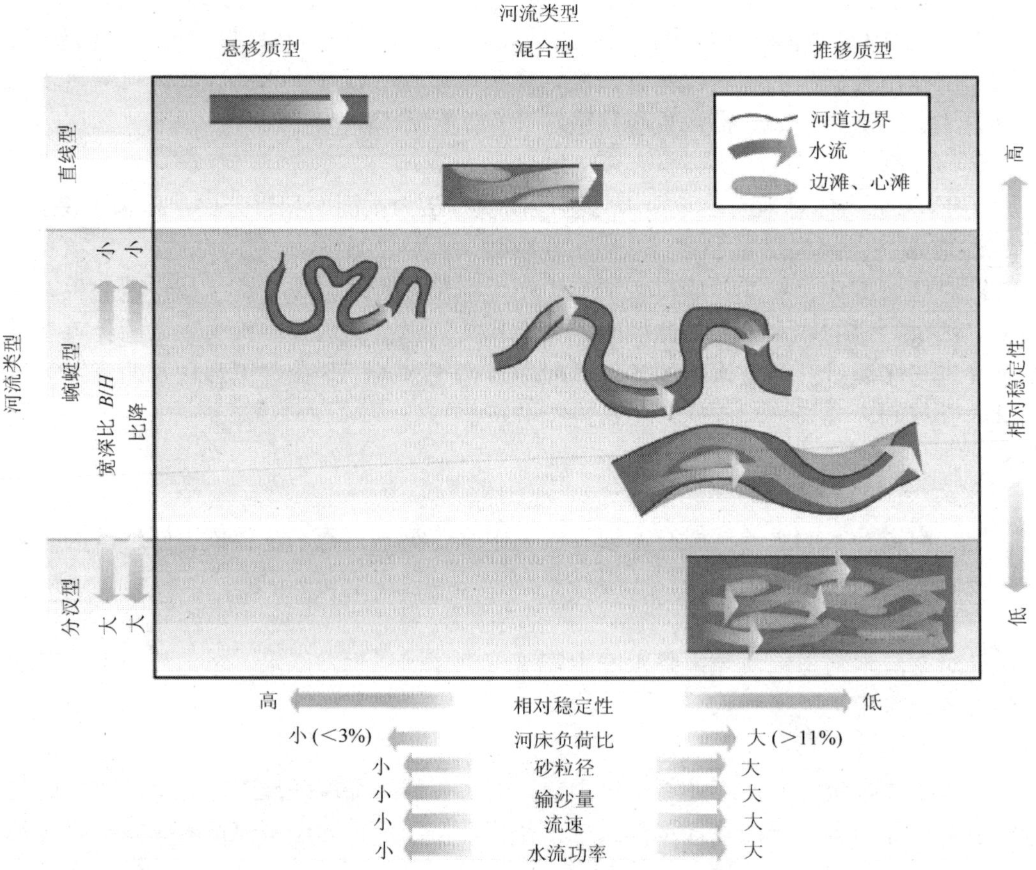

图 3-1　河床稳定性与泥沙输移模型关系

绝对直线型的天然河流在自然界基本不存在，但在陡峻地形的河流源头，河流往往呈现为单一水道和近直线型特征，或在某些时间周期内，个别水能较小的河段也可能呈现为近直线型特征。蜿蜒型（或称弯曲型河流）是最为常见的河流类型，随着河流纵坡降减小，尽管水道仍只有一个，但其平面形态逐渐蜿蜒化，平面上呈现“S”形状。分汊型在冲积平原较常见，也被称为辫状河流，在我国各流域均有分布，此类河流的水力梯度相对较大、河床糙率较高。

河流的断面形态主要取决于水流、输沙量以及地形地质条件。不管河流类型如何，河道的断面沿程宽度、深度、深潭浅滩分布及尺寸等要素基本上都不相同。深潭一般在河弯凹岸的深泓线位置形成，浅滩则往往形成于河弯之间，而河床底质材料的组成也会影响深潭浅滩的基本特征。统计表明，以卵砾石为主的河床的深潭—浅滩序列分布较均匀，卵砾石主要集聚在河滩，细颗砂土则主要沉积在深潭，两个深潭之间的距离为平滩河宽的 5～7 倍；以泥沙为主的河床，因缺乏粗颗粒料，此类河床难以形成边滩构造，但深潭分布仍较均匀，且多由浅滩隔开（图 3-2）。

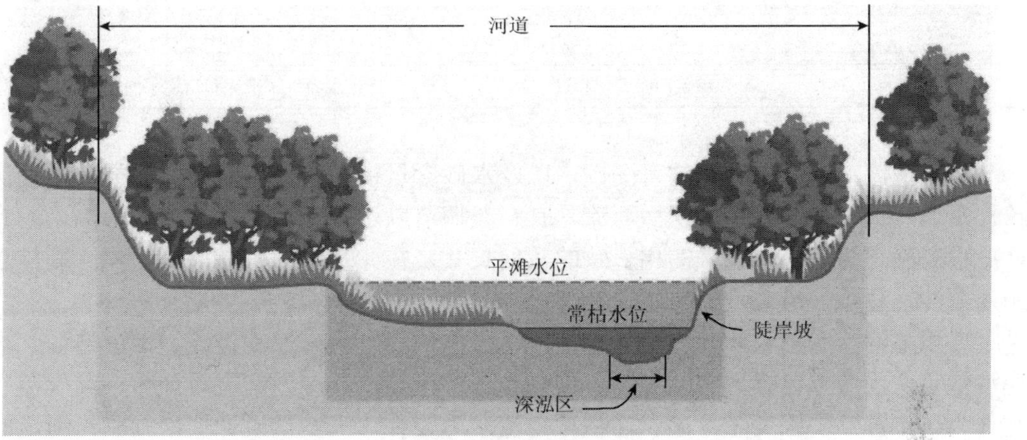

图 3-2　河流断面示意图

2. *河道形态设计方法*

稳定型河流（阈值河道）的河床和河岸在水流作用下能够保持基本稳定状态，但是冲积型河流在水流作用下会持续不断地或频繁地发生冲淤变化。因此，在进行河道设计时，首先需评估河道的稳定性。

（1）设计变量

传统渠道设计（稳定型）注重输水能力，水位高程和流速是设计过程中最关键的两个主要设计要素，因此依赖水力设计的渠道自变量是设计流量和河床糙率，因变量包括宽度、深度和坡度（表 3-4）。如果河道边界材料确定，则河床糙率也可以作为因变量。渠道设计时，通过不断调整因变量数值以得到预期水力条件。传统水力设计时需满足两大方程，能量方程（或动量方程）和阻力方程（如曼宁公式），同时假定设计流量下的河床为固定边界，忽略河床质泥沙的影响。传统设计方法适用于河道防洪设计，防护良好的排灌沟、渠设计，也可用于设计和分析稳定的天然河流。

表 3-4 稳定型和冲积型河道的断面设计要求

河道边界状态	稳定型	冲积型
	设计流量下固定	设计流量下可变
水砂输入量	可忽略不计	不可忽略
因变量	河宽 水深 比降 糙率（确定边界材料）	河宽 水深 比降 河道平面形态 河岸糙率 障碍物糙率（桥梁等结构）
自变量	设计流量 河床糙率	设计水位曲线 造床流量 输砂量 河床材料级配 河岸特征
设计方程	能量方程 动量方程 阻力方程	能量方程 动量方程 阻力方程 泥沙动力方程 河床地貌特征
设计目标	满足河床稳定和过水要求	满足水砂基本平衡和河道平面基本稳定的要求

冲积型河流因河床形态的可变性，以及水砂含量很高而不可忽略，此类河道设计远较稳定型河流复杂得多。冲积型河流具有自我调节以达到水砂平衡状态的特性，因此设计过程需确定与河道动态平衡相一致的几何尺寸，在此基础上再考虑河岸的冲刷控制措施或泥沙输移维护措施。

冲积型河流水力设计的自变量包括流量水位曲线、河床泥沙级配、河岸特征、输入泥沙量等，因变量包括河宽、水深、坡降和平面尺寸。冲积型河流设计时，河岸糙率往往作为一个独立的因变量考虑。冲积型河流水力设计，因变量设计值必须满足河道的泥沙输移平衡，不发生显著的冲刷或淤积情况。冲积型河流水力设计，除动量、阻力方程外，还需满足水砂动力方程，并需考虑河床地貌特征。

（2）设计方法

稳定型河流设计是要确定一个稳定的河道边界，以满足设计过水流量的要求。此类河道的设计方法很多、也较成熟，其中容许流速法和容许剪应力法应用最多。容许流速法最适合边界材料多样的河道设计，而容许剪应力法常被用于砾石底质的河道设计。

冲积型河流设计，采用水力学方法时，需要增加泥沙输移分析。此类河流设计，需先初步确定设计流量下满足水流和泥沙荷载的河道几何尺寸，再根据河流地貌原理，通过解析水流阻力方程和泥沙动力方程，确定河宽、水深、比降和平面尺寸等因变量。

3.2.2 河流修复目标

河流修复目标可分为“完全复原”、“修复”、“增强”、“创造”、“自然化”等不同类型。

1）“完全复原”是指使生态系统的结构和功能完全修复到干扰前的状态，是河流地貌学意义上的恢复，这就意味着拆除大坝和大部分人工设施以及修复原有的河流蜿蜒型形态。

2）“修复”是指返回到生态系统受到干扰前的结构和功能。

3）“增强”是指环境质量有一定程度的改善。

4）“创造”是指开发一个原来不存在的新的河流生态系统，形成新的河流地貌和河流生物群落。

5）“自然化”，其出发点是由于人类对于水资源的长期开发利用，已经形成了一个新的河流生态系统，而这个系统与原始的自然动态生态系统是不一致的。所谓“自然化”，就是通过河流地貌及生态多样性的修复，达到建设一个具有河流地貌多样性和生物群落多样性的、动态稳定的、可以自我调节的河流系统。

对应不同的修复目标，采取不同的措施，包括各种人工直接干预、自然修复和增强修复措施。

3.2.3　河流调查与评估

河流生态修复是一个跨学科的、全面的工作，其重点是恢复部分或完整的河流生态系统功能。流域的水文、水力、地貌和生物过程均会影响河流特征，设计前必须对此类要素进行系统的调查和评估。

多学科的河流调查是河流评估工作的基础，通过河流调查可以更好地了解河流的动态变化过程，确定相应的影响要素，并辅助工程设计。调查和评估工作需充分考虑河流的时空尺度，河流前期调查主要包括以下内容。

1）河槽形态：河道断面、河岸高度、比降、潭-滩系统。

2）平面特征：蜿蜒段、直线段的物理特征。

3）河岸地貌。

4）滩地及河岸土壤性质。

5）河床底质、防护结构（表面材料）。

6）木质残骸数量及分布位置。

7）地质特征。

8）植物：种类、数量、位置分布。

9）水质：溶解氧、pH、水温、悬浮沉积物及其主要成分。

10）水生生物：种类、数量、物种关系。

11）最大洪水水位。

12）冲刷深潭：位置及深度。

13）水流状态：水流方向、深泓线、冲岸角度、物理影响要素。

14）调查期的流量现状：洪水期、枯水期、平滩流量期。

15）流量估计：根据经验确定调查期外的流量。

16）河道糙率。

17）泥沙输移情况：推移质特征，回水区沉积物、边滩沉积物。

18）基础建筑物：硬质堤岸、堰坝、桥梁、平台。

19）河道演变历史。

河流栖息地评估，主要包括物理栖息地评估、化学栖息地评估和生物栖息地评估 3 个内容。

物理栖息地评估，描述了河流地形地貌的结构和组成。物理栖息地评估不仅可以直接评判河流的恢复措施及构造，而且为生物评估提供了必备条件，同时又是河流内流量分析的基本要素，因此认为物理栖息地评估是河流修复工作的基础。根据评价程度，可分为快速评估（基于勘测工作）、中级评估（如物理栖息地模拟方法）和综合性评估。

物理栖息地评估的内容主要包括以下几点。

1）评价河流廊道的地形地貌、几何尺寸、土壤、河床和河岸特征、河道类型、植被，以及流域的形状、大小。

2）评价河道的稳定性。

3）评价各种栖息地的丰盈度、位置分布和相关性。

4）分析是否存在因基础设施影响而无法发挥效果，但又可以恢复的栖息地。

5）评价已经建在河床或洪泛平原区域的工程措施（包括裁弯取直、疏浚、筑堤等）对栖息地的影响类型和程度。

6）评价影响鱼类或其他水生生物的通行障碍物，判断其影响周期和程度。

7）评价河流廊道内限制生物生存的物理栖息地缺陷。

化学栖息地评估，评估河流中的溶解质浓度是河流化学栖息地评估的关键。溶解质浓度是水生生物和滨水动物生存最重要的化学栖息地要素，如有些溶解质浓度必须达到一定范围才能支持生命（如溶解氧、营养物质），有些溶解质对生物体只有不利影响。因此，在河流修复工程中，必须同时考虑水质改善工作。化学栖息地评估的内容主要包括以下几点。

1）监测水质，确定地表水的质量等级。

2）确定河流中的溶解质来源和消耗途径。

3）监测水流条件，直接关系到溶解质浓度。

4）建立指定保护物种与水质的关系，确定水质界限值。

5）确定影响水质的生态环境因素和影响机制，包括洪水、径流、植被、土壤等。

生物栖息地评估，应该对整个生态系统进行评估。以往的生物栖息地评估工作，往往以单一物种，或物种的某个生活阶段，或局限在某个区域位置展开。实践表明，河流修复工程的生物评估应该考虑多物种、不同生活阶段和空间扩展特征，尽量减少恢复工程对非目标物种的影响。生物栖息地评估的内容主要包括以下几点。

1）确定河流廊道内的物种丰盈度和分布情况，包括识别威胁物种和濒危物种、本地物种和外来物种等。

2）识别已灭绝物种。

3）识别外来物种对生物恢复的影响。

4）测量物种个体的年龄、大小、生长速率，确定其生存条件。

5）记录物种的生活史，包括如何使用河流生境的不同位置、何时使用。

6）确定物种间的相互关系，包括依赖关系（如捕食者和猎物，寄生、共生关系）、竞争关系等。

7）记录河流产卵场的位置和尺寸（当前的和历史的）。

3.2.4　河岸生态防护技术

1. 原则及目标

（1）安全性原则

河流生态防护结构，首先需满足结构上稳定的要求。水流侵蚀作用，会引起水土流失、冲刷或崩塌，从而导致结构失稳。一旦河岸坍塌，就会影响河流的安全功能要求，不仅可能造成沿岸生命财产安全损失，而且对整个河岸生态系统都会造成影响。因此，河岸生态防护设计，需符合现行规范的相关水力、结构稳定的基本要求。

（2）生态性原则

尽可能不要破坏既有河流廊道的生态、景观，尽量保全所有的生态结构与功能并维持其多样性，营造生物栖息地的多样性，运用自然演替、物质循环与河流自净能力等，促进生态系统的再生、复原能力。

（3）整体性原则

河流生态环境具有复杂性和不确定性，工程设计方案应以河流的前期调查为基础，包括河流类型、河床形态、河床岩土性质、生物物种分布、河势演变规律等。虽仅需进行局部改善或修复，但仍需对整个系统进行了解与分析，以确定区域的河流形态、环境条件及工程材料的合理性。

生态型护岸设计的最终目标应是在满足人类需求的前提下，使工程结构对河流的生态系统冲击最小化，不仅对水流的流量、流速、冲淤平衡、环境外观等影响最小，而且要适宜于创造动物栖息及植物生长所需要的多样性的生活空间。

2. 生态防护技术类型

生态防护技术类型这部分内容主要介绍了生态护坡方法、适用条件，包括优缺点、设计施工注意事项等。

（1）抛石

抛石护岸（或护脚）是将石块或卵石抛到护岸（护脚）上，这是国内外河道整治工程应用最多的方法之一。当河道遭受大洪水时，抛石利用所具有的天然石抵抗力来防止洪水冲刷堤岸、保护河岸，损坏后抛石护岸修复快速简单。块石之间还含有很多间隙，可成为鱼类以及其他水生生物的栖息所及避难所，兼作小型鱼草之用，从而为河道的生态功能修复起到一定的积极意义。抛石防护主要适用于中、低流速，冲蚀小、水深浅的河岸，设计需注意以下几点要求。

1）水下抛石的稳定坡面约为1∶1.5，护岸坡面坡度应缓于此坡比。

2）护岸趾部应嵌入预期的冲蚀线下。

3）抛石底层根据现状河岸的土质条件铺设过滤垫层，以防止基础土层的细粒土冲刷流失，过滤垫层可采用卵砾石、碎石级配料，也可采用土工织物滤层。

4）表层抛石的尺寸需满足抗起动流速的要求。

5）抛石埋深 B 由水深及预计冲刷深度确定（图3-3）。

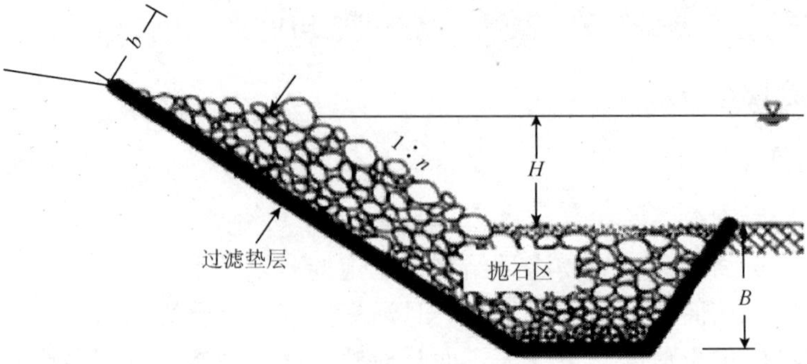

图 3-3　抛石防护示意图

（2）干砌块石

为防止河岸冲刷崩塌，于崩塌地坡脚处或河岸崩塌堆积坡脚处，用块石或砾石材料砌筑成一挡土构造物。使用天然块石、角石，即一般所称的干砌块石，基于现场土地取得不易或有安全考虑，部分护岸内部仍使用混凝土，于表面再以原石衬砌，利用砌石作为固床与护岸措施。干砌石护岸利用天然石材，同样能创造出丰富多样化的边界流态环境，亦可增加植物生长及水生物栖息空间。干砌块石护岸适用于冲刷流速小于 3m/s 的地区，设计要求如下。

1）底层砌石应埋置于河床线下，埋置深度需在 150cm 以上，防止基础淘空。

2）河床基础应满足承载力要求、满足结构沉降要求。

3）建议设计护岸高度小于 3m，砌石平均粒径 D＞30cm，石缝间以小于 30cm 粒径石块填充。

4）砌石背侧填料需满足强度和渗透稳定要求。

5）护岸凹岸处应设置混凝土基础，增加护岸稳定性，其余岸趾可抛石，制造蜿蜒水域，增加生物栖息空间（图 3-4）。

图 3-4　干砌块石防护示意图

（3）浆砌石

以卵石或块石混凝土灌砌成墙面，石材间隙以混凝土填充，增加黏结强度。砌石表面自然景观、隙缝可提供动植物栖息生长，同时兼具安全性及生态性的要求。浆砌石护岸适用于流速较快、天然石材丰富的河流。施工良好的砌石护岸可作为挡墙结构，抵挡河岸坡面后方的土压力，防止坡面局部崩塌破坏。浆砌石应错落叠置，以求石面的美观稳定，可搭配较大石块，增加景观性（图 3-5）。

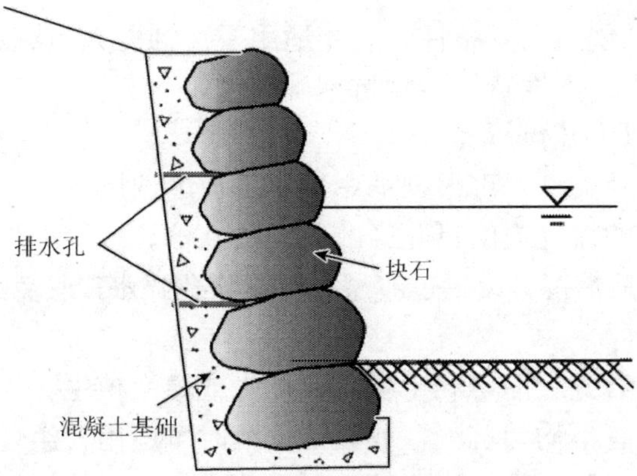

图 3-5　浆砌石防护示意图

（4）生态袋

生态袋以聚丙烯为主要原料，采用无纺针刺工艺经单面烧结而成，具有抗紫外线、抗老化、抗酸碱盐、抗微生物侵蚀、透水不透土等特点。袋体材料不含对环境有危害性影响的联苯胺等物质。生态袋透水不透土的过滤功能，既能防止填充物（土壤和营养成分混合物）流失，又能实现水分在土壤中的正常交流，从而使得植物生长所需的水分得到有效的保持和及时的补充。

生态袋技术在生态水利工程中，可用于河岸防护、水土保持、水库涨落带复绿、湿地工程、湖海岸工程等。

1）生态袋材料要求：以聚丙烯为主要原料，工程设计需对原材料的耐久性（抗老化能力）、经纬向抗拉强度、顶破强度、等效孔径等提出相应的要求。

2）生态袋铺装：生态袋铺设需严格按照施工技术手册实施。生态袋护岸系统的坡顶宜设置截水沟，护坡坡面需设置横向排水沟或盲沟。

3）根据地质条件，可以结合格栅等筋材，构造柔性生态袋挡墙（图 3-6）。

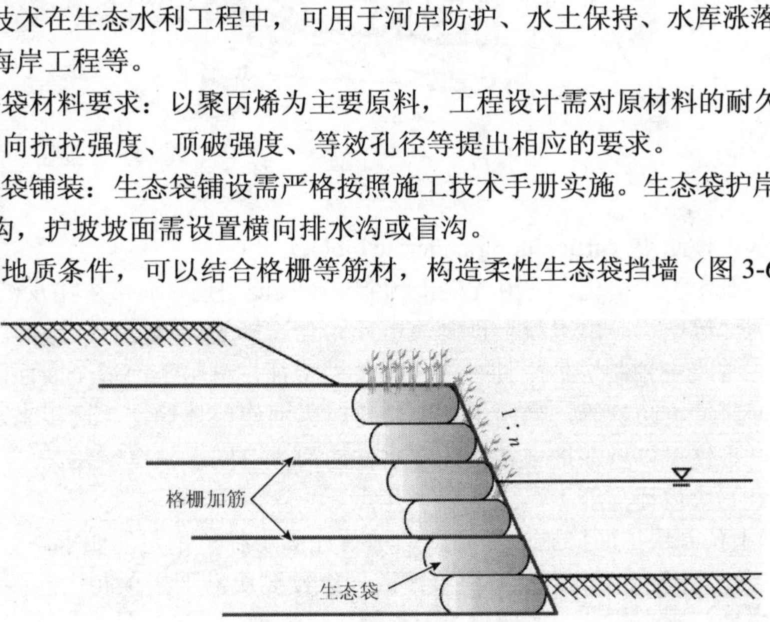

图 3-6　生态袋防护示意图

（5）石笼（或石笼垫）

石笼［或称格宾（gabion）］，主要用于各类岩土工程、水土保持、堤岸防护等工程。护岸的网状石笼可以是竹子编的竹笼，也可以是镀锌、喷塑的铁丝网笼，或钢筋笼，里面的填充物有的是砾石，有的则是碎石、肥料和土壤的混合物。石笼结构可以增加护岸稳定性，为植物的生长创造良好条件。石笼适用于冲蚀力大、流速快的河流，其多孔性能发挥良好的排水效果，柔性特征能抵抗基础变形。

石笼设计需注意以下几点。

1）石笼单体尺寸及类型，可根据护岸高度及坡度选用。

2）石笼填充石材的粒径为网目孔径的 1.5～2.0 倍。

3）根据岸坡的土质情况，设置过渡层，以排除孔隙水，避免细粒料流失并增加基础承载力。

4）水位线以上的石笼表面可利用生态袋植生或覆土植生。

5）河岸区的土层有不均匀沉陷，或大量沉陷时可运用其柔性结构以抵抗变形。

6）根据地质条件，可以结合格栅等筋材，形成加筋石笼挡墙（图 3-7）。

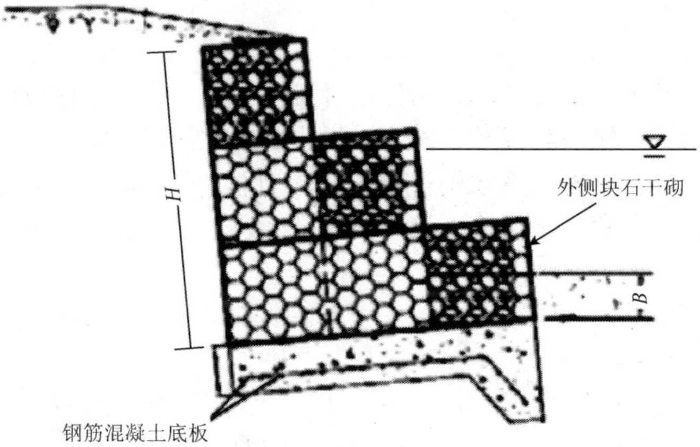

图 3-7　石笼防护示意图

（6）混凝土预制块（articulating concrete block）

混凝土预制块护岸措施，采用混凝土预制块、反滤垫层（通常采用反滤土工布）、连接锁扣、锚固体等结构，由混凝土预制块单元相互连接成矩阵型，实现岸坡侵蚀防护作用（图 3-8）。混凝土预制块护岸具有一定的柔性特征，可用于河道全断面防护、岸趾及坡面防护、河床冲刷防护等，当用于坡面防护时需河岸整体稳定。近年来，采用空心混凝土预制块，不仅可以增加护坡结构的透水性，而且有助于植草绿化。

混凝土预制块设计与施工需注意以下几点。

1）混凝土预制块护面措施，堤防或边坡首先满足整体稳定的要求。

2）预制块失效通常表现为预制块单体或一组预制块沿下游预制块的接触点破坏。预制块单体稳定性与水流流速、剪切应力、水深、河岸坡度、河床比降，以及预制块重量、固嵌力大小等因素有关。砌块单体的稳定系数取 1.5～2.0。

3）过渡层对于混凝土预制块的防护方式非常重要，可根据反滤和渗透要求选用合适的级配砾石料或土工布材料。

4）预制块护面基面应为原状土或适当压实填补的表层基础，其上需铺设垫层，确保土工布与基面基础良好，另需确保预制块与土工布紧密接触。

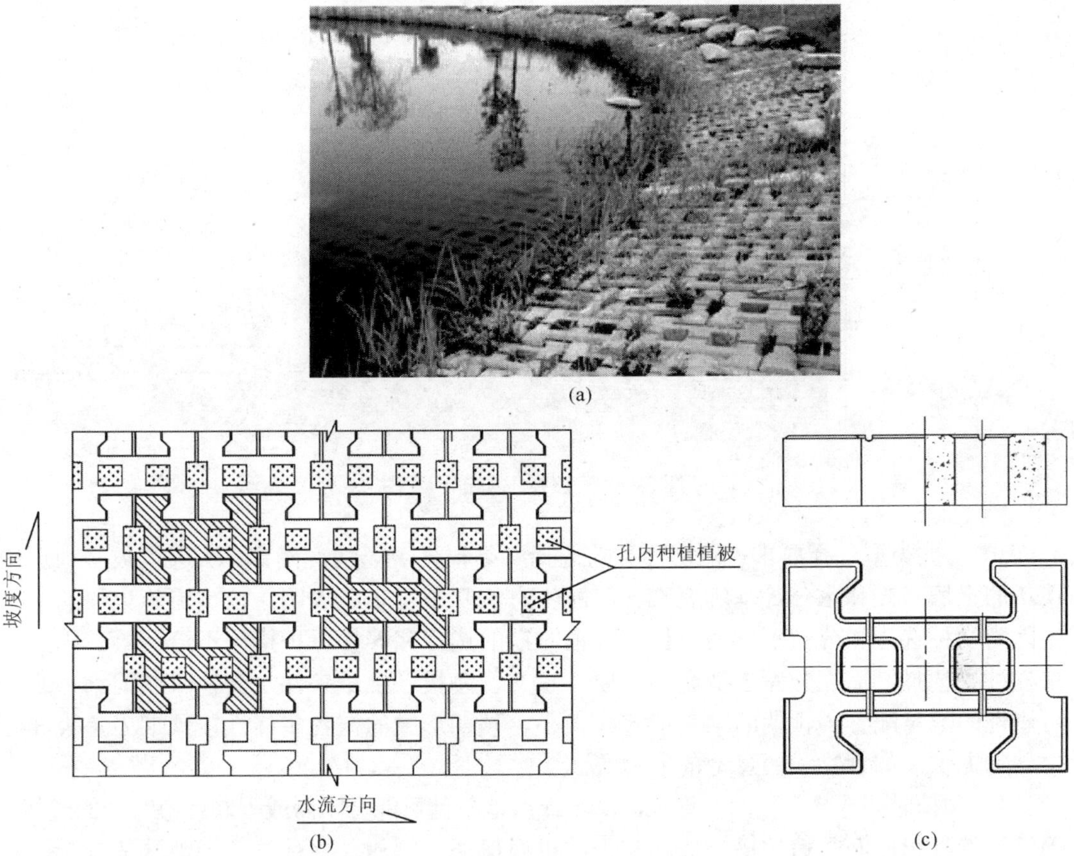

图 3-8　混凝土预制块防护示意图

（7）植被技术

植物生态护坡技术是利用植物具有固土、防止水土流失、绿化环境的功能，直接在坡面上栽种树林、植物、草皮等植物。其通常用于河道护岸和堤防迎水侧的保护，国内很多工程都采用了这一技术。它主要利用植物地上部分形成堤防迎水面软覆盖，减少坡面的裸露面积以及外部力与坡面土壤的直接接触面积，起消能护坡的作用；利用植物根系与坡面土壤的结合（深根锚固和浅根加筋），改善土壤结构，增加坡面表层土壤团粒体，提高坡面表层的抗剪强度，有效提高迎水坡面的抗冲性，减少坡面土壤流失，从而保护岸坡稳定。在满足生态环境需要的同时，还增添了景观效果。

1）植被型护坡设计，需对边坡类型、边坡稳定性预先界定，土质边坡较岩质边坡更容易进行植被种植，但对贫瘠土坡应采用工程措施移植客土，岩质边坡则需采取在表面移植并固定客土。

2）植物水文分区：根据植被物种属性，滨水区域可划分为 4 个部分，包括夏季枯水位—多年生植被生长下边界，多年生植被生长下边界—2 年一遇洪水位，2 年一遇洪水位—10 年一遇洪水位，10 年一遇水位以上部分。植被技术防护示意图，如图 3-9 所示。

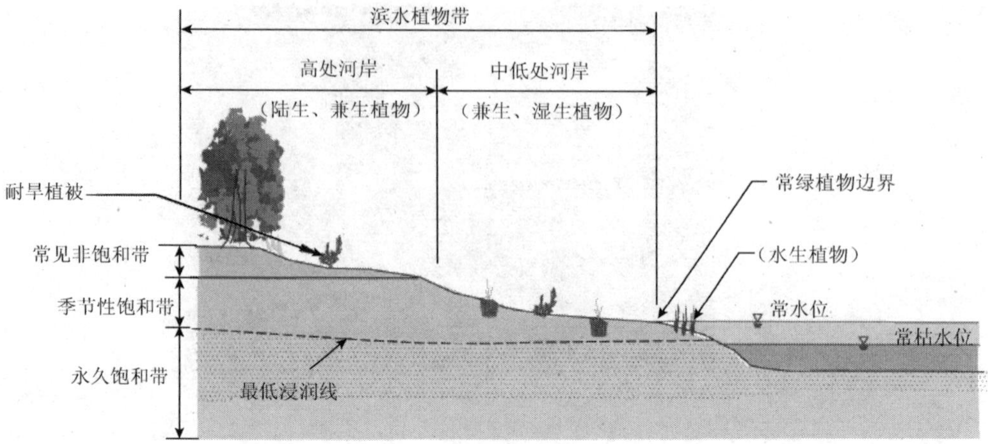

图 3-9 植被技术防护示意图

3）植被类型选择要求：植物种类的选择必须根据现场情况确定，所选植被必须适应现场的土壤、光和水分等基本要素。河流生态修复工程实践表明，植被措施失败的主要原因为物种选择和分布不合适，植被种植时期的选择和养护保护措施不恰当等。因此，植物种类选择，需充分考虑适合的气候、水文、海拔、土壤条件及其他限制因素，合理可用性的数量配置，预期的增长形式和大小，预期形成的植物多样性，预期为鱼类和野生动物提供，如食物和栖息地的能力等。

4）种植时期选择：在河岸地区，洪水或湿地条件可能会阻碍或限制种植时期的选择，但恰当的种植时间是植被措施成功与否的重要保证。例如，播种法、根植法适宜春、秋季节实施，若夏季实施则往往需要喷灌养护；插条法适宜春、秋季节实施，冬季也可作为备选时期；裸根栽植仅在冬末或初春较适宜。

（8）绿化混凝土

绿化混凝土，即生态混凝土，它是通过材料筛选、添加功能性添加剂、采用特殊工艺制造出来的具有特殊结构与功能，能减少环境负荷，提高与生态环境的协调性，并能为环境保护作出贡献的混凝土。绿化混凝土护坡材料采用的无砂混凝土主要由水泥、粗骨料、减水剂和营养液等拌制而成。由于缺少普通混凝土中的砂，胶凝材料不足以填充粗骨料的孔隙而形成蜂窝状结构，具有连续性多孔特点及良好的透水性和透气性，使绿色植物和水中生物能在其中正常生长。植草后的绿化混凝土护坡具有较好的抗冲性能，覆草对水流的缓冲作用同样起到降低流速、增强落淤、净化水质、美化环境、改善生态的效果。

绿化混凝土护坡施工作业的主要工序如下。

1）边坡修整。边坡修整成型应符合设计边坡的比例要求，对原地形进行开挖或者回填，回填后基础强度必要达到设计要求，避免坡面发生过大的不均匀沉降。

2）土工布铺设。无纺布铺设时，采用U型钉将无纺布与边坡固定，以免产生滑移。土工布施工应符合《水利水电工程土工合成材料应用技术规范》（SL/T225—98）的有关条文规定（相邻搭接宽度 $b>20\text{cm}$）。

3）播撒草籽。播撒草籽播种量为15～20g/m²。

4）在绿化混凝土表面铺设2～3cm厚的客土。在无砂混凝土表面铺设2～3cm的松散、粉状的客土。

5）混凝土框格梁的现浇。现场浇注混凝土框格梁，本工程按照设计要求采用C20混凝土框格梁为2m×2m，框格宽度为15cm，厚度为20cm。

6）铺盖地膜（或草帘）浇水养护。在播种完草籽的土层上覆盖湿草帘等遮光透气物，进行洒水养护。要求每天2～4遍，连续养护5天以上即可。

7）根据护面要求，采用混凝土框格梁进行加固防护，也可结合锚杆（钉）对坡体进行支护（图3-10）。

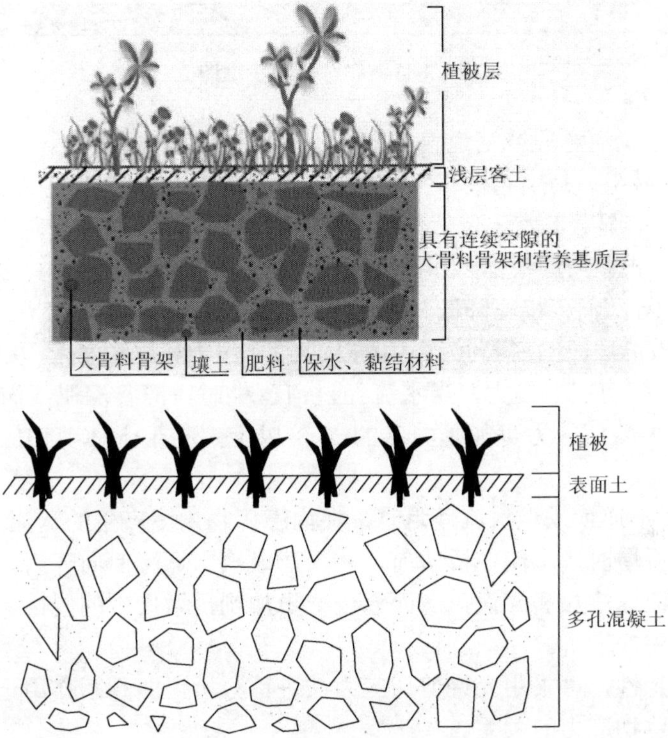

图3-10 绿化混凝土防护示意图

3. 生态防护稳定性分析

（1）河岸抗侵蚀稳定性

天然河流的河床表层材料通常是黏土、草垫、粗粒料或基岩，除基岩河床面外，其余河床在水流力下往往会发生局部冲淤变化，使得河流的地貌不断演变。

河岸侵蚀破坏，其实质也是一种动态演变过程，如图3-11所示，其破坏形式主要包括侵蚀、冲刷、团粒破坏、表层挟带和冲切破坏等类型。研究河岸破坏特征，需首先鉴定破坏机制和原因，而大多数侵蚀破坏的物理过程是表面挟带作用。

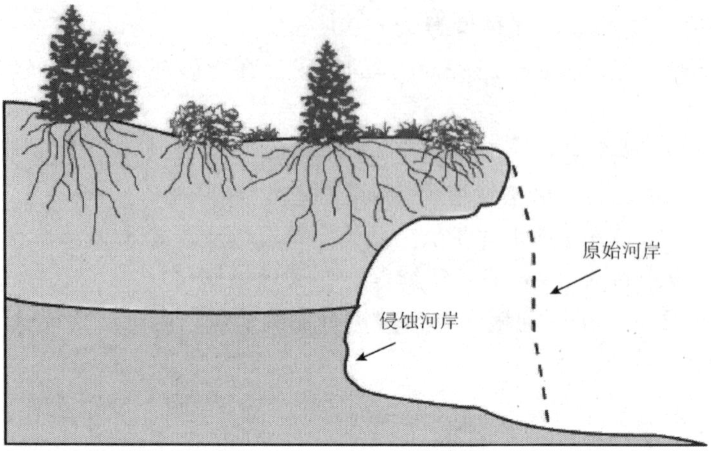

图 3-11　岸趾侵蚀示意图

堤脚侵蚀发生于河弯段或河道直线段，河岸侵蚀成因主要包括以下几点。

1）河岸植被减少，是引起堤岸侵蚀的常见原因。滨水植物不仅能改善河流廊道的栖息地环境，而且具有显著的水土保持作用。植物地上部分可有效减少坡面外力与土壤的直接接触面积，植物根系的深根锚固和浅根加筋作用，可改善土壤结构，提高坡面稳定性。

2）人为因素导致河床糙率降低。因河道疏浚或河岸硬化等人工措施，使得木质残骸和河床粗粒单元被清理，也使得河流产生过大能量作用于河岸和河床，从而引起河岸侵蚀。

3）河弯水流剪切应力偏大，当水流经过河弯处时，河谷深泓线游荡至河道外侧转角，河弯处的最大剪切应力可能是河床的 2 倍以上，高于土体剪切应力的强度而导致河岸侵蚀。

4）河岸沿线不连续或当水流受阻时，在内障碍物周围产生的紊流，形成局部冲刷。例如，水流遇到桥墩时，水流在桥墩前下冲，形成次生环流而向障碍物侧向运动，由此导致障碍基础的流速增加和漩涡，从而会进一步加剧桥墩周围的侵蚀力，带走更多的河床沉积物，并产生冲刷坑。

河岸侵蚀稳定性，可采用允许剪切应力法进行分析，即判断作用于河床颗粒的平均剪切应力与允许剪切应力的关系。

平均剪切应力 τ_0 是水流作用对河床表面形成的拖曳力或冲刷力，可表示为

$$\tau_0 = \gamma RS$$

式中，γ 为水的容重；R 为水力半径（=过水断面面积 A/湿周 χ）；S 为河床坡降。

平均剪切应力还可以表示为流速、水力半径、糙率的函数关系（Keulegan，1938）：

$$\tau_0 = \frac{\rho v^2}{\left(\frac{1}{\kappa}\ln\frac{R}{k_s} + 6.25\right)^2}$$

式中，ρ 为水的密度；v 为深度方向的平均流速；κ 为冯 · 卡门常数（通常取 0.4）；k_s 为粗糙高度。

容许剪切应力 τ_c（或称临界剪切应力）是河床泥沙对水流拖曳力的抵抗力，可由下

式表示：

$$\tau_c = \tau^*(\gamma_s - \gamma_w)D$$

式中，τ^* 为 Shields 系数；γ_s 为泥沙容重；γ_w 为水容重；D 为泥沙颗粒。

对于植被或其他护岸材料，护岸的稳定性亦可采用容许流速进行判断。图 3-12 为几种常见的河岸护面材料的容许流速与水流持续时间的关系图。

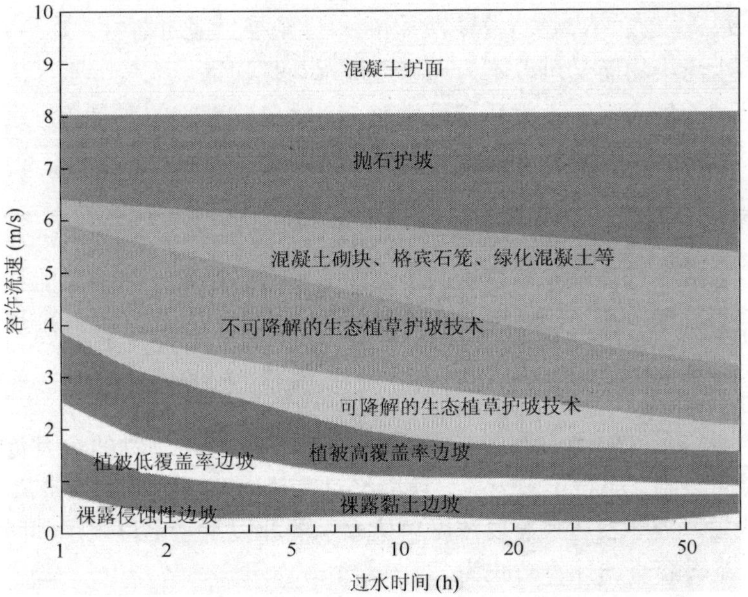

图 3-12　护岸材料的容许流速与水流持续时间的关系图

（Nation Resource Conservation Service，2007）

（2）河岸边坡稳定性

河岸边坡稳定性，需根据河岸结构类型分别考虑。对于缓坡型河岸（包括采用了抛石护岸、绿化混凝土护岸、植被等防护措施的河岸），工程设计需考虑河岸边坡的整体抗滑稳定性；对于直立型河岸（包括采用了砌石、石笼、生态袋等挡墙式防护措施的河岸），工程设计时不仅需考虑河岸的整体稳定性，还需考虑挡墙结构的自身抗滑、抗倾稳定性。

边坡的整体稳定性与上述侵蚀类似，可以以滑动力与阻滑力的比值，即安全系数加以核算：

$$K = \frac{\sum F_{阻滑力}}{\sum F_{滑动力}}$$

式中，$\sum F_{阻滑力}$ 为边坡土体的抗剪强度及加筋作用形成的阻滑作用合力，其中土体抗剪强度可由摩尔-库伦强度公式表示，$\tau = c + \sigma \tan\varphi$；$\sum F_{滑动力}$ 为边坡土体承受的剪切作用力的合力。

当安全系数 K<1 时，边坡不稳定而塌滑破坏；当 K=1 时，表示边坡处于临界状态；当 K>1 时，边坡稳定。

3.3 河道水环境修复常用技术与方法

3.3.1 环境容量的计算

我国自 20 世纪 70 年代引进环境容量这个概念以来，经过不断研究、发展和应用，已经形成了适用于中国实际情况的环境容量概念。环境容量指区域自然环境或环境要素（如水体、空气、土壤和生物等）对污染物的容许承受量或负荷量。环境有多大的容量，即可以容纳多少污染物而又可以不为环境造成永久性损害。大气、水、土地、动植物等都有承受污染物的最高限值，就环境污染而言，污染物存在的数量超过最大容纳量，这一环境的生态平衡和正常功能就会遭到破坏。

1. 环境容量的分类

环境容量包括绝对容量和年容量两个方面。前者是指某一环境所能容纳某种污染物的最大负荷量。后者是指某一环境在污染物的积累浓度不超过环境标准规定的最大容许值的情况下，每年所能容纳的某污染物的最大负荷量。

（1）绝对容量

环境的绝对容量（WQ）是指某一环境所能容纳某种污染物的最大负荷量，达到绝对容量没有时间限制，即与年限无关。环境绝对容量由环境标准的规定值（WS）和环境背景值 B 来决定。数学表达式有以浓度单位表示的和以重量单位表示的两种。以浓度单位表示的环境绝对容量的计算公式为

$$\mathrm{WQ}=\mathrm{WS}-B$$

环境绝对容量的单位为 mg/kg。任何一个具体环境都有一个空间范围，对这一具体环境的绝对容量常用重量单位表示。以重量单位表示的环境绝对容量的计算公式为

$$\mathrm{WQ}=M(\mathrm{WS}-B)$$

当某环境的空间介质的重量 M 以 t 表示时，WQ 的单位为 g。

（2）年容量

年容量（WA）是指某一环境在污染物的积累浓度不超过环境标准规定的最大容许值的情况下，每年所能容纳的某污染物的最大负荷量。年容量的大小除了同环境标准规定值和环境背景值有关外，还同环境对污染物的净化能力有关。以浓度单位表示的环境年容量的计算公式为 $\mathrm{WA}=K(\mathrm{WS}-B)$。

对任一环境而言，它的环境容量越大，可接纳的污染物就越多，反之则越少。污染物的排放，必须与环境容量相适应。如果超出环境容量就要采取措施，如降低排放浓度，减少排放量，或者增加环境保护设施等。

2. 水环境容量的计算

污水引入水体后，以射流方式逐渐扩散，同时受到河水流动的作用而被推向下游，这股废水在中小河流很快扩展至全河断面，在大江大河沿岸则可能形成一条污染带。污染物与水体的混合过程可分为 3 个阶段，如图 3-13 所示。

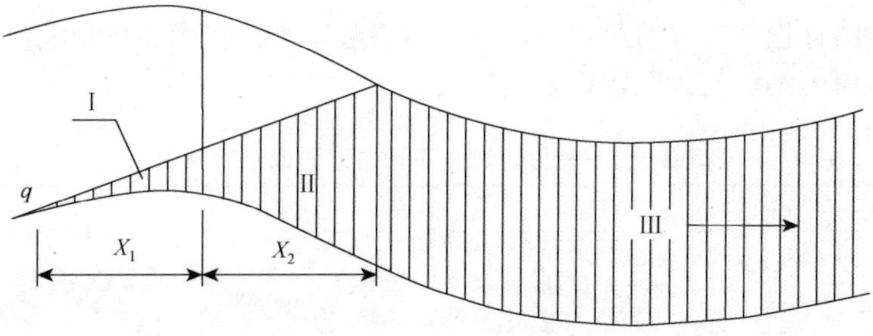

图 3-13　污染物与水体混合过程示意图

第 I 阶段为垂向混合阶段，主要在水深方向混合，这一混合阶段的影响范围称为近区。污染物在近区的混合过程比较复杂，其水流方向的混合距离 X_1 相对较小，通常为排放处河流水深的几十倍至一百倍。该距离主要取决于排污口位置、排放形式、河道水力学特性以及污水与水体的物理和能量交换过程。

第 II 阶段为掺混阶段，以垂向充分混合起至河流横向开始充分混合为止。水流方向混合距离 X_2 及浓度分布主要取决于源强、河流宽深及流态、流场等因素。

第 III 阶段为完全混合阶段，污染物在横断面上开始充分混合后的区域。在该区域内污染物河流纵向的浓度变化，主要受污染物性质、河流流速、水体溶解氧浓度、水体微生物、泥沙等因素的影响。

在模型选择时，应根据研究对象的性质、系统的时空范围而选用不同维数的水质模型。在 I 阶段，可用三维模型模拟，在 II 阶段和 III 阶段，可分别采用二维模型和一维模型。如果研究区域比较大，河流比较长，相对整个研究河段范围，I 阶段、II 阶段无论在空间尺度和时间尺度上都比较小，有时甚至可以将一个城市作为一个点源来加以研究，这时选用一维模型是比较合适的。

（1）一维水质数学模型的基本表达式

一维水质模型公式：

$$C = C_0' \exp\left(-\frac{k}{86\,400 \cdot u} \cdot x\right)$$

$$C_0' = \frac{C_0 Q_0 + C_1 q}{Q_0 + q}$$

式中，C_0' 为上游背景断面水质浓度；u 为流速；k 为降解系数；x 为沿河道方向变量；C_1、q 分别为排污口废水浓度和废水量；C_0、Q_0 分别为上游来水浓度和流量。

根据上述公式可知，当 $C=C_S$ 时，$C_1q=W$，即环境容量，单位为 kg/d，具体计算公式如下：

$$W = \left[(Q_0 + q) \cdot C_S \cdot \exp\left(\frac{k}{86\,400 \cdot u} \cdot x\right) - C_0 Q_0\right] \cdot 86.4$$

式中，C_S 为水功能区划的水质目标。

（2）不均匀系数的考虑

由于污染物质很难在水体中达到完全均匀混合，故对由公式计算出来的纳污能力进行不均匀系数的订正，一般河流越宽、不均匀系数越小；水面面积越大，不均匀系数越小。一般性河流的不均匀系数取值范围见表 3-5。

表 3-5　一般性河流的不均匀系数取值范围表

河宽（m）	不均匀系数	河宽（m）	不均匀系数
＜30	0.7～1.0	200～500	0.3～0.4
30～100	0.5～0.7	500～800	0.3
100～200	0.4～0.6	＞800	0.1～0.3

3.3.2　水污染防治技术与应用

1. 城镇、农村及工业污水处理

流域内污水处理主要分为城镇污水处理、农村污水处理以及工业污水处理。城镇污水处理的主要内容包括根据流域内城镇布局及污水处理目标、污水收集和处理现状，对流域城镇污水收集系统、污水处理系统进行综合规划设计。污水处理系统包括污水处理技术选择以及污水处理规模的确定。污水处理收集系统包括排水体制选择、截污干管规划。污水处理厂的工艺选择应根据原水的水质水量、出水要求、当地气候条件，经济条件，以及工程地质情况等因素作慎重考虑。

农村污水处理的主要内容包括农村生活污水排水体制选择、农村生活污水处理技术推荐及以行政村为单位的农村生活污水治理总体规划设计。根据村庄所处区位、人口规模、聚集程度、地形地貌、排水特点及排放要求、经济承受能力等具体情况，城乡统筹，采取分类处置方法。对人口规模较大、聚集程度高、有非农产业基础和处于水源保护区的村庄，宜通过敷设污水管道集中处理污水，并采用常规生物处理技术；对人口规模较小、居住较为分散、地形地貌复杂、尾水主要用于施肥灌溉等农业用途的村庄，宜通过分散收集单户或多户农户污水，并采用较为简单的生态处理技术。

工业污水处理的主要内容是对工业废水污染治理实行总量控制。根据工业废水“谁污染，谁治理”的原则，针对流域内工业企业生产废水提出处理目标，加强工业废水的监督管理，全面推行排污申报登记和排污许可制度。流域内工业企业应实施清洁生产，实行工业污染生产全过程控制。

2. 垃圾处理

生活垃圾收运通常采用中转模式，即收集点—站前运输—中转站—运输—处理场。根据实际情况，在运输距离适中的地方，也可采用直接运输模式，即收集点—运输—处理场，省却了中转环节。目前，我国对于村镇垃圾的处理普遍推行“村收集—镇转运—市处置”的集中处理模式，同时为降低运费，提高收运系统经济性，在收运系统规划时还应考虑采用多目标线性规划模型对收运线路进行优化。

3. 农业面源污染治理

根据流域各地块的实际情况，在措施制定方面，农业面源污染的防治应采取“预防

为主、防治结合”的原则；对农业面源污染控制技术设计采用“全过程控制、点线面结合”的原则。

“预防为主、防治结合”是指在源头上减少农药化肥施用数量，削减污染物产生的“源”。应积极开展农用化学品质量保证与替代措施；加强对肥料农药质量和使用数量的监督管理；加强对农膜使用的监督管理。积极推广病虫害综合防治技术，合理施用农药化肥，减少农药化肥的使用数量，使农药化肥单位面积平均使用量低于全省平均水平。采用农艺措施和生物多样性防治技术；积极发掘和使用植物性农药和生物农药；大力推广机械物理防治法。

“全过程控制”具体指通过对流域内的农田进行综合整治，优化农业耕作方式（使用喷灌、滴灌技术等），在污染物产生、流失的过程中，通过生态田埂、生态沟渠、池塘系统和植物缓冲带等进行多层次拦截吸收，减少污染物进入河道的数量。

“点线面结合”具体指点——利用池塘系统构建人工湿地，对各类污染物质进行集中、分解、吸收；线——利用生态田埂、生态沟渠、植物缓冲带对污染物质进行拦截、吸收；面——从农业结构、耕作方式、农药化肥使用量等方面进行控制。

4. 畜禽养殖污染治理

畜禽养殖污染治理遵循逐步清退、合理保留的原则，遵循养殖空间布局规划，逐步清退禁养区内的养殖场，合理保留限养区内的养殖场。围绕规划布局、地址选择、饲养管理、疫病防治、制度建设、污染治理等，制定统一的技术规范和管理要求。大力推动集约化生产，发展规模化生产基地建设，推广生态养殖技术；通过合理规划养殖场的规模，促进畜牧业循环经济体系的形成。

5. 初期雨水污染治理

初雨造成的非点源污染已成为河道、湖泊和河口等受纳水体的重要污染源。初雨治理一般从以下 3 方面着手：①源头减量，就地处理；②收集调蓄处理；③加强维护管理。雨水污染控制措施包括工程性措施、非工程性措施及其他措施。工程性措施包括污水截污纳管、排水系统达标改造、调蓄池、下凹式绿地、漫滩、人工湿地、土地处理系统等。非工程性措施包括雨水利用、最佳管理措施（BMP）、低影响开发（LID）、地表清扫、管道疏通等。

3.3.3　河道原位治理技术

污染河道水体原位治理技术是一种可靠的、卓有成效的方法，具有治理费用低和最大程度降低污染等特点，适合流量较小且污染严重的河流。一般的城市河道，不仅要满足防洪的要求，还要具有旅游、娱乐、景观、生态等多方面的功能。为保证河道水体达到水质标准，可考虑结合河道防洪规划及景观设计在适宜河段布置河道原位治理措施。

考虑到效用、投资、运行费用、占地面积及操作的难易程度等综合因素，原位治理可考虑采用生态清淤、河道曝气、人工生态浮床、人工湿地、生物操控、湿生植被群落构建等相结合的工艺。通过营造厌氧、兼氧、好氧等不同的处理环境，使水中的有机污染化学需氧量、生化需氧量、氨氮等营养物质得到有效降解（图 3-14）。

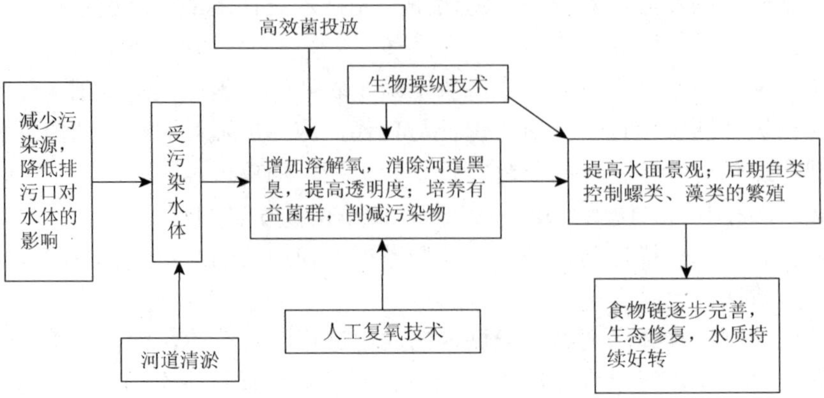

图 3-14　河道原位治理工艺流程图

1. 生态清淤

（1）清淤方案

生态清淤是工程、环境、生态相结合的修复技术，其目的是清除污染水体的内污染源，减少污染物向水体的释放，并为水生生态系统的恢复创造条件。生态清淤为水环境的综合治理打下了基础。疏浚、清淤是去除河湖内、岸边及临近地带的沉积物、植被和植物残骸。沉积物、植物、残骸和浮石等与河湖生态间关系密切。疏浚本身就是独立的、重要的技术，其应用于诸多类型的河湖修复中。疏浚和清淤工期短，但要定期维护和检查。

清淤方法选择一般要考虑以下几方面因素。

1）施工现场布置条件。

2）清淤机械的效率、精度，确保彻底清除污染物，尽量减少超挖量，在保证疏浚效果的前提下，降低工程成本。

3）尽量减少泥沙搅动，并采取防扩散和防泄漏的措施，避免施工及输送过程中的污染物泄漏对水体造成二次污染。

4）对疏浚的污染底泥进行安全处理，避免污染物对其他水系及环境的再污染。

（2）清淤方式

常用的河道清淤方式有水力冲洗清淤、机械清淤、人工围堰清淤及生态清淤等。

水力冲洗清淤是利用自然水位差或人为制造水位差，增大计划清淤河道的流量（流速)，把河道大量淤泥随水流带出本河道。此类清淤方法对落差较大的河流水系比较适用。

机械清淤是利用机械方法把河道淤泥从河道中分离出来，水利上最常用的方法是挖泥船挖泥。这种方法对泥质较硬的河道淤泥适用，但对污染物密集的、位于淤泥层最上部的浮泥基本没有效果。

人工围堰清淤是对河道两端进行筑坝围堰，把坝内河水抽干，随后利用高压水泵对淤泥层进行冲刷，冲刷后淤泥首先集中放于河道中，最后集中外运处理。这种清淤方法易引起河岸崩塌，污泥的二次污染和潜在的安全隐患很高。

生态清淤是以改善河道水质为最终目标的清淤方式，结合目标河道的特点，选用机械挖掘机、人工清淤等方法，主要清除水面污染物、水生植物、浮泥等，清淤过程中保护现有护岸，清淤深度根据实际情况定夺，超挖的部分用砂砾石回填。它的特点是能有效抑制底泥中污染物的释放，并能精确地挖除污染底泥，从而提高水体的自净能力。

（3）淤泥处置

河道生态清淤后针对清除后的浮泥等污染物的处置技术如下。

1）将污染物储存在土工织物袋中集装化封闭处置。

2）将污染物运到工厂进行处置与回收利用。

3）将污染物储存在陆地存泥场封闭处置。

4）污泥土地利用。污泥土地利用是最有发展潜力的一种处置方式，这种处置方式应用于农田、果园、林地、草地、市政绿化、育苗基质及严重扰动的土地修复与重建等。

在工程期间和工程之后，要尽可能小地影响河道及周边的植被。工程期间，施工和设备进场路径都要仔细规划，尽量利用已有的空地。严惩未经允许的植被清除破坏行为，准许清除的树木可以标识以示区别。工程之后，河湖周围建立缓冲带。如果该区域为农业区，应该以缓冲带加强管理，标识缓冲带区域为保护区且在周边建立栅栏，栅栏间隔适当，以保证野生动物通行。

2. 河道曝气

（1）河道曝气技术简介

溶解氧在河水自净过程中起着非常重要的作用，水体的自净能力直接与复氧能力有关。河水中的溶解氧主要来源于大气复氧和水生植物的光合作用，水体溶解氧主要消耗在有机物的好氧生化降解、氨氮的硝化、底泥的耗氧、还原物质的氧化、水生生物和植物生长等化学、生化及生物合成等过程中。污染河道就是由于溶解氧的总消耗量大于复氧量，水体的溶解氧大幅下降，甚至被消耗殆尽，河流水体处于无氧状态，有机物的分解就从好氧分解转为厌氧分解，水体生态系统遭到严重破坏，导致污染水体黑臭。河道曝气技术就是根据河流受到污染后缺氧的特点，人工向水体中充入空气或氧气，加速水体复氧过程，以提高水体的溶解氧水平，恢复和增强水体中好氧微生物的活力，使水体中的污染物质得以净化，从而改善河流的水质。

（2）河道曝气原理

河水中的溶解氧主要来源于大气复氧和水生植物的光合作用，其中大气复氧是水体中溶解氧的主要来源。大气复氧是指空气中氧溶于水的气—液相传质过程，这一过程也可称为天然曝气。但是，单靠天然曝气作用，河水的自净过程会非常缓慢。因此，需要采用人工曝气弥补天然曝气的不足。如果向一条已遭受严重有机污染且处于黑臭状态的河道进行人工曝气，充入的溶解氧可以迅速地氧化有机物厌氧降解时产生的致黑致臭物质，从而有效地改善、缓和水体的黑臭程度。

（3）需氧量的计算

曝气设备的选型和充氧方式的确定是影响河道曝气效果的关键因素。要进行设备选择，首先要确定水体的需氧量，进而根据设备的充氧动力效率确定设备充氧量。需氧量主要取决于水体的类型、水质现状以及河道治理的预期目标。

水体需氧量=水体耗氧+底泥耗氧–大气复氧–植物光合作用产氧

一般河道曝气需氧量计算忽略大气复氧和植物光合作用产氧，以总耗氧量作为河道需氧量的参考数值。耗氧量计算模型有组合推流式反应器模型、箱式模型和好氧特性曲线法等。

（4）曝气设备的选择

计算了曝气设备充氧量之后，对曝气设备进行选择。

根据需曝气河道水质改善的要求（如消除黑臭、改善水质、恢复生态环境）、河道条件（包括水深、流速、河道断面形状、周边环境等）、河段功能要求（如航运功能、景观功能等）、污染源特征（如长期污染负荷、冲击污染负荷等）的不同，河道曝气一般采用固定式充氧站和移动式充氧平台两种形式。

a. 固定式充氧站

1）鼓风曝气，即在河岸上设置一个固定的鼓风机房，通过管道将空气或氧气引入设置在河道底部的曝气扩散系统，达到增加水中溶解氧的目的。其一般由机房（内置鼓风机）、空气扩散器和管道组成。工程实例：上海市徐汇区上澳塘河道曝气系统。

2）纯氧曝气，可以分为两种形式：①纯氧-微孔布气管曝气系统，由氧源和微孔布气管组成；②纯氧-混流增氧系统，由氧源、水泵、混流器和喷射器组成。纯氧曝气系统的氧源可采用液氧（LOX）和利用制氧设备（PSA）制氧。工程实例：德国埃姆舍（Emsher）河采用了液氧-微孔布气管曝气系统，英国泰晤士（Thames）河曝气船、德国萨尔（Saar）河曝气船、澳大利亚天鹅（Swan）河曝气船和苏州河曝气船均采用了纯氧-混流增氧系统。

3）机械曝气，即将机械曝气设备直接固定安装在河道中对水体进行充氧。其可以分为 3 种形式：①叶轮吸气推流式曝气器，由电动机、传动轴、进气通道和叶轮组成；②水下射流曝气设备，由潜水泵、水射器组成；③水车/叶轮式增氧机，由叶轮、浮筒和电机组成。工程实例：韩国水原（Suyon）江河口釜山港湾和北京清河河道污染治理中使用了叶轮吸气推流式曝气器。

b. 移动式充氧平台

移动式充氧平台是在不影响航运的基础上，在需要曝气的河段设置可以自由移动的曝气增氧设施，主要用于在紧急情况下对局部河段实施有目的的复氧，目前使用最多的是曝气船。

各种河道曝气充氧设备的特点和适用范围见表 3-6。

表 3-6　河道曝气充氧设备的特点和适用范围列表

曝气设备类型	特点	适用范围
鼓风机-微孔布气管曝气系统	氧转移效率高，施工要求高，维修困难，占地面积大，投资大，运行噪声较大	不通航河道
纯氧-微孔布气管曝气系统	占地面积小，运行费用小，运行可靠，无噪声，安装方便，不易堵塞，氧转移率高	不通航河道
纯氧-混流增氧系统	氧转移率高，可安置在河床近岸处，对航运的影响较小	既可用于固定式充氧站，也可用于移动式充氧平台
叶轮吸气推流式曝气器	安装方便，基本不占地，维修简单方便，叶轮易被堵塞缠绕，会在水面形成泡沫，影响水体美观	不通航河道

续表

曝气设备类型	特点	适用范围
水下射流曝气设备	安装方便，基本不占地，维修较麻烦	不通航河道
水车/叶轮式增氧机	安装方便，基本不占地，产生噪音，外表不美观	多用于渔业水体，尤其适用于较浅的水体
移动曝气船	可自由移动，经济，高效	城区主干河道

对于城市中小河道，一般水体较浅、水面较窄、没有航运要求，往往适合采用机械曝气的形式。曝气设备的选择还需要考虑如何消除曝气产生的泡沫、与周围环境相协调等因素。对于机械曝气设备，其安装间隔一般设定为 50～70m，而且根据水质沿河道的变化规律，可以在前段间隔较小、后段间隔较大。在曝气设备的运行过程中，还要定期对河道水质进行监测，根据监测结果，灵活地调整曝气设备的安装位置。根据现场条件和设备特点，确定设备的安装形式，注意安装深度，避免发生底泥悬浮［在同设备厂商咨询的过程中了解到，对于水深较浅的河道（小于 2m），采用水车式增氧机为好，射流曝气及叶轮式增氧机容易将河道底泥搅拌起来，影响水质］。

（5）提高曝气处理效果的方法

在实际运行过程中，由于温度、曝气量、微生物与水的混合程度、微生物的活性等因素，曝气的处理效果可能不尽如人意，此时应找出影响处理效果的因素，采取针对性的措施。

a. 生物膜技术

在一些没有航运需求、条件适宜的河道中，可以利用生物膜技术来增加河流中的微生物数量，即在曝气器周围设置优选的填料，并通过接种活性污泥的方法使填料上附着生长大量微生物。把生物膜法与曝气复氧技术相结合运用于污染河道的水质改善，就形成了河道曝气+生物膜原位净化技术。在河道中应用生物膜技术也存在一定的缺陷，如生物膜脱落后会形成底泥淤积，因此需要对生物膜进行定期的清理。

b. 生物制剂

应用河道治理的生物修复技术，可通过直接向水体投加生物菌种，依靠这些特种生物菌种的作用来降解水中特种污染物质；也可以向水体投加微生物促生剂，通过促使水体“土著”微生物的生长繁殖，达到净化水体的作用。

c. 间歇曝气运行方式

在保证曝气段河水中的溶解氧大于 1.0mg/L（不发生黑臭）的前提下，可采取间歇曝气的方式进行处理，既减少能耗、节省运行成本，又具有一定硝化-反硝化脱氮的效果。在实际运用中，如果能结合自动监控设备，在水体溶解氧达到临界目标值时，自动启闭曝气设备，实现间歇曝气的自动化控制，将会使河道曝气技术具有更广阔的应用前景。

3. 人工生态浮床

（1）生态浮床技术简介

生态浮床，是一种水环境治理与水生态修复相兼顾的技术，其内涵是运用无土栽培技术原理，以可漂浮材料为基质或载体，采用现代农艺和生态工程措施综合集成的水面无土种植技术。生态浮床技术作为生物-生态修复的一项重要技术，一方面，浮床植物可吸收、富集水体中的营养物质和一些重金属等元素，同时植物通过光合作用、呼吸作用等改善根系周围溶解氧、pH 等微观环境；另一方面，浮床植物庞大的根系为摄食藻类的大型浮游动物提供了庇护场所、分泌他感物质等抑制藻类生长繁殖，同时植物根系为微生物提供载体，改善微生物生存环境，提高水体微生物的活性，对净化污染水体、提高河流水生生态系统的生物多样性具有重要作用，加之生态浮床可实现原位修复和控制污染物等特点，并能适应较宽的水深范围，且具有造价低廉、运行管理相对容易等优点，其无疑成为城市污染河道治理的新亮点。

（2）人工浮床结构

目前，用于净化水质的浮床主要为湿式有构架浮床，其中浮床结构主要包括框架、床体、基质、固定装置等几部分，具体如下：

a. 框架

浮床框体要求坚固、耐用、抗风浪，目前一般用 PVC 管、不锈钢管、木材、毛竹等作为框架。PVC 管无毒无污染，持久耐用，价格便宜，重量轻，能承受一定冲击力。不锈钢管、镀锌管等硬度更高，抗冲击能力更强，持久耐用，但缺点是质量大，需要另加浮筒增加浮力，价格较贵。木头、毛竹作为框架比前两者更加贴近自然，价格低廉，但常年浸没在水中，容易腐烂，耐久性相对较差。

b. 床体

浮床床体是植物栽种的支撑物，同时是整个浮床浮力的主要提供者。目前，主要使用的是聚苯乙烯泡沫板。这种材料具有成本低廉、浮力强大、性能稳定的特点，而且原材料来源充裕、不污染水质，材料本身无毒疏水，方便设计和施工，重复利用率相对较高。此外，还有将陶粒、蛭石、珍珠岩等无机材料作为床体，这类材料具有多孔结构，适合于微生物附着而形成生物膜，有利于降解污染物质。但局限于制作工艺和成本的问题，这类浮床材料目前还停留在实验室研究阶段，实际使用很少。对于以漂浮植物进行的浮床栽种，可以不用浮床床体，依靠植物自身浮力保持在水面上，利用浮床框体、绳网将其固定在一定区域内，这种方法也是可行的。

人工合成的高分子材料具有更多的优点。它可以从分子化学的角度来设计分子主链的结构，从而控制高分子材料的物理性能，同时可以充分利用从自然界中提取或合成的各种小分子单体。目前，应用于人工生物浮床床体材料的主要是塑料和橡胶。

c. 基质

基质的主要功能是为植物提供生长点，目前应用的基质材料主要有泡沫塑料板和海绵等，这些材料具有比重小、耐腐、易于加工等特点，可以为浮床植物的生长繁殖提供固定、保水、透气等必要条件。

d. 固定装置

固定装置的设置目的在于防止浮床因相互碰撞而散架，同时保证浮床不被水流或者风浪带走。固定装置有很多类型，如重物型、船锚型和桩基型 3 种。重物、船锚、桩基与浮床之间的连接绳应有一定的伸缩长度，以便浮床随水位变化而上下浮动。在水流或者风急浪大的水体中，桩基与浮床之间一般用钢丝绳连接以提高固定强度。

由此可见，生态浮床无论是在框架的使用，还是在浮体材料的选择、载体的选择等方面仍然存在诸多不尽如人意的地方，选择合适的浮床材料进行最佳组合，以便生态浮床发挥其净化水质的作用。

4. 人工湿地

人工湿地是指人类为满足生产、生活、防灾、污水处理等目的，人工修建的湿地（如塘坝、鱼塘、水景、稻田、水库、潜流湿地等）。它以人类利益为主要目标，以社会服务为主要功能，不仅可以用于污水处理，还可以用于营造景观、恢复自然湿地等，因此可称为“功能性人工湿地”。其中，主要用于实现水质改善功能的人工湿地，可以称为水净化人工湿地。它可以分为水生植物系统（包括浮水植物系统、沉水植物系统、挺水植物系统）和湿生（耐湿）植物系统。本书所指的人工湿地是狭义的人工湿地，即人工湿地污水处理系统。人工湿地污水处理系统是人工建造的、可控制的和人工化的湿地系统，其设计和建造是通过对湿地自然生态系统中的物理、化学和生物作用的优化组合来进行污水处理的。人工湿地对水的净化是填料、植物和微生物共同作用的结果。人工湿地分类及特点，见表 3-7。

表 3-7　人工湿地分类及特点

编号	名称	定义	优点	缺点
1	表面流人工湿地	指水面在固体介质表面以上，污水从池体进水端水平流向出水端的人工湿地	具有投资少、操作简单、运行费用低等优点	占地面积较大，水力负荷率小，去污能力有限。运行受气候影响较大，夏季有孳生蚊蝇的现象
2	水平潜流人工湿地	水面在填料表面以下，污水从池体进水端水平流向出水端的人工湿地	与表流湿地相比，水力负荷和污染负荷较大，对生化需氧量、化学需氧量、悬浮物、重金属等去除效果较好，且很少有恶臭和孳生蚊蝇的现象。目前，水平潜流人工湿地已被美国、日本、澳大利亚、德国、瑞典、英国、荷兰和挪威等国广泛使用	控制相对复杂，脱磷除氮的效果不如垂直潜流人工湿地，因过水断面较小，相对易被堵塞等
3	垂直潜流人工湿地	指污水垂直通过池体中滤料层的人工湿地	垂直潜流人工湿地的硝化能力高于水平潜流人工湿地，可用于处理氨氮较高的污水	对有机物的处理能力不如水平流人工湿地系统，落干/淹水时间较长，控制相对复杂，夏季有孳生蚊蝇的现象
3.1	单向垂直流人工湿地	单向垂直流人工湿地有两种形式，分别是下行垂直流人工湿地和上行垂直流人工湿地，目前普遍采用的是下行垂直流人工湿地	一般采用间歇进水运行方式。间歇运行是单向垂直流人工湿地特有的运行方式，池体处于不饱和状态，氧可以通过大气扩散和植物输入人工湿地系统。该系统的硝化能力高于水平潜流人工湿地，可用于处理氨氮含量较高的污水	
3.2	复合垂直流人工湿地	由两个底部相连的池体组成，污水从一个池体垂直向下（或向上）流入另一个池体中后垂直向上（或向下）流出	一般采用连续进水运行方式。通过延长污水的流动线路，增加了污水的停留时间，从而提高了人工湿地对污染物的去除能力。该类型人工湿地一般采用连续运行方式，具有较高的污染负荷	

（1）优点

a. 投资少，运行成本低廉

国内外研究表明，人工湿地系统结构相对较为简单，运行中易于维护和管理。因此，工程建设投资和运行成本相对低廉，其建设成本（吨污水投资）和运行成本（吨污水处理费）为传统污水处理厂成本的1/10～1/5，经济效益显著。

b. 污水处理系统组合的多样性、针对性

人工湿地污水处理系统一般由人工基质（填料）和水生植物两部分组成，可根据水中污染物的种类、特征，选取不同的基质和水生植物类型，因此系统具有多样性和针对性。

c. 处理效果明显

应用研究数据表明，人工湿地污水处理的效果是理想的。1993 年，Bastian 等总结了北美人工湿地污染物去除率的波动范围，如有机物去除率为 50%～90%，悬浮物去除率为 40%～90%。氮的去除率为 30%～90%。

d. 独特的绿化环境功能

人工湿地由于栽种大量的水生植物，不但迅速增加了绿地面积、增加了湿度调节气候，还为人们提供了一个优美宜人的河湖生态景观。

（2）不足

a. 受气候条件限制

人工湿地由于其开敞的环境，以及依靠生物活性去除污染物，因此受外界环境，尤其是气候的影响较大。

b. 占地面积相对较大

人工湿地净污的效果与污水在湿地中流动的时间和空间充足与否有着很大的关系，所以与传统的污水处理厂相比，湿地污水处理系统需要较大的占地面积，一般认为是传统污水处理厂的 2～3 倍。

c. 容易产生淤积、饱和现象

人工湿地能有效地去除污水中的污染物质，但是随着时间的推移，部分营养物质会逐渐积累，相应地，微生物大量繁殖，如果维护不当，就容易产生淤积、阻塞现象，使水力传导性、湿地处理效果和运行寿命降低。排除淤积、饱和现象的最佳途径是在有备用池的前提下，定期对基质进行去淤、更换，对植物进行收割。

5. 生物操控

（1）食物链操控

由于生态系统结构与功能不够完整，需要采用一定的生物操控措施进行修复，利用营养级链状效应，通过人为操纵，改变生态系统食物网链结构，以达到改善与修复生态系统结构的目的。生态养鱼主要是指食物链生物操纵技术，利用肉食性鱼类—滤食性鱼类—浮游动物—藻类—营养物质的营养级关系所产生的下行效应，试图通过重建生物群落以得到一个有利的响应，藉此减少藻类生物量，控制氮、磷等污染物，保持水质清澈并提高生物多样性。河道生态系统构建图如图 3-15 所示。

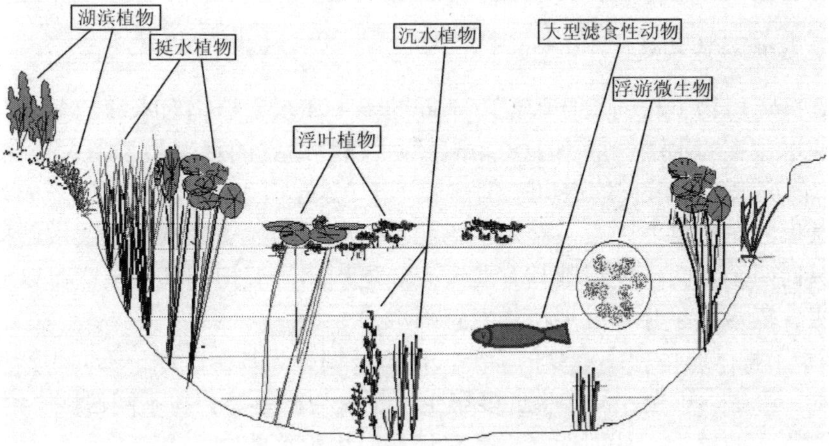

图 3-15　河道生态系统构建图

国内研究结果表明，水生态系统中鱼类种群生物量和年龄组成的变动，可使系统的营养结构和水质状况发生显著的变化。我国淡水鱼类根据其食性一般可分为滤食性鲢、鳙鱼，草食性草鱼和杂食性鲤鱼 3 类，鱼类的摄食选择性会直接影响其对浮游生物和藻类的摄食作用。通过对摄食性进行研究，选出对浮游生物和藻类生长具有明显生态抑制作用的鱼类至关重要。鲢、鳙鱼养殖不仅使浮游植物生物量锐减，而且也导致蓝藻等藻类和其他浮游生物比例大幅下降，以此来改善水质。

此外，河道会成为许多有害昆虫，如蚊、蝇孳生的场所，鲫鱼可摄食蚊子及其他昆虫的幼虫，避免水域对周围环境造成危害。在水体中放养无齿蚌、螺类等，蚌类可以将水中悬浮的藻类及有机碎屑滤食，提高湖水的透明度；螺主要摄食固着藻类，同时分泌促絮凝物质，使湖水中悬浮物质絮凝，从而使水变清。

（2）投加微生物

河流水体中污染物的降解主要是依靠微生物的降解作用，当河流污染严重而又缺乏有效的微生物作用时，人为提供适宜的环境条件（如曝气复氧）、投加高效功能性菌剂和生物促生液等用以促进微生物降解有机污染物。在河道中投加高效微生物，高效微生物是用最新生物科技培养驯化的微生物，针对于不同的污水水质情况，开发出的系列高效微生物。对于不同水质的污水，有专门的微生物作为优势菌种。采用针对生活污水的高效微生物，能够有效去处污水中的氨氮、化学需氧量等污染物，确保出水的达标。这种微生物适应能力强，以有机物为主要的营养物质，能在河道中大量繁殖而不影响原有的生态系统，也能在一定程度上改善原有的已经被破坏的生态系统。

（3）生态基净化技术

生态基净化技术实际上是固定化微生物技术的一种，其基本原理为在载体上聚集并繁殖出一定生物量的微生物群落，通过微生物的代谢作用去除污水中的污染物。其中，阿科蔓生态基作为高效微生物载体，是一种由特殊的织物材料制成的新型生物载体，通过独特编织技术和表面处理，使其具有巨大的生物接触表面积、精细的三维表面结构、合适的表面吸附电荷，通过微生物的“自然优选”，发展出生物量巨大、物种丰富、活性极高的土著微生物群落，并通过微生物的代谢作用高效降解污染物。

6. 湿生植被群落构建

水深是决定植物生长的重要因素，不同的湿生和水生植物对水深的要求存在差异。耐淹的乔灌木适宜的水深一般小于 0.4m。湿生植物适宜的水深小于 0.6m；挺水植物多在 1m 左右；沉水植物适宜的深度范围一般小于 2.5m。因此，水深和地形成为生态恢复工程必须予以考虑的重要因素。湿地植物的不同配置会显著影响空间层次结构，主要考虑垂向和纵向两个方面，使得其具有通透感和层次感。湿地的高低层次可以通过乔木、灌木、湿生、挺水、浮叶、沉水植物配置形成。

1）基于工程区湿地生态修复的需要，以野外调查为基础，评价不同生活型（沉水、浮水、挺水、沼生，短生、一年生、多年生，暖季与冷季等）与不同耐性（耐涝、耐旱、耐污、耐冻等）的植物，从而选择出具有潜在应用价值的物种。

2）针对多样化的微地形与复杂的水环境、水资源条件，进行不同生活型植物（耐涝、耐旱、耐污、季节性）的配置与组合技术。

3.4 生态景观设计技术与方法

3.4.1 景观生态安全格局构建

1. 景观生态安全格局构建的理论

基于流域尺度的河流生态景观规划，必须考虑整体的景观生态安全格局，针对水生态系统构建的三大要素：自然环境、生物系统、地域文化，在快速工业和城镇化背景下，对存在的结构和功能问题，以及未来发展趋势和需求的评价，提出相应的对策和措施。在构建区域范围安全格局的前提下，进一步细化设计，以满足土地、环境、景观、旅游等各方面的需求。

在河流廊道的规划中，强调河道与河流廊道土地利用过程的延续性和不同性质土地利用之间的协调。常利用地理信息系统（GIS）数字化技术，采用“千层饼”法进行生态资源评价和“斑块—廊道—基质”的景观生态系统分析，把河流廊道看作一个整体，对水资源、土地、生物等各种资源的价值、功能进行规划协调，确定适宜河流生态保护的地块定位和发展方向，列出适宜建设的区域、农业生产力高的区域、生态敏感的区域等，从而对土地进行生态分级控制，使周边资源利用与河流协调发展，共同构建河流生态安全框架。

在具体的操作上结合资源现状分布和土地适宜性分析来确定各个要素的“核心保护区”，并在核心保护区的基础上，确立对保护水生态系统过程的安全、健康和完整性起关键作用的“缓冲区”、“连接廊道”、“战略点”等，并对其他有可能改变水生态景观格局的区域提出“控制利用”的要求，从而建立水生态安全格局，提供安全水平上的河流廊道规划方案，建立综合水生态基础设施，保障水生态系统的安全和健康。

2. 生态等级分区

根据生态资源的综合评价、生态安全框架，对河流廊道的用地进行生态分级控制，主要划分为五个生态等级区。

一级生态控制区段——生态保护区段，现状自然生态较好，对周边生态环境有重大影响，有保留价值的区域；作为区域生态核心和生物多样性保育区，以保留、保护为主，人的活动受到一定的限制。

二级生态控制区段——保育缓冲区段，生态保护区外围、现状自然生态较好，具有一定生态功能的区域，或新建的具有重要生态功能的节点，以风景游览为主，人的参与性适度增强，避免大规模的开发建设。

三级生态控制区段——生态缓释区段，现状生态环境受人为干扰较强、需生态修复的区域，多为郊野的草地、荒地、农田区；以生态整治、生态修复为主，结合生态防洪堤、防护林地等建设，构建河流生态廊道和公共开放空间。

四级生态控制区段——控制利用区段，现状城市边缘区域、规划开发建设用地，多为新城建设区或村庄聚落，开发建设强度较大；重点保留河道绿地空间，增强河道及周边绿地的生态功能，适度开发居住商贸地块，增加和改造功能服务性设施，增加亲水休闲空间。

五级生态控制区段——适度开发区段，现状主要城镇聚居地，人为活动密集，河道空间紧张；应优先保障居民的生活需求，尽量增加河道两侧绿地空间，至少要保证河流生态廊道功能的畅通。

根据河流生态功能分析，以不同洪水频率下的河流廊道范围为依据，研究包括两侧河漫滩，河道范围，潜在的湿地、蓄洪地区，结合城镇和乡村的布局，构建不同安全水平下的生态景观安全格局，并采取不同的安全措施。例如，在城市地带，考虑土地成本，宜选择低安全水平的廊道构建，减少两侧河流廊道的控制宽度（不少于 30m），并采取防洪堤岸的修建等措施来保证防洪安全，通过污水管网的建设来保证水质的洁净等补救措施。而对于乡村地带则适宜选择高安全水平的廊道建设（宽度为 80～150m，一般不超过 200m），将林带作为缓冲带，既能满足洪水时期的过洪要求，又可作为蓄洪地区来使用，并在水质净化、沉积地表径流的污染等方面发挥重要作用。

3. 现状生态格局分析

在流域尺度下，对河流及两侧用地进行生态格局分析，根据用地现状、主导生态功能划分不同河道生态功能区段，提出生态保护和建设的目标和方向。

（1）GIS 分析

利用地形资料对现状河道及周边山体的地形、坡度、坡向、适建性等进行分析，并将其作为格局分析的基础，同时结合城市总体规划的适建性分析结果，对河道两侧土地利用的可行性进行评价。

（2）遥感影像分析

对河流两侧用地现状进行分类，对不同类型用地进行系统的梳理。划分不同的生态功能区，根据生态功能的不同，明确特定的生态斑块，如生态保育区、生境保护区、生态缓冲区、城镇建设区等。在此基础上对流域范围内的土地利用格局进行分析，明确重要生态廊道、关键生态节点，进行保护和生态修复，对受损严重需改善的区段，采用修复和重建的措施，保证河流生态廊道功能的畅通。

（3）生物多样性分析

利用现有资料和现场调查结果，对流域生物多样性现状进行评价，包括物种、数量、分布状况等内容，对现状格局中重要的鱼类、鸟类、昆虫等生境，如漫滩、浅滩、岛屿、湿地林、防护林等，进行保护和修复。

4. 规划生态格局分析

针对中远期城市规划的用地规划，进行生态格局分析，结合现状生态格局进行比较，分析城市建设引起的格局演变、导致的区域生态功能区变化，并提出预防、改善的措施和对策。

（1）用地规划

对城市规划的河流两侧的中远期土地利用规划进行评价，分析生态格局的结构，找出关键的生态节点和生态功能区段，明确城市斑块中重要的滨水绿地的生态功能定位。

（2）生态格局与功能转变

对比现状和规划的生态格局，分析生态格局的演变趋势，包括一些重要生态功能区、生态节点的功能转变。对重要生境面临的胁迫、城市绿地系统变化、部分水系区段功能定位的转变等内容，进行具体分析。

5. 景观生态安全格局构建的方法

根据对现状格局和规划格局的分析，提出河流生态安全格局的构建措施，包括水系生态廊道功能的强化、重要生态节点的保护和修复措施，对面临严重人为干扰、甚至被破坏的区域提出预防和改善的措施。

（1）水环境安全格局构建

以生境多样性保护为出发点，提出水环境安全格局构建的措施，从水文、水质、大气、土壤安全等角度提出相应的对策。

水文安全：针对水量调控，包括防洪与防枯、河道形态与地形整理、驳岸与边坡等内容；

水质安全：针对水污染的防治，包括点源与面源污染控制、内源污染治理、河道原位治理、水生态系统构建等内容；

大气安全：针对滨水绿化的建设，与城市绿地系统密切相关，包括沿河林草带、防护林、滨水植被带等内容；

土壤安全：针对滨水用地类型，包括河道范围的保护、土地的合理利用、侵占河道的还原、化肥农药污染的预处理等内容。

（2）水生态安全格局构建

根据现状格局和规划格局比较分析，以生物多样性保护为出发点，提出水生态安全格局的构建措施。

a. 河流生态廊道功能强化

保证河流生态廊道的功能，主要包括沟通水系保证水系空间的畅通、建设足够宽的防护林体系形成缓冲带、构建多样化的生境增加河道生态保育功能、生态河道驳岸边坡的改造等措施。

b. 重要生境保护与建设

保证河流生态廊道上重要节点的功能，包括重要生态功能区、风景名胜区的保护，对生态脆弱区受损生境的生态修复，明确控制区的范围和管理措施。

c. 区域生态网络构建

保证河流生态廊道与周边生态网络的联通。利用支流河道、防护林体系与河道范围外的山林、公园绿地等生态单元串联，构成区域的生态网络。

d. 生态景观带建设

对河流生态廊道进行提升，建设生态景观带，将自然、人文、旅游等景观要素融入河流生态景观带中，形成区域景观的重要展示区，从而融入区域景观旅游中。

3.4.2　城市滨水景观设计常用技术

城市滨水景观是流域景观的组成部分，由于城市特殊的结构和功能，其对滨水空间具有巨大影响，从而形成河流生态廊道与城市生活空间相互影响的特殊体系。有别于郊野的河流景观，城市滨水景观更强调人为活动的参与性、开放性，需综合考虑人的活动需求、心理需要以及水生态系统的健康需求，满足多方面的功能。

1. 城市滨水空间及六大因素

滨水空间是城市中一个特定的空间地段，是“与河流、湖泊、海洋毗邻的土地或建筑；城镇紧邻水体的部分”，即指在城市中陆地与水体接壤的区域。滨水地带的宽度随水体的类别、沿水开发区的密度以及生态条件的不同而变化。空间范围可以模糊地理解为包括200～300m水域空间及与之相邻的距离为1～2km的城市陆域空间，相当于步行15～20min的路程。

在城市滨水空间的设计领域中，滨水空间要素的涵盖范围非常广泛。从宏观层面上讲，包括滨水区的整体规划设计，空间定位与周边关联区域的关系；从中观层面上讲，包括与城市滨水空间的形态和肌理密切相关的水体、岸线、绿化、道路、桥梁、建筑等要素；从微观层面上讲，则与环境行为学和人体工程学关系更为密切，可以具体化到与人关系最为直接的设施、尺度、形状、色彩、质感等细微层面。

在滨水空间的设计中，主要涉及水、堤、岸、路、桥、建筑六大因素，绝大部分的景观设计都是由此展开，结合各自地方特点打造相应的景观。

水：城市滨水空间设计的主体，水的特型、水质的优劣、水域的气候、水域的形态都影响着整个滨水空间的设计趋向。

堤：沿江、河、湖、海的边岸修建的挡水建筑物，借以防止洪水泛滥，具有防洪和亲水的双重责任。

岸：濒临江、河、湖、海等水域的边缘的陆地。其目的是用于保护河岸和堤防，避免受水流的冲刷作用。滨水绿地和广场等公共活动空间多设在护岸之上，因此城市护岸是人与水接触的支撑点。

路：城市滨水区的道路包括机动车道路，用作完成与城市大交通系统的衔接；非机动车道路，用作游憩和观光功能，为自行车、观光车服务；步行道路，专为滨水漫游步道准备；静态交通，包括水路换乘的站点枢纽和停车场的设置。

桥：桥梁本质是在两点之间提供通达的可能，以跨越自然和人工的障碍。在滨水空间具有景观和交通的双重功能。

建筑：滨水建筑作为一种建筑类别，是对与水域发生关系的建筑的总称。

2. 滨水景观面临的问题与设计原则

目前，国内滨水景观设计存在一些误区，在没有城市设计指导的情况下，从规划直接进入地块设计的操作方式，常常促使各个设计单位仅在规划划定的用地红线范围内进行设计，导致滨水空间要素缺乏空间穿插渗透。其结果往往是绿化部门按规划要求沿水体建设等宽的绿带，而建筑则在绿化之后一字排开，道路或在建筑后方或在建筑与绿化之间穿行而过，形成垂直河流方向的绿化—建筑—道路或绿化—道路—建筑等带状布局的单调模式。本应最丰富多彩的水岸空间，此时也显得单调乏味，缺乏活力，而建筑、道路等观水效果也不甚理想。

滨水景观主要面临的问题：①防洪堤坝阻碍亲水观景；②城市过境道路阻隔滨水区与城市空间；③景观绿化带形态功能单一；④水滨建筑、桥梁侵占岸线。

对滨水景观设计，首先应了解滨水区的魅力到底在哪里，可以从两方面来理解：水体自身及其滨水地区特性所具有的魅力，以及与水体交往（亲水活动）所产生的魅力。发现或者创造出适合本地区的滨水空间的形式，使水域特色和魅力得以保持和增强，是整合设计的根本。

水体是滨水空间设计的主体，堤坝、水岸、道路、建筑、桥梁这些设计要素与水在功能要求、平面布局、空间形态多方面有关系。对城市滨水空间要素整合，可以从“尺度感、亲水性、可达性、活力性、公共性”5 点原则出发。

尺度感：对于城市滨水空间而言，人们对空间尺度的感知受水体宽度、堤岸宽度、两岸界面高度等影响，在整合滨水空间要素时，尤其应注意水域宽度和滨水界面宽度比例的适宜性。根据河流本身宽度、堤岸高度的不同，选择适合场所氛围的高宽比，对滨水空间界面高度进行合理化调整，就能获得尺度舒适宜人的滨水空间。

亲水性：人在滨水区环境中的行为和心理特征就是亲水性。根据观者与水所处的位置的不同，亲水性可以表现为多种形式：①从高地点和低地点感知水；②从桥梁上看水；③从堤坝上看水；④从亲水平台看水；⑤从水中船上游水；⑥在浅水岸边戏水。不同视点的位置决定了人们亲水感知的强弱。在滨水空间的设计过程中，让更多的周边空间感受水空间的氛围，尽可能多的让不同的视点受益于水，这些都是提高滨水区亲水性的体现。

在通往水域道路底端设置水岸标志物或尽量直接望到水；在桥梁上放大桥梁宽度，设计观水平台，将堤坝设计多层，从不同高度观赏水岸景致；在保证安全性的前提下设置观水平台，从而近距离地感受水的气息；尽可能保证水域空间开阔，临水界面不设置高层，从而让水中游船上的人们尽览城市风貌；在水岸设置亲水游戏场所，即使不能在大江大河中触及水面，也可以感受到戏水之乐。

不同的高程对滨水空间的亲水性造成截然不同的效果。当地面与水面高差过大时，水域亲水性差，所以水岸处理就显得至关重要。由于防汛墙的设置对景观的影响非常明显，所以在整合滨水空间要素的时候，可以通过弱化堤岸来建立亲水的可能。

可达性：在设计城市滨水区时，应重点强调它不仅具有交通场地的作用，而且它本身就是一个目的地。通常规定，道路的公共部分完全用于交通功能的部分不超过 50%。对滨水空间自身交通功能的弱化可以加强滨水区作为公共开放空间的可达性。例如，用具有交通、观光等综合功能的城市街道取代原有的单一的交通功能的公路，这些道路可以让人们感受到，滨水区不仅是个经由通过的地方，更是一个徘徊漫步的场所。

可达性包括陆域可达、视觉可达和水域可达。陆域可达是通过调整滨水区与城市道路网布局的关系，加强滨水区域公共交通体系、轨道交通体系的设置，改善垂直于水体方向的城市街道的路面条件和通行能力，从而使人们从城市更加便利、高效、舒适地进入到滨水地区，往往以移动时间、距离、便利程度为标准。而视觉可达则更加强调在城市近水边缘地区，可以看到滨水空间的标示，增强滨水区的易辨性。例如，垂直于滨水区的城市街道末端，水体尽量开敞，或设置标志性结点建筑物，让人们在街道空间就可以感受到前方的滨水区。也可以通过滨水绿化景观的塑造，预留出滨水视觉通廊或节点广场，从而体现出水空间对内陆领域的渗透性。水域可达是在滨水空间范围内能够近距离地接触水或者亲近水体，具体化的体现就是堤岸的亲水性设计。

活力性：城市滨水空间要素整合是以滨水区活力增强为目标，而活力性则可以通过活动的多样性和活动的强度来体现。在城市滨水空间要素的整合过程中，针对不同的可能性活动，如休闲性活动，散步、钓鱼、轮滑、餐饮、家庭聚会；商业性活动，购物、沙龙等；文化活动，露天音乐会、街头艺人表演、自由艺术家聚会、庆典等设置专属性质的场地，而多种活动空间和设施可以有所叠合和渗透。通过提供滨水空间活动的多样性，来保证滨水空间的空间品质。

在滨水空间的要素设计中，穿越桥梁、水陆换乘都是必要性活动，人们每天都不同程度的使用这些设施，参与活动。散步、呼吸新鲜空气、观望水景、在水边晒太阳这些娱乐消遣活动只有在适宜的户外条件下才会发生，它们有赖于外部的物质条件，是要素设计的关键；社会性活动包括游戏、交谈则是在前两者的基础上建立的。因此，在滨水空间要素的整合过程中，充分考虑将必要性活动场地同自发性活动场地综合，从而提升滨水空间的活力性。

公共性：城市滨水空间要素整合是以滨水空间公共化为前提，周边建筑物和构筑物应相互配合，最大程度上把水岸作为公共场所使用。作为城市公共空间的有机部分，用地形态应力求开放化和公共化，实现滨水岸线的共享性。当居民附近有天然水域时，要加倍珍惜它。要始终保护好滨水的公共地带，并且允许稠密的居民住宅偶尔有间隔的延伸在滨水区的水边。以公共性为原则，包括建筑底层空间开放作为公共空间使用。对滨水步行带的连续性的保障同样也体现了公共性的原则，主要商业区的建筑可为水边设置步行拱廊，使公众沿水岸步行通畅。

适宜的尺度感、良好的亲水性、便利的可达性、丰富的活力性、连续的公共性，从环境和行为等多重角度入手，强调公众对城市滨水生活和水滨环境的体验，是城市滨水空间要素整合的最终原则和出发点。

3. 不同景观要素在滨水景观中的作用

（1）水——城市滨水空间的主体

作为城市滨水空间的设计主体，水域本身的宽度对滨水空间要素的组织有着重要的影响。水面安静狭窄，适宜设置亲水设施。水流流速湍急，水面辽阔，亲水空间的设计更应结合安全性考虑。

事实上，水域的宽度不仅影响着人们的视觉体验，同样也影响着城市的开放空间和两岸的空间关系。依据不同水域宽度形成的视觉关系，可以分为可观细部、可观层次、可观轮廓、可观体量 4 种层次。当水面宽度在 30m 以下时，可以清晰地看到对岸景物及建筑的材质和细部，两岸在空间氛围上感觉是个整体，适宜两岸整体设计。当水面宽度为 30～100m 时，可以分辨出对岸的建筑物，建筑和堤岸、绿化作为对岸景框的重点。当水面宽度为 100～1200m 时，景观的细部变得模糊，水面、对面的建筑物、天空共同形成一幅景象，城市天际线占据主导地位；当水面大于 1200m 时，一切都模糊不清，仅能隐约辨别建筑物的体量感，两岸联系微弱，开阔感强烈。

随着水域宽度的增加，水岸两侧的联系也随之变化。两岸的联系包括物理联系（包括桥梁、隧道、跨河建筑的架构等）、功能联系（城市功能是否具有同质性和相关性）、情感联系（水域两岸是否有统一的场所认同感）、视觉联系（观看对岸景物的层次）。

（2）堤——人水相亲的关键

堤防的根本要求是满足防洪安全需要，但护岸的形式影响着人与水体的亲近关系。通过对护岸断面的不同处理可以创造出各种各样的亲水空间，断面处理要综合考虑水位、水流、潮汛、交通和景观效果。

在保障防洪、防潮和安全的条件下，可以将堤岸分层处理，一方面满足了水位落差的影响，即洪水位、常水位、枯水位之间的高差，另一方面也考虑到多层次的立体景观效果。在滨水腹地宽裕的情况下，将防汛堤顶大幅度后退，在不同的高程上安排观景平台，分层将人的活动引入岸区。多层平台按照不同水位设计，底层台阶按常年水位来设计，每年汛期来临，允许淹没；中层台阶只在较大洪水发生时，才会淹没，可设临时建筑；高层台阶可设永久性建筑。下面两层台阶因为亲水性较好，可以作为游憩空间，从而形成一个立体的景观系统。

在用地紧张的情况下，垂直型的河岸同样可以在常水位设计亲水步道，使步行空间与车行空间有所分离，同时让人们有机会在亲水层面展开活动。另外，倾斜式的护岸使人容易接触水面，有较高的亲水性，从安全方面考虑也比较理想，是一种好的护岸亲水断面的处理方法，适用于滨水腹地较宽裕的地方。护坡随着倾斜度的不同和表面堆砌方法的不同，敷设在护岸的石面构造与间隙绿化所展现的美观程度也不同，有较大的景观展示面。同时，将人的活动层分设在不同高度，景观会更加丰富。

（3）岸——滨水空间的主要载体

岸在此处指代滨水空间的绿地和广场，是城市滨水空间公共活动的主要载体。与城市腹地的开放空间相比，滨水区的绿地具有沿水岸形态呈带状布局，易与水体建立互动关系，生态价值高的特别之处。而广场的设置则着重体现水域的开敞性，有些甚至将水体引入，成为广场的重要部分。因此，在对“岸”的平面组织上，尽可能地将沿水迹边界的“线”状组合向“面”状组合转化，让水体空间成为具有辐射力与穿透力的区域。

城市滨水空间作为城市公共空间的有机组成部分，用地形态力求开放化、公共化。河流分布的形态直接影响城市绿地分布的形态，同时城市绿地空间分布也应从城市的角度考虑主次、决定取舍、设定形式，从而串联周围公共空间，提升地区性公共空间的使用效率和活力。

根据服务周边功能配置和平面形态的不同，滨水绿地大致可以分为开放式集中绿地、景观绿带、逗留性休息绿带、通过式绿带等。而滨水广场的设计宜优先考虑临近水迹线、历史环境和其他景观资源，或与之具有明确视觉联系的场所。其通常设置在从城市到滨水区的道路端点，是联系城市和滨水区的重要节点。按照其形态特征，大致可分为一侧面向水域的广场、跨越水体的广场、引凹入岸线的广场、引导型滨水广场。在城市设计阶段，宜将滨水广场和绿地穿插布局，形成点、线、面结合的开放的空间结构。

（4）路——滨水空间串联的纽带

滨水区交通体系的建立有两重意义，一方面将人们从城市中心区连续不断地引入到滨水区，另一方面在滨水区内部组织步行道路让人更容易接触到水或者水域的气氛。因此，作为通向滨水区的途径，道路的格局、公共交通、站点、人行车行的组织、步行体系的建立，是影响滨水空间可达性、决定滨水区人气的重要因素。

滨水空间的交通模式可以分为两个层次（过境交通、内部交通）和三种类型（沿水交通、跨水交通和近水交通）。其中，过境交通包括穿越滨水区的车辆，为市民抵达滨水区设置的公交系统以及市民前来滨水区的自驾车，包括解决公交站点的设站及人群的疏散问题。内部交通主要作为水岸的开放空间的形式出现，有自由行走的临水步行带，有提供跑步、自行车、滑板等健身活动的运动空间等。各种交通空间有的相互包容、有的相互排斥。

将过境交通和内部道路相互分离，对于营造安静、安全、舒缓、休闲的滨水环境具有特别重要的意义。而将市民的活动空间合理地穿插到步行区和交通空间之间，也可以活跃滨水空间的气氛，形成相辅相成、互不干扰的两套系统。将人行车行分离、过境交通和内部交通分离的方法主要有交通的立体化处理、交通的地下化处理或架高人行散步道路等；亦可以借助滨水岸区的高差将道路分层布置在不同高度上，互不干扰；还可以设立超大街区，将汽车排除在街区外围，使人行空间获得最佳的滨水环境。

滨水区交通具有吸引强度高、高峰时间长、交通流量大的特点，因此对交通流的组织尤其是静态交通的组织问题不容忽视。滨水静态交通主要包括停车和换乘两种模式。前者应严格控制配建指标，建议建设地下停车系统或在滨水区外围建设停车场、停车楼，通过换乘枢纽和滨水区进行衔接；同时滨水停车设施和交通枢纽亦应加强亲水性设计，在最大化地利用土地的同时也创造性地利用水空间。涉及陆路及水路两方面的交通组织，高效集中、合理衔接、尽量减少换乘距离是需要考虑的关键。

（5）桥——滨水空间的象征

桥梁在跨河流的城市形态中占有特殊的地位。正是桥梁对河流的跨越，才使两岸的景观结合成整体，使桥梁成为城市的标志性景观。然而，间接而优美的结构造型以及桥上桥下的不同视野，让桥梁本身成为特殊的建筑地点。城市桥梁的美，不只体现在孤立的桥梁造型上，更体现在把桥的形象与两岸城市形体环境、水体的自然景观特点有机结合起来。因此，对城市桥梁的空间形态的重视，其实质就是对桥梁与地形、建筑及周围环境巧妙结合的重视。

a. 多种功能的水上场所

桥梁不仅是连接河流两岸的工具，而且为人的观水体验提供了多重可能。现代桥梁更是从城市道路系统中的一类元素转变成一类被赋予多重功能的特殊的城市场所。

b. 连接河流两岸

桥梁使人占有河流空间成为可能，其一方面归属于整体性，另一方面又在两个不同的领域之间往返运动，所以可以同时感受到内部和外部，开敞、自由和保护。

c. 延续城市路网

桥梁与道路连成一体，共同构成城市的骨骼，从而形成一个完整的交通系统。作为城市道路在水岸的延续和对水域的跨越，桥梁提供的是一种交通的服务功能。对于桥梁选址，桥头空间格局处理也应纳入到城市整体交通框架之下。

d. 水上观景平台

在水域两岸，人们常常被停泊的船只、岸地的建筑遮挡了视线。而凌驾于水面之上的桥梁，却为人们提供了开敞的观赏水景的空间。河水中央的桥面上，是人们看到纵深水景的最佳观赏点——河岸两侧的景致和河水本身构成一幅优美的画面。

e. 休闲娱乐场所

桥梁坐落在安静的水面时，常被用作休闲娱乐的场所。穿行的人群构成了使用这些休闲设施的人群，而独特的造型设计、线形设计让桥梁成为最活跃的水上中心。

f. 滨水空间象征

日本著名桥梁学者伊藤学教授在他的《桥梁造型》一书中说道："桥能满足人们到达彼岸的心理希望，同时也是使人印象深刻的标志性建筑，并且常常成为审美的对象和文化遗产。"

（6）建筑——提高滨水活力的节点

滨水岸线由于自然形态或历史遗留等原因，通常都有一些局部形态的变化。这些变化导致了岸线形成凸出的岸线和凹入的岸线。因地制宜地结合特殊的滨水岸线形式设置建筑群体的布局，一方面可以减少由于变更岸线所带来的土方运作，另一方面也有助于形成富于地域特色的城市滨水景观。

凸出的岸线作为视觉焦点，凸出的岸线上的建筑群更多地作为外部形象被周围环境感知。建筑物或建筑群体被推向开阔的水面，其统领空间的作用不言而喻。在凸形岸线上设置标志性建筑群体或单体成为最实用的手法，以构成滨水空间局部高潮和精彩的区域核心。

凹入的岸线本身具有内向的环境构成，常常形成内聚化的建筑群体和水域空间。采用内港式空间布局，将水景引入建筑群的内部形成水域空间与广场、庭院的有机融合。

滨水区建筑群体布局要为建筑群体争取到达水域的更多可能的视线通廊。结合朝向和气候要求，尽可能地为重要的建筑物留有通向水体的通道，同时兼顾水域空间观察建筑群落的层次感。群体布局中，通过前后建筑的错落布局，使后排建筑通过前排建筑的间口（即建筑之间的缝隙）获得水景，同时越临近水景一侧，建筑层数要较后排建筑低些。群体建筑布局可采用以下方式。

1）点式布局与板式布局相结合。

2）形体扭转，预留视线通廊。

3）采用群体围合呈合院式，向水面敞开或半敞开。

城市滨水环境具有广阔而且水平延伸的特征，人们看到的是由建筑群整体与自然交织在一起的天际线的城市景观。当观者在较远距离观看时，沿河建筑的界面是剪影式的，因此对建筑天际线的合理组织很重要。然而，在实际生活中，由于城市建设没有把握好建筑与城市、个体与整体的关系，所以带来了天际线组织的混乱与无序，如前景天际线中出现连续的高层，对背景天际线严重遮挡；建筑物的设置，没有考虑地势地形本身的特点；各个建筑为了追求各自的出众，采用形态各异的屋顶形式，从而带来了缺乏整体性的建筑轮廓景观。

因此，在营造城市天际线时一方面要注重重要节点的突出，另一方面要强调天际线的层次关系：①前景天际线主要由高度和体量较小的建筑组成，强调水平方向构图，烘托以竖向构图为主的背景天际线，二者之间通过强烈的水平、垂直的对比，使得城市天际线生动而富有变化。②在前景中尽量避免出现高层尤其是板式高层，如果必须设置，则应该在造型、色彩、材料上与周围环境取得一致。③通过色彩区分。通常的视觉关系认为，明度浅、色相暖的颜色有凸出感，而明度深、色相冷的颜色有凹进感，于是利用冷暖色差来组织前景天际线和背景天际线，可以进一步强化层次关系。

滨水环境是建筑形态构成的基本依据，一方面基地环境特征反映在建筑构成中，另一方面建筑布局对外部环境产生反作用。这种建筑设计对场地的呼应最终体现为滨水建筑的布局形式与形态特征。从建筑单体与水体的位置关系来看，可以将滨水建筑分为临水式、贴界式、探入式、离岸式、跨越式5种类型。

面对水这一灵动的自然环境，建筑师在创作的过程中总会涌现出奇妙的灵感，在水域环境中创造出良好的建筑形象，使建筑形式与水体呼应形神兼备，从而体现滨水建筑的象征性意义。象征性形体是滨水建筑的一种典型类型，建筑形象与水体共生，建筑形体对与水相关联的事物进行模仿。这种建筑形式，将人们已有的经验移植过来，从而形成滨水区的气氛。而在实际操作中，又分为仿生型、船体模仿型、水体抽象型等。

为了能使使用者从更多视角、更多形式欣赏水体景色，滨水建筑多在不同的位置和高度结合建筑屋顶、露台、阳台、挑台、地面、下沉地面等设置观赏、体验滨水空间的驻足点。高角度可以获得良好视野，掌握水体整体形态，但失去了与水的互动联系；而低角度适宜观察水的动势，同时感受阳光、风、温度等水域气候的特点。

3.4.3 滨水景观设计方法

滨水景观设计主要是针对城市滨水空间的6个要素进行整合，在满足人为活动、心理需求以及生态系统要求的前提下，克服多种滨水景观设计的制约因素，优化空间结构和整体功能。

1. 亲水性堤防设计

作为国家水利管理部门设置的硬性指标，防洪大堤的高度标准是无法突破的底线。但是人类希望亲近水的天性，使得设计师在处理城市水岸时，应试图通过各种方法来减小防洪大堤带来的阻隔。护岸设计的关键在于处理好安全与亲水的矛盾，在保证防灾功能的同时，考虑景观美感和空间感受。因此，如何在保证安全性的前提下将人的活动基面最大可能地亲近水体；如何让更大范围的水岸获得滨水景观，从心理上、情感上亲水；如何综合景观的合理性和舒适性来柔化堤岸，从而弱化防洪堤坝所带来的屏障感是设计的重点。

（1）方法一：抬高城市基面

为了使更多的城市用地能够观水、其亲水，可以采用抬高城市基面的方式，大面积或局部建构等于或高于防洪堤堤顶标高的用地或活动层面，使堤坝不再成为城市和水体的阻隔。大面积抬高城市基面的做法在国外比较多，采用超级堤防的投资成本相对较高。相对于狭长的传统堤防，超级堤防的宽度大大增加，甚至达到200～300m宽，整个堤防之上用作城市建设用地，兴建建筑、广场等滨水设施，其亲水、观水具有均好性。

一般城市可以采用局部式提升的方法，其可行性相对较高。观景平台可架设在防洪堤上，平台下设商业空间，临河一面的防洪大堤作为商业空间的维护墙身，将防洪大堤藏匿在复杂的建筑空间之中。最大限度地利用与城市地坪的高差空间，大大扩展了滨水区域的商业、休闲空间的面积。而堤顶大面积的场地可以举行大型的文化娱乐和庆典活动。

有时，也可以将局部抬高的城市活动基面与防洪堤脱开设计，利用天桥等衔接，天桥下高出地坪4～5m的空间可作为机动车通道。例如，杭州滨江区城市设计中，为消除4m高的堤坝对城市的阻隔，堤岸采用底层架空成车库、上面覆土绿化成公园的造景手法，并通过不同的绿化平台与城市联系成一体，这既满足了此地区大量的停车需要，又实现了餐饮、娱乐功能和水岸的渗透结合，从而增加了滨江地区的特色和趣味性。

（2）方法二：柔化堤岸景观

抬高城市基面虽然可以提供大面积的亲水用地，但在城市一侧仍然感受不到水的存在。而且大型人工堤岸的修建，土方量大，处理手法人工化，混凝土的堤防很难融入周围的环境之中。因此，将绿地与堤坝相结合，用自然化的坡地景观组织岸区，也是解决亲水问题的方法。

通常条件下，位于堤坝后面的绿地亲水性往往不是很好，岸上的行人看不到水景，水上船人也看不到岸上的风景。在用地相对宽裕的情况下，后移防汛墙，通过覆土形成双面缓坡式的堤岸，其上塑造地形，弱化防洪高墙式的感觉，形成自然的水滨效果，使视觉上有所穿透，人们能在绿地上直接感受到水的存在，同时在心理上也消除屏障感。

（3）方法三：下沉亲水活动基面

对于水城高差大，人们难于亲近水面的情况，可以利用汛期最高水位和非汛期常水位的高差，结合滨水空间用地情况，将防汛墙退后设置，在临水一侧留出一定的亲水岸地。此时堤坝上层与城市地面标高相平，下层接近水面，通过楼梯、斜坡小路等联系上下两个层面。一般利用水面和城市 3～6m 的高差，还可以将建筑结合防汛墙设计，形成形式多样、富有活力的亲水活动空间。

当滨水区腹地较狭窄时，垂直的双层水岸同样可以营造出良好的亲水环境。

当滨水区腹地相对比较宽时，下沉的亲水活动基面可以成为活跃的城市广场，而堤岸则转化为这个城市广场的背景。现代堤岸除了具有防洪的功能以外，还逐渐发展成为兼具景观、交通、商业、娱乐、休闲、停车等多元化功能的场所。通过在城市基面与水面基面之间建立空间联系，弱化防洪堤坝对人们亲水活动场地的阻碍，使城市滨水空间成为更加多元饱满的活动区域。

（4）方法四：恢复生态护岸

生态护岸是指恢复后的自然河岸或具有自然河岸“可渗透性”的人工护岸。它拥有渗透性的自然河床与河岸基底，丰富的河流地貌，可以充分保证河岸与河流水体之间的水分交换和调节功能，同时具有一定的抗洪强度。

由于城市中对河道防洪的重视，河道护岸往往极为生硬，极大地压缩了河道空间，使得河道成为“渠道”。通过生态护岸的建设，采用传统水工措施结合生态新型材料，可在满足防洪安全的前提下，构建具有较好生态功能的生态护岸形式，满足人们对自然生态的心理需求，也可进一步恢复水生态系统的健康。

传统水工的生态护岸方法包括植物治理和工程治理措施。植物治理措施直接种植柳树、水杨、芦苇、菖蒲等喜水植物，或在岸边种植白杨树和棒树，利用植物发达的根系来强化土体的物理强度、弱化水流的侵蚀，属“自然型生态护岸”。工程治理措施为利用抛石护岸、面坡箱状石笼护岸、填梢护岸等工程方法，其适用于洪水压力较大的情况，属“人工型生态护岸”。护岸还可以采用不同的材料建造，就地取材，因地制宜。常见的有碎石护岸、沙滨护岸、石积护岸、碎石贴面护岸等类型。

生态新型材料的应用包括铁丝网与碎石复合种植基、植被型生态混凝土、水泥生态种植基等多种类型，不仅保证了河岸的自然性，而且大大加强了抗洪压的能力，属“人工自然型护岸”。以植被型生态混凝土为例，此技术源自日本，由多孔混凝土、保水材料、缓释肥料和表层土组成。日本的野川河岸，虽采用大量的混凝土为基础，但由于草坪的覆盖，完全一派自然景色。

2. 利用道路系统串联城市与滨水空间

为了保证城市和滨水区域的交通联系，确保滨水空间的可达性，车行交通在滨水空间是不可避免的。但通常的临河车道的布置方式往往产生阻隔城市和水体联系的问题，高架道路和快速城市干道对滨水区的破坏力显而易见。根据各个城市的实际情况不同，解决临水道路对滨水区与城市空间的阻隔可以从多种角度和方式出发，如减少地面机动车交通量、加强人行空间的连续性、拓展岸区空间、改变其狭长线形布局等。

（1）方法一：道路水平分层

在滨水腹地用地宽裕的情况下，将机动车交通向城市方向退后，对滨水区道路按照多层分类的布置方法，既可以兼顾步行者的活动需求，也可以满足机动车停车和穿行的要求。可增加滨水空间的宽度，将滨水园路系统与堤防建设相融合，形成较为开阔的滨水景观类型。

（2）方法二：道路立体分层

在滨水用地局促的情况下，可采用道路立体分层的方式构建立体式交通，满足多方面的通行需求，包括道路提高或下沉与河岸整合。

a. 车行道架高于水岸上方

滨水高架道路是最早出现于美国城市快速交通的产物，这种将车行道置于堤岸上方的交通方式在一定程度上产生了城市和滨水区的割裂。对滨水区而言，这种方案的优点在于人车分流，滨水区域共享，考虑到人行和车行的双重观水要求，但同时也存在着相互干扰的问题。车行交通会产生噪音和烟尘，减低滨水步行空间的品质。

b. 车行道埋于水岸下方

为缓解地面交通的压力，改善地面交通状况，减少由于交通所带来的废气、噪声、污染等对滨水空间的影响，许多城市滨水区将道路设置于地下，通过上层覆土形成滨水绿地，形成从城市到滨水空间的延续性，这种整合设计保证了堤岸绿地等城市公共空间的品质，但与此同时牺牲了车行者的观景需求。

c. 车行道开敞设于水岸下方

当河岸大大高于水面高度时，将车行道设于水岸或者步行平台的下方并向水域开敞，一方面保证了人车分行，步行环境更为安静，另一方面也为车行提供了优美的景观。

（3）方法三：建立通往水域的二层步行体系

有些城市机动车辆几乎占满了街道，为提供步行的需要，建立空中步行道，使人车分离。通过建立通往水域的二层步行体系，人们可以避免反复穿越车行道才能抵达水滨地区，不仅使城市滨水空间的步行可达性显著增强，而且使步行空间的品质和舒适度也相应提高。

构建滨水城市的二层步行系统需要综合考虑城市地形条件、步行系统与车行道高差状况、步行通道如何与建筑衔接等方面的问题，在整合过程中，也应因地制宜地架高步行道路，同时注意上下步行系统的高差节点处理。

从城市到滨水区的步行网络是将人们在区域范围内通过步行的方式，有目的地引导至滨水空间，尤其是从城市中心区人流集中地连接至滨水岸边的空间网络。以高密度和城市功能问题复杂著称的香港，在空中步道体系的建立中体现出丰富的经验。因为港岛的规划和设计格外重视交通系统与城市其他功能的一体化，所以丰富的空中步道体系也成为连接城市与滨水区有力的渗透工具。

3. 景观绿化带多样化设计

为了化解景观绿化带这种消极的布局方式，首先应该在规划控制上有所调整。控制性详细规划中适当的灵活性是产生多样化滨水空间形态的前提。例如，引入立体化的水岸景观处理方式，避免滨水空间带状线形绿化的乏味感，复合功能的绿化区更能激发绿地的使用效率和活力。为调节景观的单调性，还可以考虑将水域两岸联合设计，将平行于水体的景观轴线与垂直于水体的景观轴线相结合，从而活跃景观绿化的空间构成。将绿化结合建筑和桥梁等滨水要素设计，构成形态活泼多样、富于变化的滨水空间。

（1）方法一：组织引向水滨的空间序列

从城市空间到滨水空间的过程是一个多层次的复合系统，其物质形态的多样性直接影响着人们的主观感受，即滨水区的意向。合理组织要素的空间序列，将给人们带来全然不同的空间体验和路径感受。因此，在滨水空间的组织中，可以将一些公共性质的建筑，如图书馆、博物馆、咖啡、茶座等设在滨水绿化带中，通过公共建筑的集聚和活力效应带动周围滨水空间的活动，创造节点性的空间场所。公共建筑对滨水公共空间的介入大大催化了滨水区域的活力性，也活跃了原本功能单一的景观绿地。

（2）方法二：建构立体化水岸景观

立体化水岸景观是针对景观的平面化而提出来的，讲究层次和空间上的起伏变化，通过高中低植物植被以及地势的起伏变化，达到绿地和景观的立体化，给人以融入大自然的真实感受和享受。滨水区为争取更多的绿化面积，兼顾土地开发强度和生态平衡，可以采用立体化布局的方法来充分利用土地资源，给城市留出更多的绿色空间。

通过立体化组织功能空间，创造绿地、广场基面的变化，这些开放空间不仅供室外空间活动和观赏，而且也服务于室内空间，从而形成“外眺景观”和“内眺景观”，即景观空间的外部秩序和将外景引入内部塑造空间艺术。作为空间塑造的一个手段，地景塑造不只关注到绿化和小品这些简单的塑造单元，而是通过与地下人防、水利部门等多部门协同工作、同步创造具有地域特色的景观。

（3）方法三：形成两岸整体环境

滨水区绿化空间形态的单一体现在空间的均质性和无重心性，应充分挖掘水域自身的特点，在水体宽度适宜的滨水空间两岸联合设计，形成滨水空间的活动中心和视觉重点，从而避免滨水空间景观形态的平铺直叙。

两岸联合设计通过组织水岸两侧的广场、绿地、标志物等景观要素来实现，可以分为两岸同构型和主从型两种。同构型多体现在主题特色鲜明的设计中，视水域宽度的宽窄选择不同的同构媒介。主从型则体现在一侧水岸对另一侧水岸重要节点空间的呼应上，当在一侧岸地新建广场，可以优先考虑对岸有标志物和广场的地段，从而形成贯穿两岸的景观轴线。

4. 处理好建筑、桥梁与公共岸线的关系

建筑侵占公共岸线多是由于历史遗留问题，建筑地基直接落在水线之上。这些贴界式建筑占据了水体的边缘空间，破坏了水体边缘休闲活动的连续性，人们只能绕行、折返或者终止休闲性步行活动，从而影响水岸的公共性。也有由于土地权属问题作为私人开发或工业的用地，岸线被分割成一段一段的小块用地，彼此不能穿越。以上两种情况多应通过城市管理部门的努力，尽量将私有化的土地在公共岸线的区域让位给公共人行，从而保证水线的共享性。为建构滨水性好、有服务支撑的空间环境，沿河建造底层架空的建筑，不乏是一项亲水的有效措施；而桥头空间的有效组织往往成为亲水环境组织的

另一项措施。桥头空间因涉及要素复杂和肩负多种功能而更应保持场地的共享性，与周围建筑、堤坝、广场共同组织设计，成为水岸垂直交通（从城市基面到水平面）和水平交通（从陆域空间到水域空间）的集散地。

（1）方法一：建筑底层开敞

某些公共建筑因功能需求必须接近水岸设置（如轮渡、码头等）或由于活力性需要而被设置在水岸（如海洋馆、公共图书馆、展览中心等），在设计过程中应注意在底层设置滨水通路，使底层开敞或沿水一侧采用骑楼的方式，预留人行通道，方便人们的通行。另外，也可以将建筑结合防汛墙一体化设计。将建筑基座临河一侧设计成跌落的平台，提供亲水的可能。而与堤岸相平的建筑层应架空或开敞设计，结合场地设置具有休闲功能的餐馆、咖啡等设施，使之成为过渡自然的亲水集会场所。

（2）方法二：桥头空间分层设计

桥头空间通常是指位于桥上或桥下立体交叉部分的空间。因为桥头与河岸、建筑相邻或连接，因此对桥头部位的处理也应是统一、渗透、结合的关键所在。桥梁可以作为连接不同标高城市基面的纽带，也可以同建筑共同成为从城市空间到水面空间的转换场所。

当桥梁与堤岸相连时，根据水岸的布局来设计桥梁形式。如果河流两侧为双层堤岸，那么桥头可以分层设计，分别与城市标高和水岸标高相衔接。

（3）方法三：构建特色桥梁景观

桥梁景观可分解成线型设计、造型设计、平面布局设计、色彩设计、肌理设计、装饰设计六大部分，桥梁的本体景观是桥梁景观设计的重点。桥梁布线方式的选择是桥梁形态的多样性和个性塑造的基础，不同线形的桥梁影响着使用者对场所或者通路的感受方式。桥梁的平面设计与桥梁的多种功能相适宜，桥梁的形态也呈现出多样性。

借助人流密集通行的特点，桥梁不仅可以发挥其连接两岸的作用，还可以成为复合观景、休闲、娱乐的活动场所。街道型桥梁是把桥梁设计成街道，可以延续城市的街道气氛，尤其是保证了商业气氛的延续性。而建筑型桥梁，由于没有机动车通行的要求，许多步行桥形式设计更加多样灵活。广场型桥梁，通过对水面空间的限定，桥面空间自身产生了一个活动的场所。和城市广场相似的是，这里有岗亭、咖啡座和其他休闲的设施，有植被、座椅和人看人的热闹场面，人们更愿意更长时间地在桥面逗留。将城市广场的元素移植到桥面空间，使得广场型桥梁成为独特的公共空间。与城市广场所不同的是，这里没有建筑对周边的围合，空间具有强烈的开放感，观景角度和视野都更开阔。

通过下沉亲水活动基面、抬高城市基面、柔化堤岸景观来解决防洪堤阻碍亲水活动的问题；通过道路水平分层、道路立体分层、建立通往水域的二层步行体系来解决过境道路阻隔滨水区与城市空间的问题；通过组织引向水滨的空间序列、建构立体化水岸景观、形成两岸整体环境来解决滨水空间景观绿化形态单一的问题；通过建筑底层开敞、桥头空间分层设计来解决滨水建筑、桥梁占领公共岸线的问题。各种策略都以追求城市滨水空间形态的有机性为目标，注重各项设计要素的衔接和内在的关联性，充分利用不同功能间的关联性和不同功能间的协调运作，达到整体大于个体之和。

在对实际案例的分析中，所谓的整合策略并非滨水要素的简单叠加，其设计多是基于一种全局观的整体设计。这种整体性有时体现在对滨水两岸的联合设计，通过建筑实体、开放空间和桥梁来联系两岸，在有限的水面空间上发挥多项要素的特性，满足多重需要；有时则体现在一项滨水要素在与相邻要素结合部位的衔接问题，保证空间和形态上的顺畅衔接，还有可能是多项滨水要素面对水域空间在平面和立体空间上进行叠合设计，使河流和水岸的资源得以最大化的利用，同时各个滨水要素获得景观上的均好性。

第二篇　典型流域生态综合整治规划

第 4 章　典型区概况及总体规划策略

4.1　典型流域概况

4.1.1　地理条件

河道全长为 15.1km，流域总面积约为 35.2km^2，从源头至河口相对高差约为 480m，河道平均坡降为 13.3‰（个别突变河段除外）。流域多年平均流量为 0.5m^3/s，多年平均径流总量为 1583 万 m^3，水位受季节性影响较大。

4.1.2　水文气象

该流域位于长江上游流域东亚副热带季风区，属亚热带湿润气候，具冬暖春早、雨量充沛、夜雨多、空气湿度大、云雾多、日照偏少等特点。多年平均气温为 17.8～18.6℃，风少且风速小，年平均有雾天数为 67.8 天，最多达 148 天。多年平均相对湿度为 79%～81%，多年平均降水量为 1085.1～1141.8mm，年最大降水量为 1544.8mm，年最小降水量为 740.1mm。降水多集中在每年 5～9 月，约占全年降水总量的 70%。年蒸发强度为 1054.6～1148.0mm，夏季 6～8 月的蒸发强度占全年蒸发强度的 43.9%～46.4%。由于局部地形的屏障作用，有利于水汽输送和抬升，在强烈的复合作用下，易形成暴雨、大暴雨甚至特大暴雨。因此，形成本流域的暴雨天气系统主要为西南低涡、江淮切变线，其次是地面冷锋和低空急流等。

4.1.3　地形地质

流域所在地区归属川东平行岭谷低山丘陵区，呈丘陵、台地和低山组合的地貌结构。区域东部地区西高东低，南高北低。中部地区位于华蓥山支脉——中梁山脉上，海拔高度一般为 375～650m，最高峰歌乐山云顶寺海拔为 680.25m。西部地区地势为东西两面高山相夹，南高北低，具有“两山夹一槽”的组合地貌结构。东部的中梁山和西部的缙云山山顶海拔多在 500～600m，南部中间为寨山坪山体，最高海拔高度为 545m；北面中部为浅丘地貌，海拔为 270～330m；其他区域以平坝地貌为主，海拔为 270～300m。

场区地震动峰值加速度为 0.05g（g 为重力加速度，一般取 9.8m/s^2），相应的地震基本烈度为Ⅵ度。地震动反应谱特征周期为 0.35s。

4.1.4　动植物资源

该河道干流自南向北穿越主城区，除上游为乡村居民区外，中下游两岸以城区为主，河道受人为干扰严重，植被稀疏，以耐污性较好的草本科为主。

工程所在区域现有陆生动物是以适应农田、灌草丛生活的种类为主，如家鼠、田鼠等普通兽类，麻雀、家燕等鸟类以及一般昆虫类、蛙类等。由于受人为活动频繁干扰的影响，区域现有野生动物种类和数量均较少，未发现有珍稀、濒危重点保护动植物分布。

4.2　存在问题解析

该河道流经了工业区、居民区和大中专院校及科研院所，是列入《三峡库区及其上游水污染防治规划》中重点整治的重庆次级河流，被重庆市政府列为重点整治对象。流域现状分析如图 4-1 所示，现状存在问题见表 4-1。

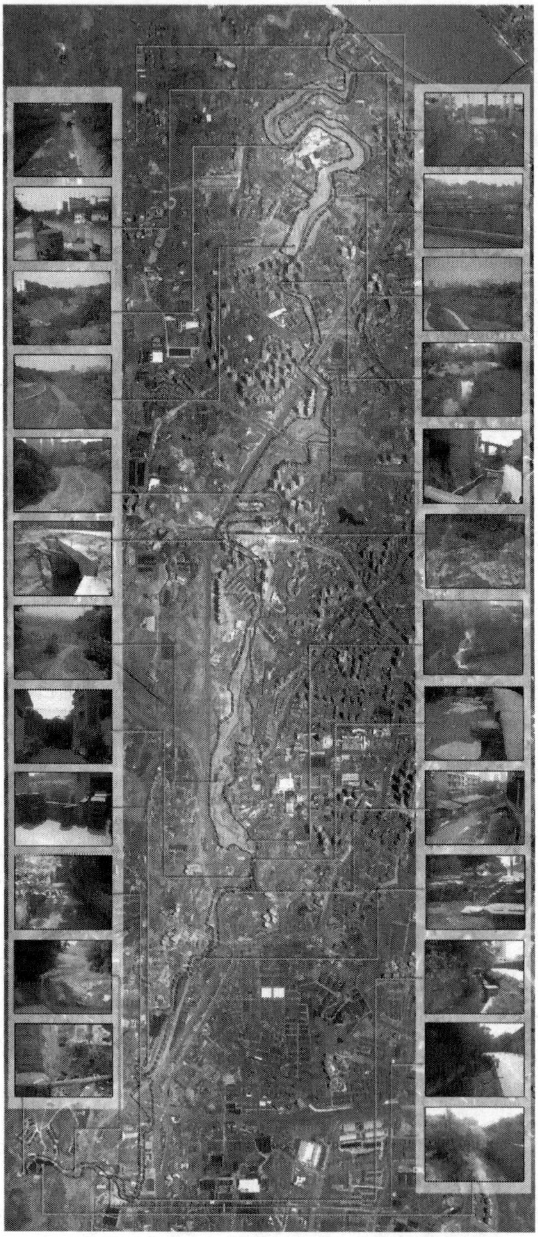

图 4-1　流域现状分析图

表 4-1　现状存在问题

序号	存在问题	问题描述
1	沿线防洪设施缺乏，防洪标准低，洪水灾害频发	控制性调洪工程缺乏，未形成完整有效的防洪体系
2		河道岸线不顺，临河、跨河建筑物侵占行洪河道现象严重
3		河道泥沙淤积严重，平均淤积深度为 1～2m
4	截污治污措施有待进一步完善，治理效果未达到预期，缺乏系统治理体系	基本完成三阶段污水治理设施建设，但二三级管网仍未完善，污水收集率低，且上游仍为雨污合流体制
5		两岸生活垃圾整治已取得一定成效，但乱倒垃圾事件仍时有发生
6		缺少截污屏障，农田和畜禽养殖面源污染进入河道
7	生态系统遭到破坏，环境质量差，生态景观破坏严重	生态系统结构遭到破坏，生物多样性降低
8		生态系统脆弱，承受干扰能力低
9		生态景观破坏严重

4.3　规划理念与指导思想

4.3.1　规划理念

流域生态综合整治规划以提高流域防洪防枯能力、改善水环境和生态质量、挖掘水文化及水景观为重点，通过打造良好环境，将生态综合整治项目建设成为区域乃至重庆市的环境友好、人水和谐、生态宜居的次级河流综合治理典范工程，成为沿岸人民休闲、娱乐的好去处。

4.3.2　指导思想

规划以生态综合整治为核心，结合区域社会经济发展需求，以科学发展观统领全局，以人与自然和谐发展为主线，以流域生态环境保护、城乡统筹发展、和谐社会构建、城市建设为根本出发点，贯彻治水新思路，通过对水域生态系统的有效保护、恢复和建设，对河道两岸的生态修复、土地合理开发利用，以维护流域生态系统的健康和稳定，促进城市建设稳步、合理的发展，城乡水平统筹、协调的发展，经济社会持续、良好的发展，为重庆市国民经济和社会的可持续发展提供有效支撑，实现流域经济、社会、环境的和谐统一。

4.3.3　规划基本原则

一致性原则：本规划在相关规划研究成果的基础上，按照“因地制宜、综合整治、现实可行、远近结合、系统研究、标本兼治”的原则进行编制，确保本规划与其他相关规划研究成果的一致性。

人与自然和谐相处原则：以人为本，尊重自然，坚持流域综合整治生态修复与三峡库区及其上游水污染防治、流域周边经济社会可持续发展相结合，注重经济、社会和生态效益的协调统一，按照人与自然和谐相处的理念进行规划。

生态性原则：规划设计遵从自然生态规律，通过对地形地貌、气象水文、地质土壤、环境质量、动植物资源、社会经济、土地资源等生态因子的综合调查、分析和调整，按照生态规律和社会经济发展规律，开展流域综合整治生态修复的规划设计工作。

综合性原则：从流域的现状和市、区对该河道的定位来综合考虑对流域的综合整治。河道的综合整治与流域内自然资源的管理、开发、利用相结合，体现安全、生态、景观、发展四位一体的规划思想，按照“综合规划、突出重点、技术创新、科学编制”的原则进行综合整治。通过对流域综合整治，对流域内的生态问题进行全面治理，实现标本兼治。

可操作性原则：坚持流域生态建设与土地利用有机结合、环境保护与经济发展有机结合、水域资源与陆域资源有机结合、政府调控与市场运作有机结合等原则，并按建设时序统一规划，远近结合，分区、分期实施，实现时间和空间上的合理安排和过渡。

4.3.4 规划目的和意义

结合对该河道治理的要求，以先进的策划理念为指导，以经济合理的方式彻底根治污染、消除黑臭、美化环境，实现流域水质从劣Ⅴ类变为Ⅳ类目标，依托流域生态环境良性改观，提出流域建设风貌规划。并与区域发展思路相结合，兼顾流域不同部位的产业发展差异及流域周边的市政基础设施建设、继续深入解决“全面截污、水源涵养、河岸整治、河道行洪”等功能，对流域不同区块的土地开发利用、生态修复建设以及河道生态建设进行准确定位，提炼出综合整治、开发建设以及运行维护生态修复后的功能的基本思路，科学确定上述区域的空间布局，制定有效、可行的规划策略，完成综合整治及开发建设的经济、社会和环境评价，并对上述区域的生态环境建设提出明确的改造、根治污水、美化环境、建设和维护的意见，让该流域成为沿岸人民休闲、娱乐的好去处。

4.4 规划总体目标和思路

4.4.1 规划目标

1）流域水环境污染得到有效治理：全面根治污染源，有效治理流域污染，全流域水质基本达到Ⅳ类标准。

2）流域生态系统得到恢复，生态环境得到改善：打造河道截污屏障，恢复流域生态系统，生态环境得到根本改善，将该河道建设成为生态宜居廊道。

3）流域防洪减灾问题得到基本解决：有效防治流域洪涝灾害，基本解决流域防洪防枯、排涝问题，使流域防洪标准达到50年一遇，排涝标准达到20年一遇、24h不漫溢，河道生态景观用水问题基本解决。

4）挖掘流域水文化，建设流域水景观：在有效解决河道水源缺乏问题的基础上，进一步挖掘流域水文化，打造沿河水体景观，建设亲水休闲设施，将河道生态廊道融入当地文化景观和古镇风貌中。

4.4.2 规划总体思路

流域综合整治总体技术思路为在了解规划背景的基础上，通过对流域自然概况、社会经济概况、已有规划设计概况等的调查研究，明确功能要求和定位，分析流域综合整治的必要性，得出规划的基本任务和目标；通过对规划区现状进行综合分析，找到规划区存在的、制约河道功能发挥的、与河道功能定位相悖的主要问题；在规划区主要问题分析的基础上，确定规划的主要内容，开展河道防洪减灾、截污治污、流域生态修复与建设、土地开发利用及产业布局、景观设计及遗产保护等专项规划；通过各专项规划，分析确定流域综合整治的重点工程，并制定规划实施的各项保障措施以及对综合整治后的效益进行分析预测。

第5章　河道水文水利规划

5.1　水 文 分 析

5.1.1　径流分析

典型流域径流主要来源于降水，仅有少量由地下水补给，径流与降水年内变化基本相应。径流年际和年内变化受环流形势、降水、气温和下垫面等因素的影响，在5～10月的丰水期，由大面积降水形成；在11月～翌年4月的枯水期，主要靠地下水补给，最小流量一般出现在1～2月。该河道具有山溪河流的特点，河道坡降大，流程短，河谷狭窄，水流随季节变化大，春夏流量大，秋冬流量小，枯水期近乎断流。

根据资料统计，河道多年平均流量为3.51m^3/s，折合年径流深为450.0mm。最丰水年平均流量为5.94m^3/s，最枯水年为1.41m^3/s，丰枯比为4.21。5～10月水量约占全年水量的79%，11月～翌年4月占全年水量的21%。径流具有年际变化不大、年内分配不均的特点。

根据1973～2009年径流系列，绘制柱状图、滑动平均线及差积曲线，进行系列代表性分析，如图5-1所示。该系列包括了完整的丰、平、枯水年周期性变化，具有代表性。从累计平均线看，随着系列的增加，均值逐渐趋于稳定，系列大于30年后波动甚微，基本为一稳定线。

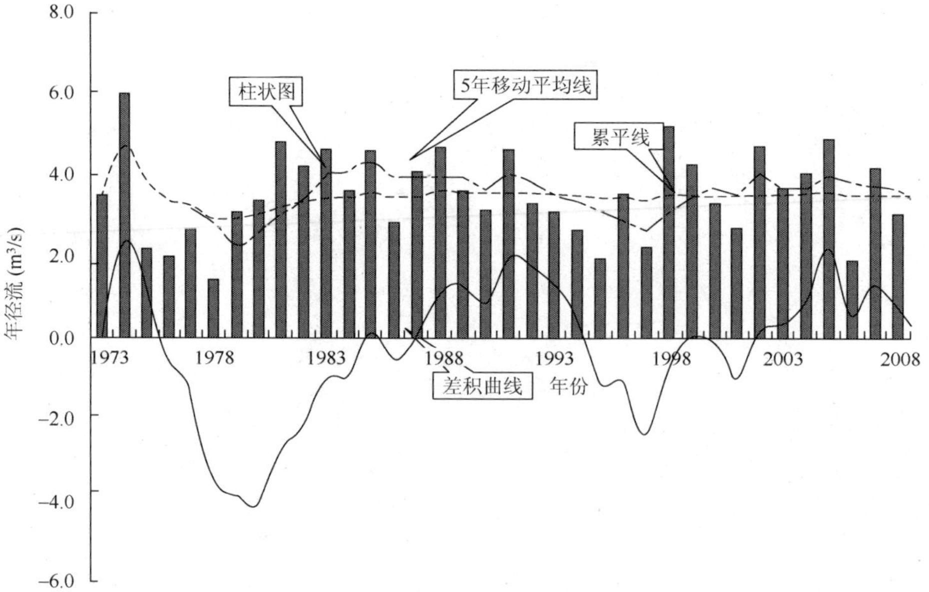

图5-1　年径流柱状图、移动平均线、累平线及差积曲线

5.1.2　洪水分析

1. 洪水的形成原因

流域洪水由暴雨形成，大暴雨主要集中在 7～8 月，历时一般为 1 天左右，以一日暴雨强度最大，往往雨区移动方向与河流走向一致，且上游干支流洪水遭遇严重，常常形成特大洪水。由于降雨年内分配不均，洪水发生季节与暴雨相适应，且流域地处丘陵区，故洪水陡涨陡落、过程线呈尖瘦形，具有山溪洪水的特点。

一方面由于坡短，短历时暴雨大、汇流快，洪水上涨迅猛，洪峰流量较大；另一方面，河流经过主城区，暗河及涉河建筑物阻水作用严重；同时下游嘉陵江洪水顶托影响巨大，而且水利工程严重滞后。因此，每到洪水季节流域都面临严峻的防洪压力。

该流域由于没有形成有效的防洪体系，洪灾频发。尤其是近年来，由于河道淤积比较严重、部分临河建筑物挤占行洪河道现象增加，致灾次数更为频繁。经分析，流域洪水灾害类型大致可分为 3 类。

1）本地暴雨洪水：境内区域暴雨形成洪水。主要特点是强度大，干支流水位暴涨暴落，来势猛，破坏力强。沿河各种设施和农田被冲淹，并造成大量水土流失。

2）过境洪水：主要是嘉陵江上游大面积降雨形成洪水，峰高量大，顺江而下，其特点是洪水陡涨陡落，历时相对长，一次过程一般为 6～10 天，嘉陵江洪水对该河流汇合口顶托回灌水流宣泄不畅。洪枯水位变幅大，达 20～30m。使沿江两岸城镇、厂矿等被淹没，造成淹没洪水灾害。

3）综合遭遇型洪水：主要由下游过境洪水与本地洪水同步而造成洪水灾害，其特点是小溪河洪水陡涨，长江、嘉陵江又形成阻塞性洪水，洪水过程历时较长，地质灾害多，洪灾损失很大。

造成流域洪水灾害的原因，见表 5-1。

表 5-1　流域洪水灾害主要原因

序号	主要原因	说明
1	暴雨强度大、汇流时间短	区域暴雨强度大，沿途支流源短流急，汇流历时短，致使洪水暴涨暴落，洪灾频发
2	河道狭窄，过流能力小	有些河道狭窄，过流能力小，上游河道最窄处河道仅 1.5m 左右，一遇暴雨洪水，即出槽泛滥成灾
3	临河、跨河建筑物侵占行洪河道现象严重	穿过城区的河道，有些临河、跨河建筑物侵占行洪河道，造成阻水
4	嘉陵江洪水顶托	当嘉陵江发生大洪水时，水位涨幅较大，对河流洪水造成顶托，致使河口河段洪水宣泄不畅，造成洪灾
5	水利工程严重滞后，防洪体系不健全	由于历史原因，流域水利工程建设严重滞后，无大型蓄滞洪工程。河流穿过的城区仅局部建有防洪护岸工程，难以形成完整的防洪体系

2. 最大暴雨强度分析

流域的设计暴雨采用 1981～2008 年年最大 1/6h、1h、6h 暴雨量及 1952～2008 年

24h 暴雨资料，进行频率计算，并以 P-Ⅲ线型适线，确定统计参数。同时查图，得到设计流域短历时（1/6h、1h、6h、24h）设计暴雨，设计暴雨成果比较见表 5-2。

表 5-2　流域设计暴雨成果比较表　（单位：mm）

方法	时段	均值	C_v	C_s/C_v	1%	2%	5%	10%	20%
适线	1/6h	15.1	0.36	3.5	32.4	29.5	25.5	22.4	19.0
	1h	39.6	0.4	3.5	91.4	82.5	70.3	60.8	50.8
	6h	71.4	0.5	3.5	195.6	172.8	142.1	118.5	95.0
	24h	98.9	0.5	3.5	271.0	239.3	196.8	164.2	131.5
查图	1/6h	17.0	0.35	3.5	35.9	32.6	28.4	25.0	21.4
	1h	42.3	0.43	3.5	102.8	92.2	77.8	66.4	55.0
	6h	69.8	0.45	3.5	175.9	157.1	131.2	111.7	91.4
	24h	97.6	0.50	3.5	267.4	236.2	194.2	162	129.8

两种方法设计暴雨成果大体接近，最大 10min 和最大 1h 暴雨查图法略大于频率适线法，最大 6h 和 24h 暴雨频率适线法略大于查图法。从工程安全角度出发，选用暴雨频率适线成果。规划流域面积仅为 35.2km^2，直接采用点暴雨作为设计面雨量成果（图 5-2）。

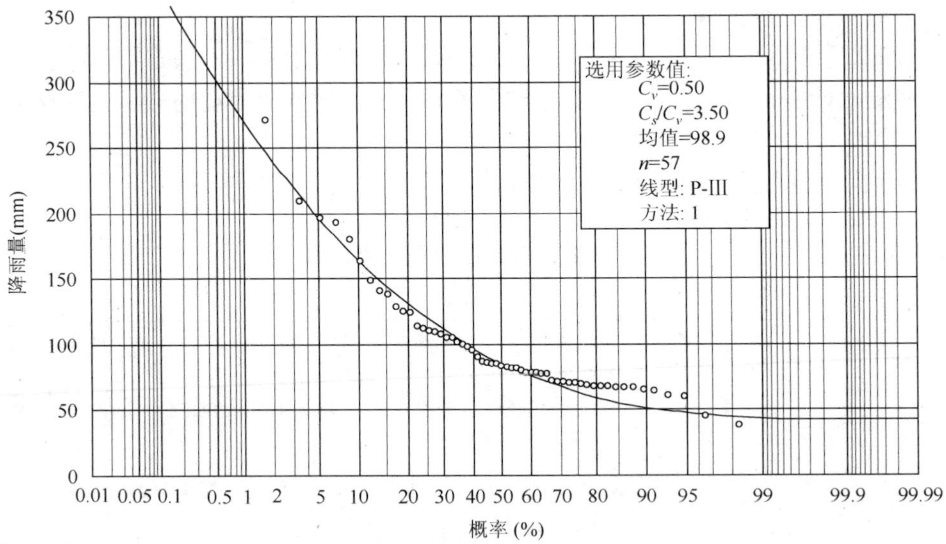

图 5-2　年最大 24h 降雨量频率曲线（1952～2008 年系列）

3. 设计洪水分析

该流域无实测洪水资料，设计洪水采用设计暴雨推理公式法分析计算。

（1）洪峰流量计算

依据暴雨洪水计算手册，洪峰流量计算公式：

$$Q_m = 0.278 \times \frac{S}{\tau^n} F$$

$$\varphi = n\left(\frac{t_c}{\tau}\right)^{1-n}$$

$$t_c = \left[(1-n)\frac{s}{\mu}\right]^{\frac{1}{n}}$$

$$\tau = \tau_0 \varphi \frac{-1}{4-n}$$

$$\tau_0 = \frac{0.278^{\left(\frac{3}{4-n}\right)}}{\left(\frac{mJ^{1/3}}{L}\right)^{\left(\frac{4}{4-n}\right)} (SF)^{\left(\frac{1}{4-n}\right)}}$$

式中，Q_m 为洪峰流量（m^3/s）；φ 为洪峰径流系数；S 为暴雨雨力；n 为暴雨衰减指数；F 为集水面积（km^2）；L 为河长（km）；J 为河道平均坡降；τ 为流域汇流时间（h）；τ_0 为当 $\varphi=1$ 时的流域汇流时间（h）；t_c 为产流历时（h）；μ 为产流参数；m 为汇流参数。

a. 产流参数 μ

根据流域地理位置、地质概况、流域下垫面情况，该流域属Ⅱ区，盆地丘陵区，采用《暴雨洪水计算手册》中盆地丘陵区的 μ 值统计系数公式：$\mu=4.8F^{-0.19}$；$C_v=0.18$；$C_s=3.5C_v$ 计算各设计 μ 值。

b. 汇流参数 m

根据《暴雨洪水计算手册》中综合成果表，该流域属盆地丘陵区的 m 值计算公式：当 $\theta=1\sim30$ 时，$m=0.40\theta^{0.204}$；当 $\theta=30\sim300$ 时，$m=0.092\theta^{0.636}$。

由上，根据 1∶50 000 的地形图上量计求得的各洪水断面流域特征参数 F（km^2）、河长 L（km）和比降 J（‰），采用解析法计算相应断面的设计洪峰流量。

（2）洪量计算

根据《暴雨洪水计算手册》，由设计暴雨推求洪水总量。

单峰洪水的洪水历时 $T=12.8F^{1/4}$。

相应洪水历时的设计暴雨计算公式为

$$H_{tP}=H_{24P}Tm_P$$

式中，H_{tP} 为历时 t 日的设计暴雨量（mm）；H_{24P} 为年最大 24h 的设计暴雨量（mm）；T 为设计暴雨历时即洪水历时（日）；$m_P=a+b\lg P$ 为暴雨公式指数，参数 a、b 查图可得；P 为设计频率（%）。

一次洪水过程的设计洪水总量可由设计暴雨按下式推求：

$$W_P=0.1aH_{tP}F$$

式中，W_P 为设计洪水总量（10^4m^3）；a 为径流系数，查表可得。

（3）设计洪水过程线

按《暴雨洪水计算手册》中嘉陵江地区单峰洪水计算设计洪水过程线。

由求得的 W_P 和 Q_P 计算洪水过程线的概化矩形历时，公式如下：

$$T_P=2.78W_P/Q_P$$

查概化过程线模型相对坐标 y-x 值，根据选定采用的 y-x 值和 T_P、Q_P 值，计算得到洪水过程线。不考虑基流，根据洪量对过程线进行手工修正，得到各断面设计洪水过程线，如图 5-3～图 5-5 所示。

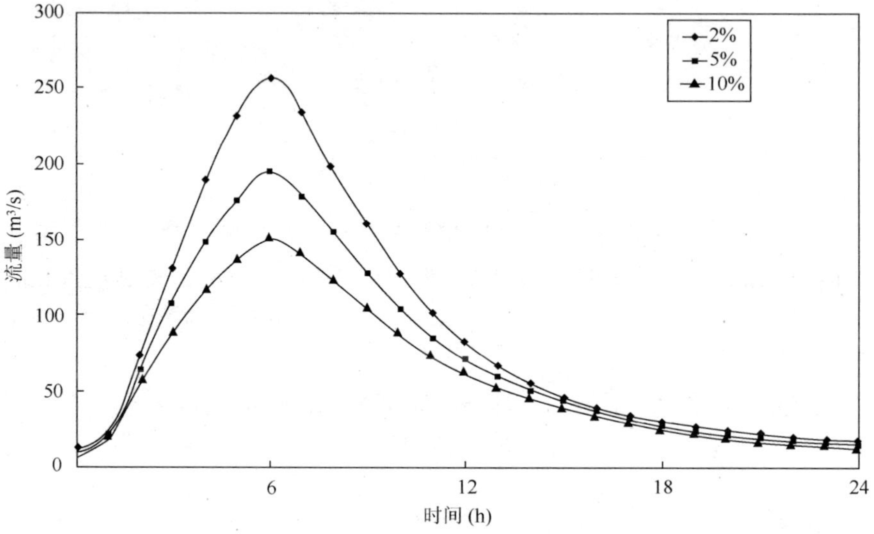

图 5-3　河道下游断面设计洪水过程线

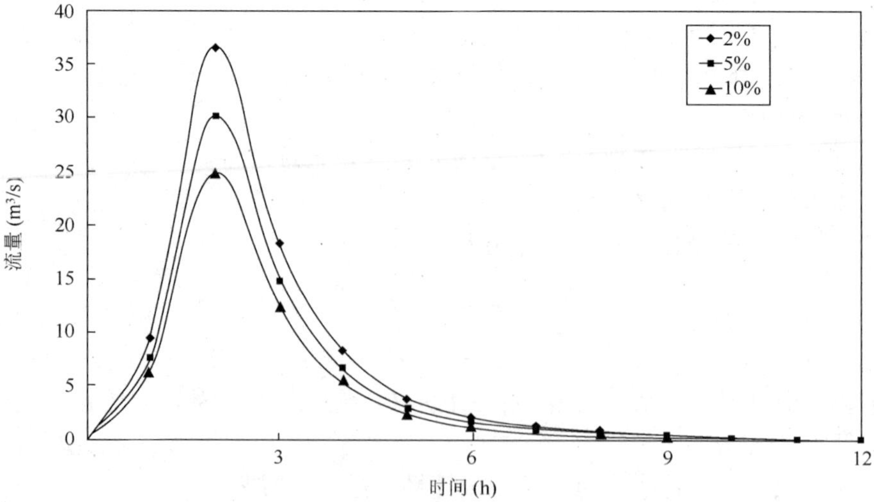

图 5-4　河道上游断面设计洪水过程线

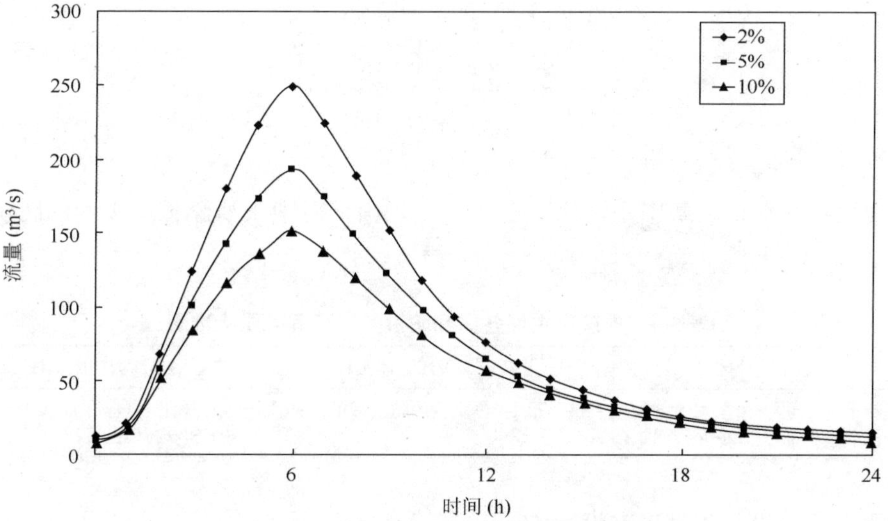

图 5-5　河道中游断面设计洪水过程线

（4）成果合理性检验

该流域无实测洪水资料，设计洪水采用设计暴雨推理公式法分析计算，符合设计洪水计算规范。设计暴雨采用流域所在沙坪坝区沙坪坝气象站实测资料频率分析法和根据《手册》查等值线图计算，经分析后采用沙坪坝实测资料频率分析法计算的成果。该系列中已包含了最新的降雨信息，系列长度和精度均满足本次设计要求。由此分析的设计洪水计算成果是合理的。

5.1.3　河口设计水位

该河流汇入嘉陵江，洪水期间河口段水位均要受到外江高水顶托，下游河道主要防洪问题在于嘉陵江高水与该河道上游来水形成遭遇，因此需对河口的各个设计频率水位进行分析计算。

相关规划对嘉陵江干流洪水位做了分析计算：利用水文站历年水位流量关系、相关计算成果及典型年的洪水水面线综合分析推算，得到嘉陵江各断面设计洪水位，其中涉及河口 100 年、50 年、20 年、10 年和 5 年一遇的设计水位。各设计频率水位成果（黄海基面）见表 5-3。

表 5-3　河口断面设计水位成果表

频率（%）	河口（m）
1	195.54
2	193.74
5	191.44
10	189.54
20	187.14
50	183.40

5.2 防洪规划

5.2.1 防洪标准

该河道在重庆市区属中小河流。在相关规划中，对中小河流护岸工程的防洪标准作了规定，见表5-4。

表5-4 重庆市主城各区和防洪护岸工程防洪标准表

城市或地区	长江、嘉陵江护岸工程	中小河流护岸工程
城市防洪标准为100年一遇，相对独立的乡镇和农村地区防洪标准可按20年一遇执行	防洪护岸工程的防洪标准为50年一遇	防洪护岸工程的防洪标准为50年一遇，相对独立的乡镇和农村地区可按20年一遇执行

根据上述成果其防洪标准设为50年一遇。

5.2.2 防洪方案体系

方案拟定原则如下。

1）明确防洪目标，以防洪为主，结合生态、景观建设。

2）堤防工程尽可能结合城镇道路布置，并按照河堤与城镇道路相结合，区内排涝渠道与城镇排水管道相结合，洪涝治理措施与城镇区绿化、水土保持等非工程措施结合的综合治理原则进行堤防建设。

3）排涝方式主要采取自排。

4）与相关成果衔接。

作为防洪体系的组成部分，水库和堤防承担主要防洪任务。该流域内无大型蓄水工程，干流及支流多为主城区，难以建设调蓄水库。流域内仅在滨河路段有部分堤防及护岸尚未形成完整的防洪体系。规划中对于已有的堤防护岸，在满足河道行洪安全及沿河景观设计的前提下，尽量予以保留。河道下游污水提升泵站处设有拦水坝，阻水严重，建议结合污水处理要求对其进行改建。

根据河道的现状，引起该河流洪水灾害的主要原因是上游河道行洪不畅，下游受嘉陵江洪水顶托。针对洪水成因，初步拟定采取以下防护措施。

1）清淤除障：理顺河道，清除行洪障碍，包括河道清淤、拆除违章建筑、外扩影响行洪的涉河建筑物（道路、桥涵等）；

2）构筑堤防：对无法退堤的河段，筑堤防护，包括新建、扩建或加高堤防；

3）拆暗为明：在城市建设中，部分河道成了暗河。暗河处存在以下隐患：①易形成行洪卡口，阻碍行洪；②现状暗河有隐蔽的排污口，污染河道；③暗河不易于通风透光，易造成水质恶化。因此，需要根据具体情况进行拆暗为明工程。对影响行洪的暗河进行拓宽，同时结合景观打造的需求对“暗河”进行整治。

通过工程的实施，实现对河道的防洪减灾治理，主要涉及的工程措施有清淤、违章阻洪建筑物拆除、沿岸堤防工程及为水生态修复而修建的闸堰工程等，见表5-5。

表 5-5　河道整治措施表

序号	河段	现状基本情况	存在主要问题	拟解决的技术思路	主要措施
1	源头	以乡村河道为主，两岸多为农村居民，河岸以自然岸坡为主，两岸有农田分布；枯水期河道可见流水，但水量不大，局部河段修有护岸，无敏感保护目标，防洪排涝问题不突出	防洪设施不完善，枯水期水量不足	实施河道清淤，完善防洪护岸	清淤、堤防工程
2	上游段	以城区河道为主，两岸多为城区居民和城乡结合部，河道狭窄，局部河段有农田和绿地分布；枯水期河道可见流水，但水量不大，河岸以硬质护岸为主，部分河段为暗河，两岸居民、厂矿企业较多，防洪排涝问题突出	河道侵占、覆盖现象严重，防洪设施不完善，枯水期水量不足	实施河道清淤，拆暗为明，完善防洪护岸	清淤除障、拆暗为明、堤防工程
3	上游—中游段	前半段河岸宽阔，两侧多为绿地和未开发区域；后半段以城区河道为主，两侧为城区居民和建筑，并有城中棚户区，河道狭窄；枯水期河道可见流水，但水量不大，部分河段修有护岸，后半段居民、厂矿企业较多，防洪排涝问题不突出	局部河道私搭乱建现象严重，防洪设施不完善，枯水期水量不足	实施河道清淤，完善防洪护岸，结合治污修建小型挡蓄水设施	清淤除障、堤防工程、闸坝工程
4	中游段	此段河岸宽阔，两侧多为绿地和未开发区域；枯水期河道可见流水，但水量不大，原有水库已废弃，部分河段修有护岸，防洪排涝问题突出	防洪设施不完善，枯水期水量不足	实施河道清淤，完善防洪护岸，结合湿地建设修建小型挡蓄水设施	清淤除障、堤防工程、闸堰工程
5	中游—下游段	该段以新城建设区河道为主，两侧土地正在开发；枯水期河道可见流水，但水量不大，部分河段修有护岸，部分河段为暗河，后半段已基本开发建设结束，防洪排涝问题不突出	河道未进行防护，枯水期水量不足	实施河道清淤，完善防洪护岸	清淤除障、堤防工程
6	下游—河口段	该段为嘉陵江入口河段，河道蜿蜒曲折，谷深坡陡，呈峡谷状，两侧岸上为主城区；此段上游河道被截流，呈断流状态，部分河段修有护岸，受嘉陵江洪水影响较大，防洪排涝问题突出	受嘉陵江洪水顶托严重，防洪设施不完善，河道断流，防洪防枯问题突出	改造污水提升泵站，建设生态补水设施，实施河道清淤，完善防洪护岸。下阶段研究如何解决嘉陵江回水顶托问题	清淤除障、堤防工程、闸堰工程

5.2.3　河道水利计算

采用 MIKE11 软件进行非恒定流计算，运用水动力学模块分析河道规划工况下的各控制断面水位。模型采用控制构筑物模块对闸堰、桥梁进行模拟，有建筑物的断面均按实际结构物的位置和形式来处理，通过计算结构物过流能力，将其与水动力矩阵方程耦合。

数学模型采用圣维南明渠非恒定流偏微分方程组进行计算：

水利模型计算范围与工程范围相同，河道长度 13.1km。计算断面共 47 个。

流域防洪标准为 50 年一遇，进行 P=2%频率的水利计算。模型分析计算时，主要考虑以下频率情况：上游边界采用 50 年一遇流量过程，区间入流采用 50 年一遇流量过程，下游边界采用嘉陵江河口 2 年一遇水位过程。通过计算得到水面线计算成果，如图 5-6 和图 5-7 所示。

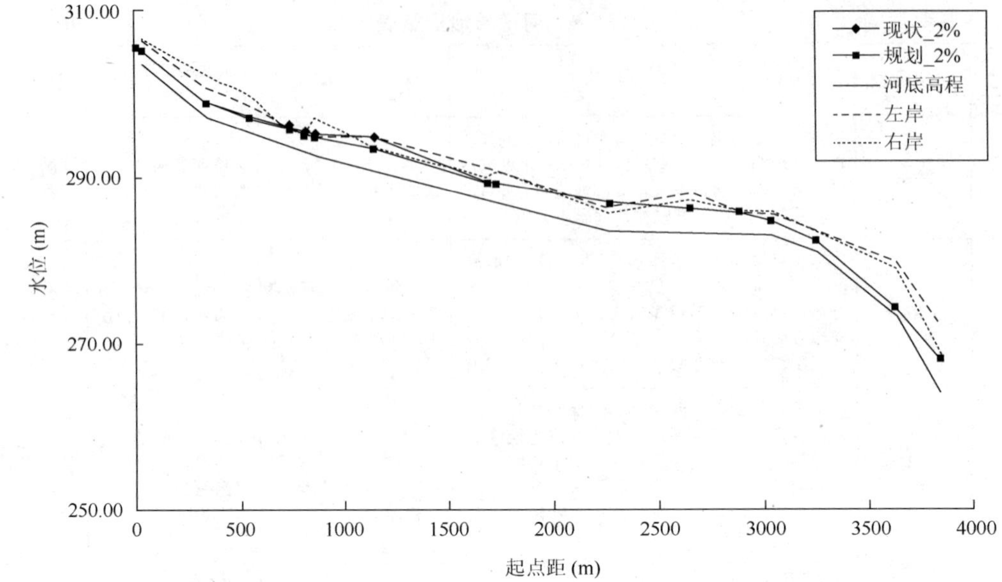

图 5-6　河道水面线（源头—中游段）P=2%

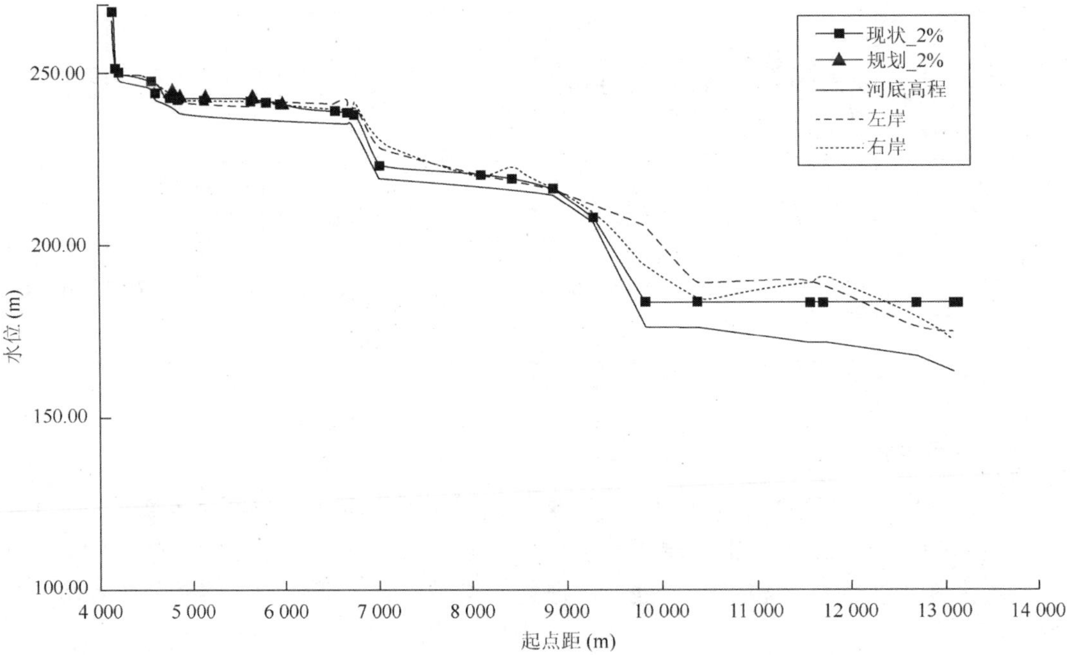

图 5-7　河道水面线（中游—河口段）P=2%

5.2.4　规划方案防洪效果分析

暗河部分采取拓宽河道的工程措施。由计算成果可知，拓宽后该暗河水面线降低，满足防洪标准。

中游—下游段，由于支流洪水汇入导致局部设计洪水位超过右岸堤防，采用加高堤防，以满足防洪标准。工程中拟采用对行洪影响较小的翻板闸。

在河道中游湿地河段，为满足景观蓄水及生态治理要求，设置 4 级堰坝，为减少对防洪的影响，矮坝堰高设为 1m，满足防洪要求。

通过水利计算拟定规划方案满足防洪要求，各河段的工程规模汇总见表 5-6。

表 5-6　规划河段工程规模表

序号	河道名称	河长（m）	河底宽（m）	堤距（m）	河底高程（m）	P=2%设计洪水位（m）	备注
1	源头	817	3	3～5	293.8～304.3	295.7～306.5	河道规模维持现状
2	上游段	873	4	4～6	287.9～293.8	290～295.7	五星小学暗河拓宽 1m、战备仓库—都市交通培训公司暗河拓宽 2.5m、疏浚
3	上游—中游段	2495	5	4～10	249.7～287.9	251.2～290	拓宽、疏浚、新建翻板闸
4	中游段	2368	5	5～15	235.8～249.7	239～251.2	建设湿地 新建堰坝
5	中游—下游段	3249	8	8～16	206.8～235.8	208.1～239	暗渠规模维持现状
6	下游—河口段	3333	10	10～20	163.4～206.8	183.4～208.1	修建堤防、拆坝改建翻板闸

5.3　河道防枯规划

5.3.1　河道生态防枯思路

河道防枯，即在枯水期向河道内补充水量，为改善河道水生态环境提供必要的基础。由于流域内暂无工农业取水硬性需求，故河道生态防枯主要从水环境需水、景观用水、生态需水等方面进行考虑。生态防枯的主要思路通过挖潜节流，以增加河道的补水量；通过建设适宜的拦蓄水工程以及外江引调水工程，使得枯水期能有清洁水源补充河道；通过建设壅水工程，抬高河道水位，增加河道亲水性，为沿河水景观打造提供条件。

由于大部分河道都位于已建城区，现状沿程排污口较多。考虑到城市截污治污等市政管网需要一定的建设时序，为避免枯水期河道成为“污水池”，壅水蓄水设施宜采用翻板闸。枯水期关闭闸门蓄水；洪水期闸门打开，即可冲污，又不影响行洪。

5.3.2　河道补水水源分析

流域所在地城镇生活、生产用水基本由自来水公司统一供给。通过分析区域水资源情况，可用于河道补水的水源主要有本地径流、中水、自来水、雨水及外江引水。

1. 本地径流

该流域多年平均径流量为 0.502m^3/s。径流量年内分配不均，枯水期水量约占全年来水量的 20%。遭遇偏枯来水年份，枯水期河道几乎断流。

中游湿地断面不同保证率径流成果见表 5-7。

表 5-7　湿地断面年径流成果表　（单位：m^3/s）

月份	P=5%	P=25%	P=50%	P=75%	P=95%
1	0.126	0.041	0.077	0.059	0.031
2	0.164	0.049	0.069	0.071	0.038
3	0.235	0.136	0.057	0.049	0.035
4	0.577	0.102	0.122	0.098	0.080
5	0.638	0.198	0.117	0.184	0.260
6	0.421	0.416	0.261	0.204	0.202
7	0.211	0.924	0.262	0.708	0.296
8	0.104	0.072	0.628	0.045	0.063
9	0.119	0.235	0.090	0.049	0.025
10	0.330	0.075	0.096	0.046	0.023
11	0.172	0.116	0.089	0.038	0.040
12	0.099	0.057	0.101	0.043	0.026
年平均	0.266	0.203	0.166	0.133	0.094
枯水期平均	0.228	0.084	0.086	0.059	0.042

由表 5-7 可知，当遭遇 P=75%保证率来水年份时，枯水期（11 月～翌年 4 月）月平均径流量为 0.059m^3/s。本地径流量不需要配建其他设施，可直接用于河道补水。

2. 中水

水量稳定，水质存在不确定因素，但可以通过深度处理工艺解决，深度处理以后的中水可作为本流域的补水水源。结合河道周边市政管网及污水处理设施建设情况，已建污水处理站共计 4 个，规模分别为 3000m^3/d、4000m^3/d、2500m^3/d、2500m^3/d，此外拟建规模为 20 000m^3/d 的污水处理厂。中水作为环境用水在河道中停留的时间与温度有关，一般为 3～7 天，不宜过长。温度越高则停留时间越短，枯水期的冬季由于气温较低可适当延长停留时间。

3. 自来水

水量确定，水质较好，但成本较高。可考虑将其作为应急备用水源，当发生突发事件，如污水管网事故造成河道水质污染时，用来冲污等。暂不考虑作为补水水源。

4. 雨水

需要建设配套设施，相对成本较高。随着雨水利用技术的发展，可考虑作为远期补水水源。

5. 外江引水

需要建设配套引水工程，运行成本较高。暂不予考虑。

综上所述，可用于河道补水的水源主要有本地径流及中水。

5.3.3 补水措施分析

1. 中游段湿地

（1）湿地水系

现状中游段湿地区行洪河道宽为 8～12m，主河槽深为 1～3m，长度为 1.8km，高程为 239～249m，落差为 10m。其间有两级跌坎，一级跌坎，滩地高程为 245m 左右；二级跌坎位于河道“卡口”处，高程为 243m 左右。河道纵断面如图 5-8 所示。两岸滩地高程多为 236～248m。

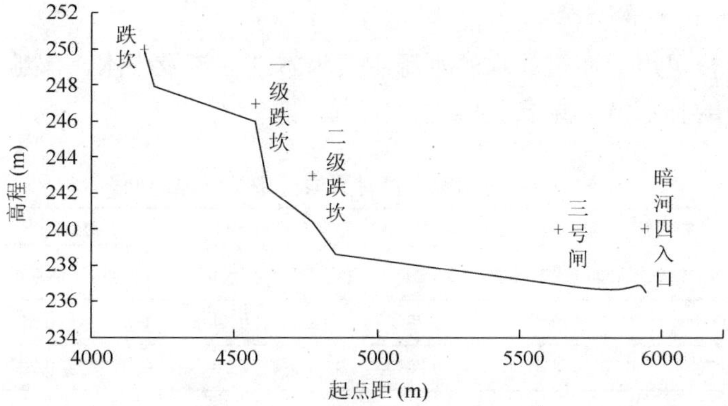

图 5-8　湿地段纵剖面图

根据湿地区地形状况，拟定湿地格局为行洪河道四级跌坎，形成四级水面，各级水面高程自上而下依次为 244.5m、243.5m、242.5m 和 241.5m。如图 5-9 所示，河道两侧形成较大表流湿地，河道与湿地间采用自由溢流方式连接。

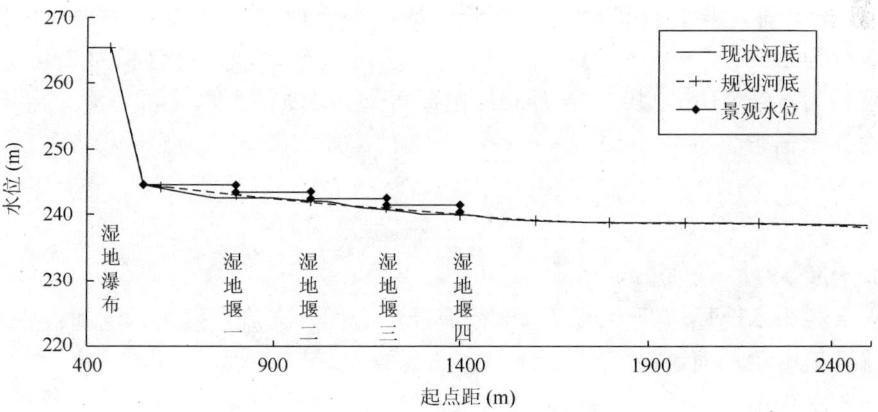

图 5-9　湿地景观水面线图

（2）用水量分析计算

根据各级水体地形及拟定的常水位，估算湿地水体体积，见表 5-8。

表 5-8 湿地水体容积计算表

水体	常水位（m）	容积（万 m^3）
表流湿地	246.0	2.46
一级水体	244.5	0.32
二级水体	243.5	0.32
三级水体	242.5	0.32
四级水体	241.5	0.32
合计		3.74

（3）补水水源

本规划已分析可用于河道补水的水源主要为本地径流及中水。湿地补水的水源及不同保证率条件下的补水量，见表 5-9。

表 5-9 河道配水量计算表（中游湿地断面）　（单位：万 m^3/d）

项目		P=5%		P=25%		P=50%		P=75%		P=95%	
		丰水期	枯水期	丰水期	枯水期	丰水期	枯水期	丰水期	枯水期	丰水期	枯水期
水源	径流	2.63	1.97	2.78	0.73	2.13	0.74	1.79	0.51	1.26	0.36
	中水	0.70	0.70	0.70	0.70	0.70	0.70	0.70	0.70	0.70	0.70
	合计	3.33	2.67	3.48	1.43	2.83	1.44	2.49	1.21	1.96	1.06

由于河道基本位于主城区，污染较为严重，因此水体在河道中停留的时间不宜过久。根据经验判断，汛期一般为 4～5 天，非汛期一般为 7～10 天。若汛期按停留时间 4 天考虑，当遭遇 P=95%保证率来水年份时，日平均来水量为 1.06 万 m^3，4 天总水量为 4.24 万 m^3。非汛期，停留时间按 7 天考虑，当遭遇 P=75%保证率来水年份时，日平均来水量为 1.06 万 m^3，7 天总水量为 7.42 万 m^3。湿地水体总容积为 2.46 万 m^3，行洪河道容积为 1.28 万 m^3，共 3.74 万 m^3。由此可知，湿地补水水源可以满足湿地 P=95%保证率的补水需求。

2. 其他河道

（1）水源

补水水源为本地径流及中水。本地径流经过沿程各支流直接进入河道；中水经深度处理后就近集中注入河道。

（2）蓄水设施

结合水生态修复需要，在新桥医院及污水提升泵站处各修建一个翻板闸。

（3）翻板闸运行调度

汛期闸门打开，水体自然流动；非汛期关闸蓄水，为保证水体水质，可根据河道水质情况，不定期地开启闸门放水。

5.4　水利工程规划

5.4.1　工程总布置

水利工程布置以满足河道水安全为目的，尊重自然，立足水系生态环境的保护与修复，坚持人与自然的和谐发展；在工程治理的总体思路上，体现水系生态环境的有效保护和水资源的合理配置，充分反映河流自然面貌，打造模拟自然河岸线的生态驳岸。

河岸堤防以自然岸线为基础，河线格局体现原生自然性——通过对现状河流的走势和构成要素的读解研究，合理维护和利用现有河岸线，对有悖河流自然规律和不能满足工程目标实现的河段，通过工程技术措施拟定河线整治方案。结合河流的防洪治理目标和生态景观的要求，开展生态工程技术的研究，采取合适的堤线方案，实现功能保护目标，维护治理河流的水系环境生态健康。

堤防结构应体现防洪功能和生态景观的结合，结构选型在强化视觉自然感的同时，运用生物技术和植物措施，致力营造区域水系生态和河流景观的环境空间。在满足安全稳定的前提下，实现工程造价的降低。

工程规模符合经济合理性——工程建设在满足河道功能和工程安全的前提下，应合理布局，力求减少土地的征占和地面附着物的拆迁，减轻政策处理难度，降低征迁赔偿，实现建设目标的工程造价降低；对现状河岸较为完整河段，在满足防洪排涝的前提下，应尽量采用景观修复措施进行修复。

根据以上布置原则，进行工程总体布置，如图 5-10 所示，主要包括护岸工程、堰闸工程、拆暗为明工程。

5.4.2　河道堤防工程

堤线规划遵循“自然、生态”的原则，以生态护岸取代传统的浆砌石硬质护岸。生态护岸是现代河流治理的发展趋势，是以河流生态系统为中心，集防洪效应、生态效应、景观效应和自净效应于一体的新型水利工程。

所谓生态护岸是指恢复后的自然河岸或具有自然河岸“可渗透性”的人工护岸，将护岸由过去的混凝土结构改造成为能使水体和土体、水和生物相互涵养，适合生命栖息和繁殖的仿自然状态的护岸。它拥有渗透性的自然河床与河岸基底，丰富的河流地貌，可以充分保证河岸与河流水体之间的水分交换和调节功能，同时具有一定的抗洪强度。

在护坡材料选取上，尽量避免选择结构形式的刚性硬质化，强化堤防形式的视觉“软性感观”，为实现总体规划的景观效果创建条件；尽量选择透气的多孔结构构筑物，为生物提供生长繁育空间；尽可能采用天然建材，防止环境二次污染。体现出人与自然的和谐关系，充分考虑人们活动的亲水需求。生态护岸可选用钢丝石笼、绿化混凝土、生态袋等结构形式。

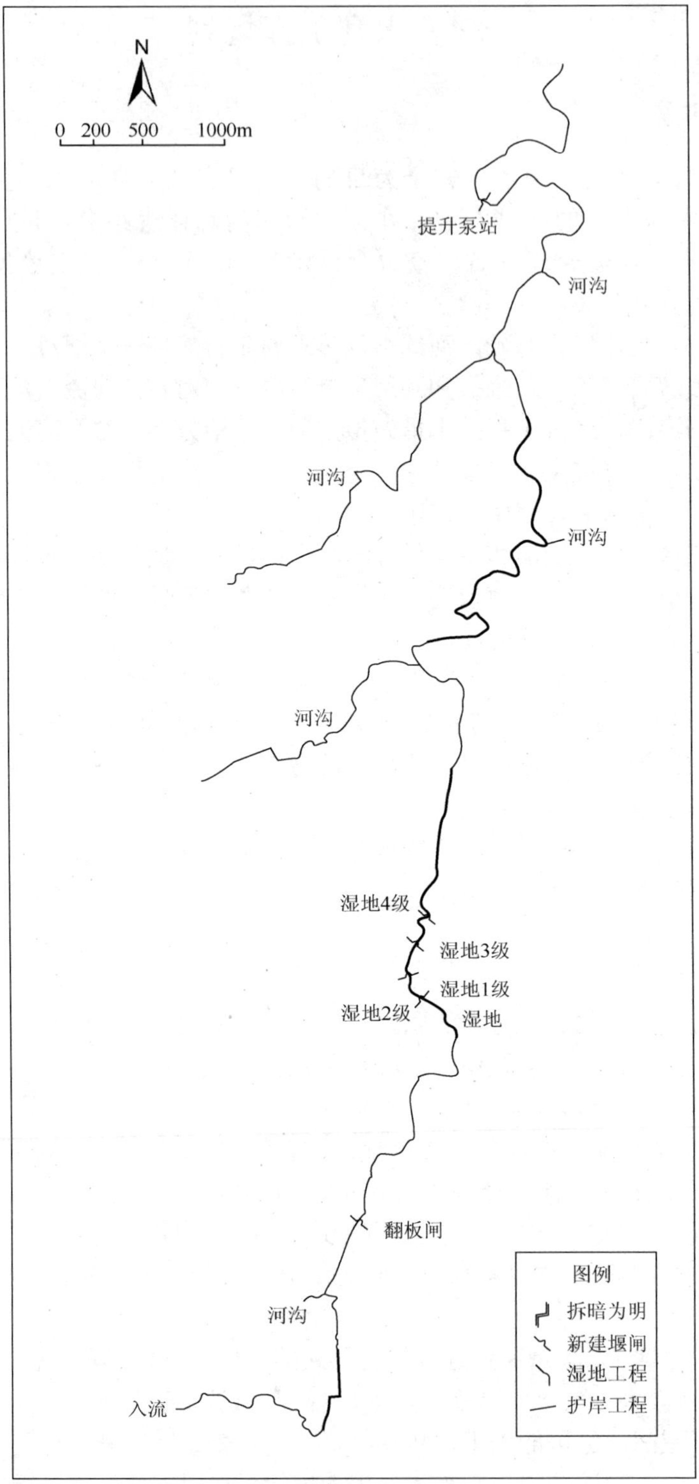

图 5-10　水利工程布置图

1. 源头至上游河段

该段河道两岸为居民生活区，河道走势蜿蜒，上游部分河道毗邻居民道路，拆建困难较大，局部河段修有护岸，无敏感保护目标，经水力计算现状河道满足防洪要求，因此对于该类型河道建议以景观修复为主。河道现状如图 5-11 所示。

(a)　(b)

图 5-11　河道现状图——工程整治起点

对上游较开阔河段的老挡墙进行拆除，采用生态袋重建护岸，使用生态袋码砌成直立挡墙，墙前抛石护脚，防止水流冲刷，河滩种植水生植物。墙内每隔一定距离设置一塑料排水带，墙后使用土工加筋格栅和生态袋进行联结，起到坚固和稳定边坡的作用，坡面植草，堤顶宽为 6m。该段河道堤防典型断面如图 5-12 所示。

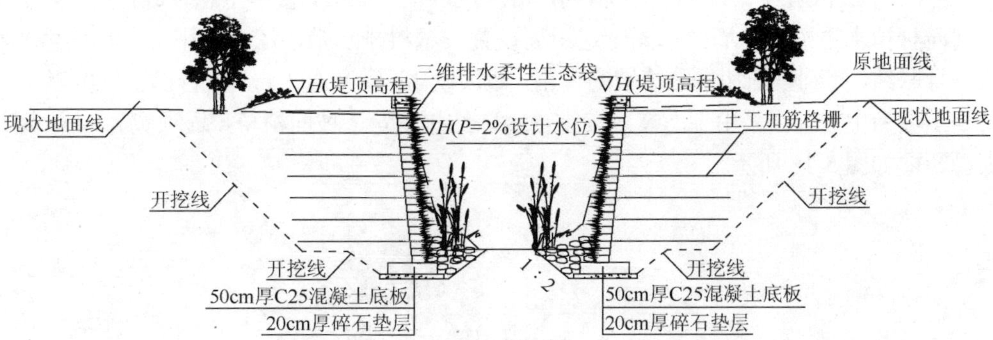

图 5-12　堤防典型断面段 1——直立式挡墙型式

2. 中游河段

中游河段全长约为 5.64km，该段河道现状为自然植被覆盖良好（图 5-13，图 5-14），考虑将其打造成为生态湿地，通过三级拦蓄工程的建设，塑造具有阶梯状、层次分明的湿地景观。堤防型式配合湿地景观的打造进行设计。

图 5-13　湿地跌水图

图 5-14　湿地跌水下游

湿地跌水下游河道坡脚采用抛块石护脚，防止水流冲刷，河滩种植水生植物，常水位以上 20cm 处设 2m 宽亲水平台，平台上下坡度分别以 1∶3 和 1∶4 土坡为主，坡面采用生态袋＋三维排水联结扣垒筑，坡面植草，堤顶宽为 6m。河道堤防典型断面如图 5-15 所示。

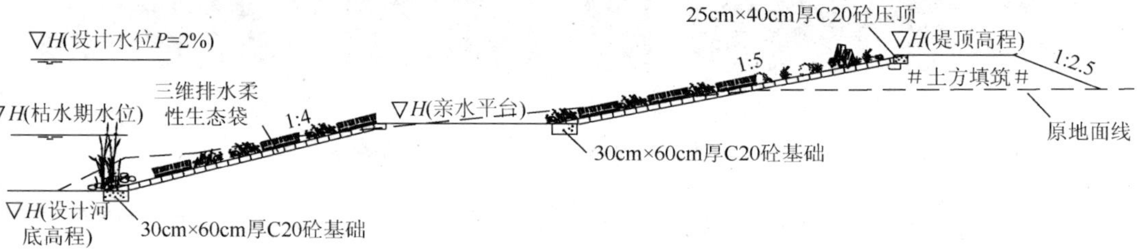

图 5-15　堤防典型断面段 2——二级缓坡型式

部分河段因地势限制，可采用挡墙＋一级缓坡型式，设计河底宽为 4～8m，坡脚抛块石护脚，防止水流冲刷，河滩种植水生植物，常水位以上 20cm 下使用生态袋进行处理，墙前抛石，河滩种植水生植物，墙内每隔一定距离设置一塑料排水带，墙后使用土工加筋格栅和生态袋进行联结，起到坚固和稳定边坡的作用，墙顶设 2m 宽亲水平台，平台以上坡度以 1∶4～1∶2.5 土坡为主，坡面采用生态袋＋三维排水联结扣垒筑，坡面植草，堤顶宽为 6m。河道堤防典型断面如图 5-16 所示。

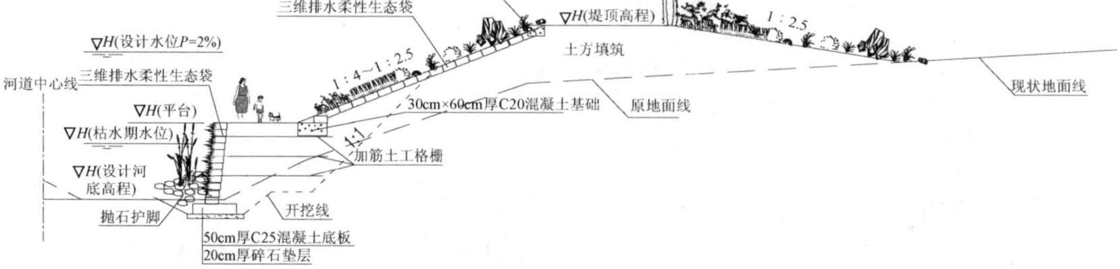

图 5-16　堤防典型断面段 3——挡墙＋斜坡式

3. 下游河段

河段全长约为 1.75km。该段河道淤积严重，水质黑臭，前期河道整治工程于两岸修建框格梁护坡及浆砌石挡墙，部分河段护岸被洪水冲毁，如图 5-17 所示，规划拆除现有硬质护岸，采用生态袋修建护岸，结合河道现状地形，采用二级斜坡式及挡墙＋一级斜坡式两种护岸型式。设计护岸采用二级缓坡型式，设计河底宽约为 10m，坡脚抛块石护脚，防止水流冲刷，河滩种植水生植物，常水位以上 20cm 处设 2m 宽亲水平台，平台上下坡度分别以 1∶3 和 1∶4 土坡为主，坡面采用生态袋＋三维排水联结扣垒筑，坡面植草，堤顶宽为 6m。该段河道堤防典型断面如图 5-18 所示。

图 5-17　下游河段

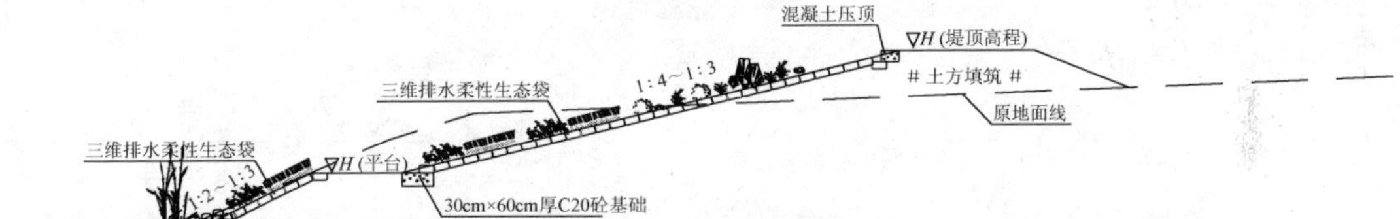

图 5-18　堤防典型断面段 4——二级缓坡型式

白鹤岭泵站上游道规划采用挡墙＋一级缓坡型式，设计河底宽为 8～10m，坡脚抛块石护脚，防止水流冲刷，河滩种植水生植物，常水位以上 20cm 下使用生态袋码砌成一小挡墙，迎水面坡度为 1∶0.1，墙前抛石，河滩种植水生植物，墙内每隔一定距离设置一塑料排水带，墙后使用土工加筋格栅和生态袋进行联结，起到坚固和稳定边坡的作用，墙顶设 2m 宽亲水平台，平台以上坡度以 1∶3～1∶2 土坡为主，坡面采用生态袋＋三维排水联结扣垒筑，坡面植草，堤顶宽为 6m。

4. 河口段

河口段，全长约为 1.56km。该段现状基本为自然岸坡，如图 5-19 所示。该段河道河槽较深，受嘉陵江回水顶托影响，设计水位远高于河底高程，河道两岸后缘为山体，城市建筑地坪标高满足防洪要求，且河漫滩区域无重要防洪对象，故河段护岸设计仅按生态及景观要求修建，以河道疏浚、拓宽及堤岸防护为主，规划护岸采用二级斜坡式护岸型式，避免采用缺乏生气的浆砌块石挡墙方案，以达到生态景观要求。

图 5-19　河口段

生态护岸采用二级斜坡式护岸型式，护岸高度约为 4m，设计河底宽度约 13m，坡脚抛块石护脚，防止水流冲刷，坡前河滩种植水生植物，常水位以上 20cm 处设 4～5m 宽亲水平台，平台上下设计边坡约为 1 : 4，坡面码砌生态袋，坡面植草。该段河道堤防典型断面如图 5-20 所示。

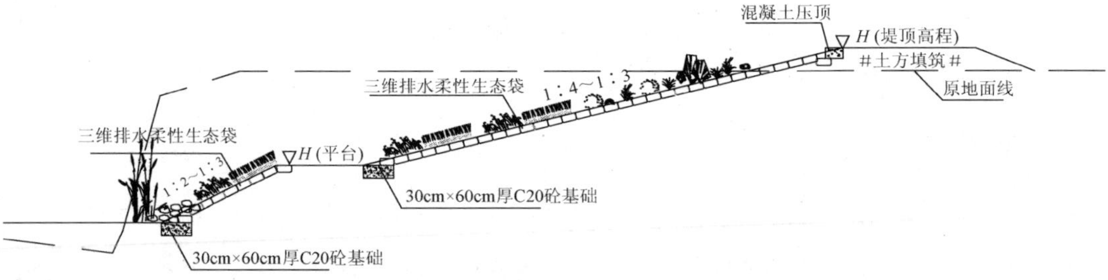

图 5-20　堤防典型断面段 5——二级斜坡式

流域综合整治规划堤防统计表，见表 5-10。

表 5-10　流域综合整治规划堤防统计表

河道名	现状描述	主要功能	主要规划堤防型式	防洪标准	堤防长度（km）
源头至上游河段	部分河段修有护岸、部分自然河道，有植被覆盖	防洪排涝	一级挡墙、挡墙＋一级缓坡	50 年一遇	4.20
中游河段	河岸宽阔，两侧多为绿地和未开发区域，有植被覆盖	防洪排涝	挡墙＋一级缓坡	50 年一遇	5.64

续表

河道名	现状描述	主要功能	主要规划堤防型式	防洪标准	堤防长度（km）
下游河段	为新城建设区河道，部分河段修有护岸	景观修复	挡墙＋一级缓坡	—	1.75
河口段	为嘉陵江入口河段谷深坡陡，呈峡谷状，两侧岸上为主城区，部分河段修有护岸	景观修复	二级缓坡	—	1.64

5.4.3　闸坝工程

因河道曝气设施的水位要求以及景观需求，河道内需有一定深度的景观水位，但该河道水量较少，局部河道甚至断流，通过修筑拦蓄工程，能有效缓解流域行洪压力，增加调蓄水量，保障下游河流的生态和景观需水。规划拆除现有提升泵站处拦河堰坝，并于原址修建一处拦河闸坝，同时于湿地上下游规划设置 4 座拦河建筑物，规划堰闸设计参数见表 5-11。

表 5-11　规划堰闸设计参数表　　（单位：m）

堰闸编号	上游 P=2%水位	下游 P=2%水位	常水位	设计底高程	设计流量 P=2%	尺寸（宽×高）
1#翻板闸	286.8	286.2	285.22	283.72	53.1	6×3
湿地 1#堰	246.48	245.52	244.5	243.5	161	20×1.0
湿地 2#堰	245.52	244.71	243.5	242.5	162	20×1.0
湿地 3#堰	244.71	244.47	242.5	241.5	163	20×10
湿地 4#堰	244.47	244.08	241.5	240.5	165	20×1.0
提升泵站拦河	183.496	183.44	173.2	171.744	221.471	20×3

5.4.4　拆暗为明工程

在城市建设中，部分河道成了暗河。上游河段暗河全长约为 600m，暗河处易形成行洪卡口，阻碍行洪；暗河现状的暗河有隐蔽的排污口，污染河道；由于暗河不易于通风透光，易造成水质恶化，影响水环境，如图 5-21 所示。因此，规划根据河道两岸的具体情况，拆除城市建设中的违章建筑，拆除暗河，新建明渠，改善水环境。

新建明渠采用生态袋重建护岸，设计河底宽为 3～7m，使用生态袋码砌成挡墙，迎水面坡度为 1∶0.1，墙前抛石护脚，防止水流冲刷，河滩种植水生植物。墙内每隔一定距离设置一塑料排水带，墙后使用土工加筋格栅和生态袋进行联结，起到坚固和稳定边坡的作用，坡面植草，堤顶宽为 6m。该项工程典型断面如图 5-22 所示。

图 5-21　上游暗河入口

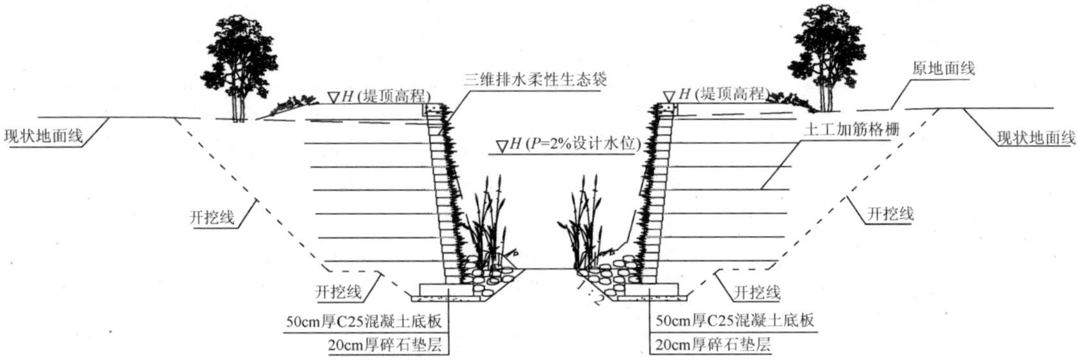

图 5-22　拆暗为明工程典型断面图

第 6 章　流域水环境综合整治规划

6.1　水质状况及污染源分析

6.1.1　水质状况

由于排污设施不完善，缺乏有效的截污屏障，上游大量的生活污水、工业企业废水以及农业面源污染未经处理就直接或经由支流排入河道，对河道造成严重污染，使河道水质恶化，水体发黑发臭。该河道水质总体呈劣Ⅴ类。根据主河道及其支流 6 个断面现状水质监测资料，总体水质呈劣Ⅴ类。

6.1.2　污染源分析

由水质分析可以看出，流域内 NH_3-N、TN 超标严重，总体环境较差，其原因可以归结为以下方面。

1. 生活与生产污水

据调查现状河道两岸已敷设截污主干管，由于截污不彻底，仍有部分污水尚未处理直接进入河道，对流域造成了一定污染。

1）上游生活污水和工业污水未经处理直接排入河道；

2）上游部分污水未实现完全分流，部分污水仍直接排入河道；

3）流域沿线几个主要污水排放口未截流；

4）流域内中小企业无污水治理设施，偷排漏排的现象仍然存在。

2. 垃圾污染

流域垃圾未实现全面清理，对水体造成一定的污染。环卫设施标准偏低，垃圾收运设施设备陈旧，城市生活垃圾收运系统的管理水平亟待提高。同时，环保意识落后的状况也亟待改变，需帮助流域区内的居民树立起“环保从我做起”的自觉意识，使之在垃圾收运系统建立起来后，形成家庭生活垃圾集中收集、分类存放等后续处理的良好习惯。

3. 面源污染

流域两岸仍存在一定的面源污染，也对河道的水环境也带来了一定影响，其主要集中在上游源头河段。

4. 内源污染

由于长期受到工业、生活污水以及垃圾污染，致使河道内底泥淤积。底泥中大量污染物会向水体释放出来。特别是当水流速度较大，底泥受到扰动时，底泥对水体的污染更为严重。

6.2 水环境污染整治规划

6.2.1 水环境综合整治思路

在对流域周边的市政基础设施建设进行全面深入了解分析的基础上，针对城市建设产生污染的原因，提出根治方案，以实现流域的污染控制目标，使流域水质由劣Ⅴ类改善到Ⅳ类。

1. 外源控制——截污

外源控制是解决污染负荷的重要途径，是实施河道生态修复的前提及必备条件，只有外源得到了有效控制，作为末端治理技术的水环境污染治理才能见效。水环境治理，必须对全流域沿线的污水进行拦截，杜绝污水排入河道，才可能从根本上改变水质现状。

思路：从点面结合、近远结合、水陆结合 3 方面考虑。

点面结合：生活、工业污染源控制与初期雨水污染控制并重。

（1）点源控制

点源控制包含两个方面，一方面是指合流地块的分流制改造；另一方面是新建地块的分流制管网建设。

1）河道整治应与周边地块开发整治相结合，在河道整治的同时，完成沿线区域污水纳管工程建设，严格执行“三同时”制度，即污水主干管、支路污水收集系统及内部地块污水收集系统应同步投入使用，确保新建区域 100%截污。

2）工业污染源控制：结合本工程实际情况，对流域沿线保留的工业企业实施污染总量控制，使污染物达标排放。

3）对布置较为整齐，外部市政配套较为完善、有条件实施分流截污的区域，应严格实行雨污分流的排水体制，实施分流截污。

4）对于未经规划，布置相对散乱的区域，分流存在相当大的困难，建议近期实施合流截污，远期结合地块改造，再逐步改合流制为分流制。

（2）面源控制

面污染源主要包含初期雨水污染及农业面源污染。

1）初期雨水污染控制措施。在雨污分流区域，根据区域位置的重要性，增设初期雨水收集系统；在雨污合流区域，转换现有截流管截流功能，增设初期雨水收集功能；在新建地块，提出地块水面率指标控制，从源头控制初期雨水污染。另外，需加强立法，控制地面不透水性材料的应用比例，修复水系自然循环之路的同时，利用土壤自净能力，控制初期雨水污染。

2）农业污染控制措施。化肥减量化，推广生物农药，减少化学农药使用量。优化农业生态模式，应用节水灌溉技术。推广治理面源污染的生态工程技术。

近远结合：近期沿河截流管设置与远期地块分流改造相结合。

水陆结合：水域治理与周边陆域整治相结合。

2. 内源控制——清淤

在控制外源污染的同时，应同样重视河道清淤、底泥修复等问题。由于底泥的淤积，影响了河道正常的泄洪排涝，底泥中的污染物成为河流的内存污染源。通过清理河道淤泥，可改善河道底泥状况，大幅度减少河道的底泥内源污染，为河道恢复自净能力创造条件。

6.2.2　污水工程规划

1. 规划原则

（1）可持续发展原则

从可持续发展、保护生态环境的要求出发，防止和减少水污染、逐步改善流域环境，形成城市发展和排水工程建设同步有序的局面。

（2）可操作性原则

充分调查现状有关资料，尽量利用现有的管道及设施，做到流域污水排放与重庆市主城区排水工程污水截流干管合理衔接，使规划具有可操作性。

（3）因地制宜的原则

方案从流域实际出发，充分考虑城镇的发展，在实际规模确定及系统选择上，既要立足现实，又要高起点，以合理的标准进行规划设计。

（4）远近结合的原则

合理做到既有远期目标，又有近期安排，远近结合，更好地发挥污水工程的环境效益、社会效益和经济效益。充分认识到城市社会、经济发展的不可预见因素，在总体规划的指导下考虑远期的规模和建设的滚动发展。

2. 排水体制

排水系统一般可分为合流制排水系统和分流制排水系统两种。

（1）合流制

合流制排水系统又分直排式合流制和截流式合流制。

直排式合流制将雨、污水混合不经处理或利用，就近直接排入水体，此种排水体制大量应用于我国的城市老城区，虽然投资省，但对水体污染严重，已不能满足对环境保护的要求。

截流式合流制是对直排式合流制的改进，沿水体岸边铺设一条截流干管，并在截流干管与原合流干管相交处设溢流井。晴天和初雨时，所有污水（包括初期雨水）均被截流输送处理，当雨量增大超过设定截流量时，将出现溢流，部分混合污水经溢流井直接溢入水体。此种体制可降低污水处理的规模与投资，同时可减轻对水体的污染，但对水体污染仍较严重，尤其在多雨地区，随着环境保护标准的提高，其已不能满足要求，因而仅适合作为原老城区直排式雨污合流制改造为分流制的过渡体制。

（2）分流制

雨污分流制可分为完全分流制、不完全分流制和半分流制。

完全分流制为雨水系统与污水系统完全分开，生活污水、工业废水通过污水收集系统排至污水处理厂处理，雨水则通过雨水系统就近排放。此体制已广泛应用于城市新区和老城改造区。

不完全分流制只设污水排放系统，没有完整的雨水排放系统，污水通过污水收集系统送至污水处理厂，雨水则通过地面漫流进入不成系统的明沟或小河，然后进入较大水体。此种排水体制投资少，适合于地形适宜、地面水体发达且处于发展中、建设资金较紧张的小城市、开发区或城镇。

半分流制既设有污水系统，又设有雨水系统，其与完全分流制的区别在于：雨水干管上设雨水跳跃井，可截留初期雨水和街道冲洗废水进入污水管道，雨水流量不大时，雨、污水一起引入污水处理厂处理，雨水流量超过截留量时，将跳跃截流口经雨水出流管流入水体。此排水体制适用于经济发达、生活水平高、对环境保护要求高的城市或城镇。

城市排水体制的选择应结合城市排水现状、经济发展水平、城市建设规划、环境保护要求、地形地质、自然条件及工程投资等因素综合考虑确定。

（3）流域排水体制选择

根据目前实际情况原则要求新建区域严格实行雨、污分流制，建成区为截流式合流制和雨污分流相结合，可先以截流式合流制过渡，今后视改造条件逐步改造成分流制，对于改造确实困难的区域可保留截流式合流制，新区排水体制为雨污完全分流制。

3. 污水工程规划重点

污水工程的重点是污水管网系统的完善，加强三级管网的建设，尤其是对沿线居民生活用水和工业企业的纳污，并对现状几个主要排放口进行全面截流。

（1）重要截流区域方案

根据现场调查及水质分析，上游居民点较多，而且现状多为雨污合流制排水体制，应对该区域进行重点截流。根据居民点、工业企业管网调查和现状勘察资料进行封管分流设计，首先查清现状小区雨、污支管系统和雨、污干管，以规划为依据因地制宜地采取雨污分流或合流制污水系统的截留措施。经调查分析，目前对流域两侧大致分以下几种情况进行截流。

1）对已彻底实行分流制的住宅小区、企事业单位、公共建筑的污水管就近接入二级污水管网，并在接入井处堵住原污水管的出口，如图 6-1 所示。

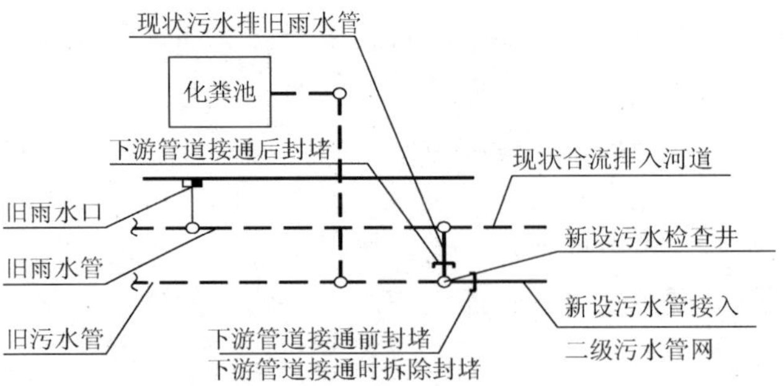

图 6-1　现状分流制排水管系统的改造示意图

2）对实行合流制的住宅小区、一些企事业单位、公共建筑，由于其人口密度大，污水排放集中，化粪池等设施比较完善，且今后重新改造的可能性不大，因此要实施彻底的雨、污分流，即在每座建筑物化粪池后第一个检查井处将污水就近接入新建的污水管，将旧合流管作为雨水管，如图 6-2 所示。

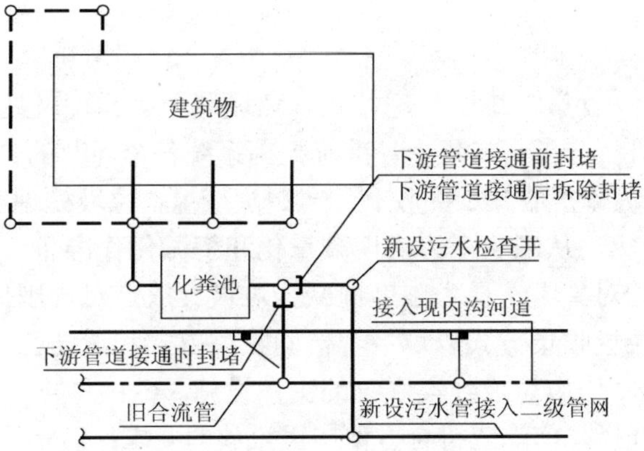

图 6-2　现状合流制排水管系统的改造示意图

3）对地块内已建有排水系统，但区域街道狭窄，雨、污分流困难的情况，此时应以最大程度地截流收集污水为原则，采用截流式合流制方式进行管网改造，如图 6-3 所示。

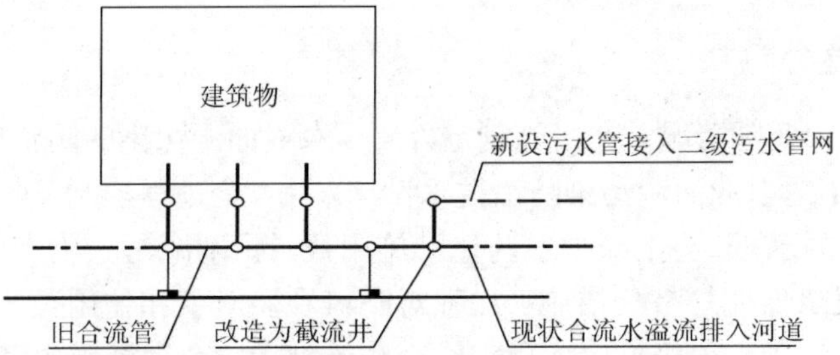

图 6-3　现状排水改造为截流式合流制示意图

（2）现状沿线排放口截流

据现状调查，河道沿线有若干排放口，近期拟对这些排放点进行全面截流，减少污水的直排对河流水体的污染。针对该情况，在排放口前新建污水截流井，截流倍数取 1，截流后的污水接入现状的二级污水管网后通过城市一级污水管网输入污水处理厂进行处理，如图 6-4 所示。

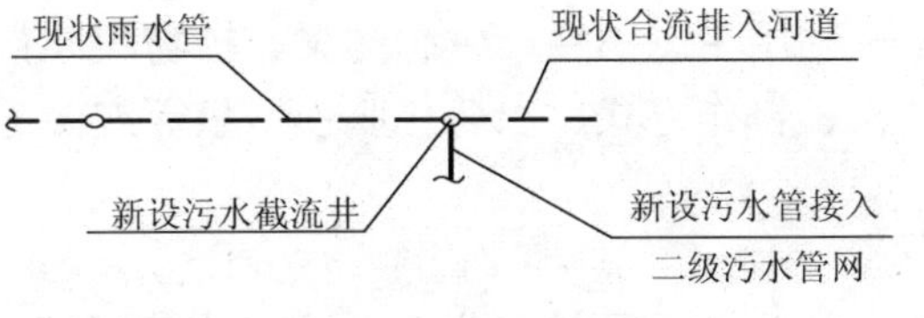

图 6-4　现状排放口截流示意图

6.2.3 生活垃圾治理规划

1. 规划原则

减量化、无害化、资源化。

2. 规划方案

生活垃圾采取统一收集、统一处理方式，垃圾统一运往垃圾处理场处理。

1）推荐生活垃圾一分类、二集中，准确把握系统各个环节的自行运转和系统整体的协调性，逐步推行垃圾分类收集、回收利用、源头减量；垃圾处理实现资源化、无害化。推行生活垃圾分类收集，从源头上为实现减量化和资源化作准备。

2）分类收集点相对集中，最大限度地减少垃圾存放点对周围环境的影响。

3）住宅区生活垃圾收集方式以垃圾容器间收集方式和清洁工人上门收集方式为主，并以集装箱垃圾收集站作为垃圾收集系统的主体设施。

4）收集设施的选择，前端应符合方便居民投放的要求；后端应适应与处理场配套的运输设备及工艺的要求。

5）运输设备尽可能采用密闭车运输以减少污染。

6）对流域水上垃圾定期进行清理，减少垃圾对水体的污染。

6.2.4 农业面源污染治理规划

1. 原则与思路

根据规划区农田实际情况，在措施制定方面，农业面源污染的防治应采取“预防为主，防治结合”的原则；对农业面源污染防治技术设计采用“全过程控制、点线面结合”的原则。

“预防为主”是指在源头上减少农药化肥施用数量，削减污染物产生的“源”。应积极开展农用化学品质量保证与替代措施；加强对肥料农药质量和使用数量的监督管理；加强对农膜使用的监督管理。积极推广病虫害综合防治技术，合理施用农药化肥，减少农药化肥的使用数量，使农药化肥单位面积平均使用量低于全省平均水平。采用农艺措施和生物多样性防治技术；积极发掘和使用植物性农药和生物农药；大力推广机械物理防治法。

“全过程控制”具体指通过对流域内的农田进行综合整治，优化农业耕作方式（使用喷灌、滴灌技术等），在污染物产生、流失的过程中，通过生态田埂、生态沟渠、池塘系统和植物缓冲带等进行多层次拦截吸收，减少污染物进入河道的数量。农田综合整治的各项措施布置在集中连片的农田，主要位于河道上游。

“点线面结合”具体指：点——利用池塘系统构建人工湿地，对各类污染物质进行集中、分解、吸收；线——利用生态田埂、生态沟渠、植物缓冲带对污染物质进行拦截、吸收；面——从农业结构、耕作方式、农药化肥使用量等方面进行控制。

2. 生态田埂

农田地表径流是养分损失的重要途径之一，现有农田的田埂宽、高一般只有 20cm

左右，遇到较大的降雨时，很容易产生地表径流。根据估算，在现有田埂的基础上加高10～15cm，就可有效防止30～50mm降雨时的地表径流，从而可减少大部分的农田地表径流。同时在田埂的两侧可栽种固土效果好，吸收能力强的植物，形成隔离带，在发生地表径流时可有效阻截养分，也可有效地控制地表径流的养分损失。

生态田埂采用在原有田埂上夯土加高的方式构建，部分原有田埂过窄的还需加宽，然后在两侧边坡撒播草籽进行覆绿。生态田埂两侧边坡撒播草籽应选用固土效果好、吸收能力强、管理粗放、能形成稳定群落，并具有一定经济效益的草种。根据惠安县常用的绿化草种，方案选择紫云英、白三叶和黑麦草等。同时，鼓励农民利用田埂栽植各类作物，如沿田埂两侧栽植大豆等。

3. 生态沟渠

根据现场调查，流域内现有农田的排灌系统较为混乱，基本为就近直接排入河道，难以对农田排水中携带的悬浮物及其携带的养分进行集中处理。

规划拟对整治田块的排灌系统进行重新梳理，通过改造现有的斗渠和农渠，理顺农田排灌系统，并将沟渠进行生态化处理，在农田排水过程中吸附、分解、吸收各类污染物；同时为田间排水进入河道前的集中强化处理创造有利条件，有效减少污染物进入河道的数量。

生态沟渠主要包括斗渠和农渠两部分。为节约用地，降低工程量，节省工程投资，农田水渠改造采用排灌两用，并尽量利用原有水渠改造。斗渠线位基本沿田间道路一侧及地块中间位置布置，以方便施工和后期管理维护，农渠基本沿田埂内侧布置。由于斗渠水流量较大，且流速较快，需进行衬砌，并在沟底摊铺一定级配的碎石，作为栽植水生植物的基底，通过植物吸收水中的养分，对农田损失的养分进行有效拦截；农渠水流量较小，且流速较慢，采用土质沟槽即可，同时栽植各类水生作物，吸收水体中的营养物质，提高经济效益。生态沟槽中的栽植植物一般应选择适应一定水流流速、一定水深、具有较好吸收营养物质能力以及能形成较为稳定群落的草种。根据惠安县乡土水生植物的分布情况，选择眼子菜、香蒲、泽泻、慈菇和野芋等。

4. 池塘系统

池塘系统是一类特殊的人工水塘湿地生态系统。通过修建池塘系统（也称暴雨滞留池），使污染物得到有效的沉降、吸收、分解，是欧美一些国家中面源污染控制的一种有效生态方法。池塘系统利用天然低洼地或人工开挖的水塘削减面源污染。池塘系统成本低廉，在滞留径流、循环利用水和营养物质、提高水资源利用率、增加生物的多样性方面有很好的效果。池塘系统效率受入水和降雨时空的影响较大，其功能较单一，对系统中植物的种类有一定要求，占用一定的土地资源。

通过生态沟渠梳理农田排灌系统，使农田径流有序排入河道。在排入河道前，在生态沟渠末端设置池塘系统，集中强化处理田间排水，尽可能削减田间排水进入河道携带的污染物数量。池塘系统可利用农村现有的池塘或新开挖的池塘构建人工水塘湿地，种植挺水和浮叶植物等，用来充分吸收和利用农田损失的养分。为减少池塘系统对当地居民的影响，种植的植物可以是具有一定经济价值的品种，既保证收获，又能改善水质。

池塘系统一般利用农田间的池塘构建，一般布设在农田排灌系统进入河道前的位置。池塘系统应具有一定的面积和蓄水量。一般来说，池塘系统主要用于收集因暴雨形成的农田径流初期雨水，以及农田常规排放量。由于农田常规排水量一般较小，方案按收集暴雨初期雨水估算池塘系统规模。

池塘系统的引排水系统主要通过对现有农田排灌系统改造完成，即将现有农田排灌沟渠接入到池塘内，田间径流经池塘系统处理后再通过排水口进入田间沟渠，最后进入附近河道。

池塘改造包括两方面：一是对容量不满足需水量要求的池塘，采用挖大、挖深进行改造；二是对池塘基底进行改造，即挖除部分底泥，在栽植植物的位置铺设具有各种透水性的基质，如土壤、砂、砾石、卵石等。

池塘系统应选用适于在饱和水和厌氧基质中生长的湿地植物，如芦苇、香蒲、鸢尾、野芋、灯心草、水葱、稗草等。同时，为尽量减少池塘系统构建对当地农民的影响，植物选择还可以选用茭白、菱、莲藕等经济作物，同时投放鱼苗等，以提高农民的经济收入。

5. 植被缓冲带

滨水植被缓冲带是布置在河道两侧的条带状的以植物为主体的生物群落，其主要作用为稳固堤岸，丰富生物多样性，美化景观以及通过生物群落对污染物的过滤、吸附、分解、吸收等作用减少污染物进入河道的数量。

滨水植被缓冲带建设的总体思路和基本原则为以下几个。

1）对满足要求的缓冲带予以保留，并加强维护。

2）对宽度不足的缓冲带适当加宽，并严格控制河道管理范围内的农业耕作。

3）重建缺失的缓冲带。

4）对确有必要的河段硬质化予以保留，对有改造条件的河段进行生态化改造。

5）对景观要求较高的河段在植物选择、配置模式等方面应考虑景观要求。

缓冲带一般设置在下坡位置，与地表径流的方向垂直。考虑到暴雨期洪水泛滥所产生的影响，植被缓冲带的位置应选择在泛洪区边缘。缓冲带宽度根据其生态功能以及与用地之间的平衡确定，一般按10～50m控制。

滨水植被缓冲带发挥其生态功能的最小宽度见表6-1。

表6-1　滨水植被缓冲带最小宽度

服务功能	最小宽度（m）	备注
去除养分	5～60	取决于水力水、土壤和养分负荷等
控制泥沙	10～90	取决于岸坡坡度、土壤类型和泥沙含量
稳固河岸	8～16	选择根系深、萌蘖能力强的植物
控制洪水	8～60	取决于河道等级和洪水类型，选择抗冲耐淹能力强的植物

续表

服务功能	最小宽度（m）	备注
鸟兽栖息地	8～90	取决于相关物种，选择乡土植物进行重建，特别是能提供大量食物和庇护场所的植物
水生生物栖息地	18～35	选择能季节性提供凋落物的乡土植物
调节水温	15～35	取决于河道的宽度和方向，以及植物的高度、密度和冠幅等

结合地块的地形条件、用地类型等，为节省用地，植被缓冲带按 20m 宽度控制，局部可适当加宽或缩小，以较小的用地代价获得较高的面源污染控制效果。植被缓冲带宜与护岸工程一并建设。

根据区域立地条件，植物缓冲带选用的植物应具有固土效果好，吸收营养物质能力强，生长迅速，管理粗放等特点，能形成稳定的植物群落，并具有一定的景观效果。根据流域当地的植物种类，乔木拟选用合欢、小构树、苦楝、枫杨等；灌草选用大青、牡荆、桃金娘、千屈菜、灯心草、蘸草等。乔木栽植密度一般为 800～1500 株/hm^2，块状混交或带状混交；灌草采用撒播的方式，撒播密度一般为 60～80kg/hm^2。

6. 管理措施

（1）种植结构调整

改变种植结构，在流域内发展经济林业、无公害食品、绿色食品、有机食品，减少或杜绝污染物产生，控制叶菜等高施肥量农作物，发展不施用或少施用化肥的农作物、优质果园和经济果林。

（2）施肥系统调整

a. 推广配方施肥

推广测土配方施肥，减少盲目施肥。立足农业生产，做到因土、因作物、因生育期、因肥效配方施肥推广有机肥，不断优化配方施肥技术，在配方上坚持大量元素和微量元素相结合，逐渐向微肥发展。根据种植结构的调整，参考不同作物对养分的需求，测试土壤养分含量，对流域内耕地进行测土配方，以减少化肥的使用量。

b. 增施有机肥料

引导农民因地制宜地开发利用有机肥源。无机肥、有机肥结合施用，推广平衡施肥。

c. 推广化肥深施技术

表面施肥增加了径流溶解、挟带的机会，流失量增加较大，而化肥深施技术已作为节本增效工程，在全国推广实施，可防止抛撒，减少流失和污染，提高肥料利用率和经济效益。

（3）大力提倡节水灌溉

要从源头上控制农村面源污染，应对节水灌溉重新认识。节水灌溉是节约水资源的要求，更是缓解农村面源污染的重要途径。为了降低因地表径流和人为排水所造成的氮磷素流失污染负荷量，应力求使土壤在施肥后充分吸附氮磷素，减少其存留于田面水的含量。同时，必须实行合理的、有控制的灌溉，建立定额灌溉水制度，通过水量平衡原理计算灌溉定额。

6.2.5 畜禽养殖治理规划

1. 规划思路

（1）逐步清退，合理保留

根据相关规划对畜禽养殖空间的划定（禁养区和限养区）、实施措施等方面的具体规定，明确禁养区、限养区界定标准，遵循养殖空间布局规划，逐步清退禁养区内的养殖场，合理保留限养区内的养殖场。

（2）集约化发展

节约土地，便于污染集中治理，提高生产经营效益，有效防控重大动物疫病，必须推动集约化生产，发展规模化生产基地建设。

（3）合理规模，种养平衡

根据农业种植面积和有机肥料的消纳能力，合理规划养殖场的规模，促进畜牧业循环经济体系的形成。对养殖场的污染物要集中处理，将其加工成有机肥，变废为宝，这对维护农村地区生态平衡具有重大意义。

（4）科学选址，保护环境

严格遵循畜禽养殖污染物控制等相关标准提出的选址要求，改变目前人畜混杂的局面，并对养殖企业从畜牧场环境、引种、饲养条件、兽医防疫、卫生消毒和饲养管理等方面进行规范控制，达到无公害养殖要求。

2. 规划方案

（1）区域划分

1）禁养区范围：流域及其沿岸 200m 范围内的陆域和支流 100m 内的陆域。

2）限养区范围：除禁养区外，其他区域为限养区。

3）禁养区、限养区整治任务：禁养区内不得新建和扩建各类畜禽养殖场，取缔或关闭在流域禁养区内的所有畜禽养殖场（户）。限养区实行总量控制，禁止新建、扩建畜禽养殖场（禁养区迁入的除外）；已有的畜禽养殖场必须完善环境保护手续及污染综合整治措施，不得设置养殖废水排放口，取缔违章建设或没有治污设施的养殖场（户），实现畜禽养殖废渣、废水污染零排放。

（2）实施措施

1）强化治污责任。结合流域综合整治，制定重点畜禽养殖场无害化处理达标方案，按照“谁污染、谁治理，谁治理、谁得益”的原则，层层签订污染防治工作责任状，将规模化畜禽养殖场污染综合治理工作纳入各级政府和职能部门的年度考核内容。

2）加大治污力度。对养殖场进行改造，粪便处理按照干湿分开、雨污分离的要求，充分利用院菜地、花卉苗木基地等实施粪便综合利用，实行零排放，加快推进阳澄湖地区生态建设步伐。畜禽养殖场实行三级化粪池，对粪水进行处理，力争全面达到排放要求。

3）实施综合利用。根据养殖生产规模、饲养品种、污染程度，采取“雨污分离、干湿分开、饮污分离、种养结合”的方法，全面推广畜粪还田、畜粪综合利用等技术，实施畜牧业生产的可持续发展。对现有的养殖场，与环境保护部门一起进行污染治理规划设计，防止畜禽养殖污染治理的反复。

4）推广生态养殖。积极推广种草养牛、种草养鹅、林地草鸡、粪肥发酵还田种蔬菜和苗木地的生态养殖模式。控制氮磷素排放。采用低氮、低磷或无磷饲料及其添加剂，控制排放。提倡使用生物制剂、酶制剂和植物提取液等活性物质，减少甲烷和硫化氢等恶臭气体的排放。加快畜禽生态养殖，促进畜牧业健康发展。

6.2.6　河道清淤

底泥的淤积，不仅影响河道正常的泄洪排涝，且对上覆水体水质也具有明显影响，尤其是当河流流速增大，底泥扰动再悬浮时，水质影响更为突出。因此，通过清理河道的淤泥，改善河道底泥状况，大幅度减少河道底泥的内源污染，可为河道恢复自净能力创造条件。

1. 治理原则

1）河道淤泥按照由新到老的顺序清除，根据地质报告确定深度，原则上不清除河床老土层。

2）清淤过程中应保证库岸稳定，尽量减少河道清淤对两岸边坡的影响。

3）能够满足水环境要求。

4）由于污染底泥疏浚工程量大，宜选择处理成本低的生产工艺，节省工程投资。

2. 清淤方案

根据河流的不同特点，按照重点清淤和一般清淤相结合的原则，对穿越城区和场镇淤积严重的河段，采取重点清淤，对穿越部分农村河段和城郊结合段、河道淤积相对较小的河段，仅采取一般清淤。

根据近年河道清淤工程的经验，目前河道清淤采取的主要措施有虹吸清淤、挖泥船清淤、水力冲挖机组清淤、气举清淤、挖掘机清淤以及人工清淤等方式，各方案清淤的原理、优缺点见表 6-2。

表 6-2　不同施工机械清淤方案比较表

清淤方案	原理	优点	缺点
虹吸清淤	利用河流上下游水位落差，通过操作船、吸头、管道、连接物组成的虹吸清淤装置将上游河道淤泥用输泥管排到下游	动力小，操作方便，投资省	需要较高的作用水头
挖泥船清淤	利用装有绞刀、靶头、吸头、抓斗等设备的挖泥船，对某一区域进行清淤	可用于水位较深的河流	售价高，不便于山区河流使用，清淤不彻底，生态清淤效果差，且惠安城区不适用
水力冲挖机组清淤	河道分段筑坝后，布设水力冲挖机组。泥浆泵就位后，用高压水枪粉碎泥浆，管道输送至排泥场	机械体积小，移动方便，清淤速度快，施工成本低	需要分段围堰

续表

清淤方案	原理	优点	缺点
气举清淤	气力输送系统与振荡脉冲射流相结合的新型清淤工具，开采与抽取同时进行	设备简单、工作可靠、维修方便，可根据需要进行机械清淤，或调整参数同时进行环境清淤，适合于山区河流的清淤	需购置设备，一次性投资较大，本工程河道两侧道路较窄，车载式或船载式不太适用
挖掘机清淤	利用抓斗对某一区域进行清淤，挖掘机加长臂可达 18m，适合于水深较浅，河道较窄的河流	施工方便灵活，操作简单，设备投入少	受河道水深影响大，对下游河道水质影响大，清淤效果不明显
人工清淤	人工办法进行挖泥清除淤积物	清淤不受场地限制，清淤灵活	清淤不彻底，工期长，投资大

根据河道现状和已有河道清淤经验来看，建议采用挖掘机清淤为主，人工清淤为辅的方式进行。

挖掘机清淤的主要施工工艺流程为：河道围堰抽干河水—挖掘机挖泥至运泥车—运泥车外运至堆泥场（若底泥含水率太高，可先在岸边临时堆场内自然干化后再外运）。该方式主要用于可以断流放干河水的河道。其施工程序简单，费用相对较低。但运泥车应密封运输，防止淤泥沿途洒落地面。

人工清淤即采用人工办法进行挖泥、清除淤积物。对于局部无法采用机械清淤的河段采用该方式。

3. 河道底泥处置

（1）底泥处置原则

清淤的污染底泥在淋溶及浸出条件下，其中所含重金属和氮、磷及有机污染物等可能扩散转移到环境中，必须予以妥善处置。处置的一般原则为以下 3 点。

1）选择适宜的底泥堆存场地，在与城市总体规划一致的条件下，尽量选择地下水位低、土层吸附性能好的地带作为堆场场址。

2）对污染物和重金属含量相对较低的污染底泥，可按一般堆填方式作业，并对堆场采取一定的防渗措施。

3）对污染物和重金属含量高的污染底泥，堆放地点应尽量离开水体，并加强污染防范措施。

（2）底泥污染处理技术

底泥的污染处理是污染底泥异位处置中费用昂贵的单元。底泥的污染处理技术按其去除污染物的原理不同，可分为 3 类。

1）破坏底泥中的污染物或将其转化为低污染的物质，包括焚烧、热解、高温高压氧化、玻璃化、化学处理和生物降解等技术。

2）污染物与底泥固相分离技术，其目的是使底泥中的污染物与固相分离进入气相或液相后作进一步处理，包括热解吸和化学萃取等技术。

3）污染物固化技术，利用水泥等固化剂将污染物与固相紧密结合，使污染物失去或降低其迁移性，从而减轻对环境和人类的危害。

（3）底泥处置方式

经过底泥污染处理后应对其进行最终处置，目前主要有以下 3 种方式。

1）水下处置包括直接排入水体和在具有特殊物理条件的水体下封闭处置。目前流域并不具备这种条件。

2）隔离处置包括与其他固体废物一起在填埋场填埋处置和在单独为处置底泥而建的隔离处置场处置两种基本方式。由于现有填埋场处置量有限，而且要求底泥必须经过脱水，具有较低的含水率，因而实际工程中更多的是用底泥隔离处置场来处置受污染底泥。底泥隔离处置场也称堆场，是目前应用最多的最终处置技术。

3）综合利用底泥采取治理与开发相结合、集中利用与分散利用相结合、长远利益与近期利益相结合的原则，充分利用土地及底泥的资源价值。底泥的开发利用应由政府有关部门统一安排，根据不同情况，底泥利用的主要途径如下：①生态防护、农田用土，如将经过处理的底泥用作农业、园林生态防护的植物培植土，或用于置换某些严重污染的土壤等。建立沿河生态防护带，美化环境，保护水体。此外，底泥中往往富含氮、磷、钾等多种营养元素，同时还含有普通矿物肥料中所缺少的有机质及多种微量元素，无害化处理后作为林地肥料，有明显的增产效果。②建筑材料，如用底泥制造建筑墙体材料、混凝土轻质骨料等，目前未见大规模应用。③固体废弃物管理，经脱水等预处理的底泥可以用作城市垃圾填埋场的覆土等。

（4）余水处置方案

余水处置是环境疏浚的又一个环节，余水是否需要处理及如何处理，取决于余水中污染物的组分及含量、接纳余水水体的性质等。对余水的处理强化以自然沉淀和辅以适当的生物化学处理，余水经沉淀处理后由泄水口集中排入河流中，泄水口外设置防护屏，防止污染物在受纳水体中扩散，泄水口必须布置在尽量远离排泥管出口的位置。

第 7 章　流域生态景观修复与建设规划

7.1　景观修复与建设思路

7.1.1　技术路线

在现状河道景观类型的基础上，针对现状对景观进行深入和细化分析，形成富有重庆市地方特色的河道景观体系。拟通过本次河道综合治理工程设计，通过相关河道工程与景观工程的相互配合，在综合整治完成后形成完善的河流生态景观廊道体系，层次分明，与重庆城市发展融为一体。生态景观修复技术路线如图 7-1 所示。

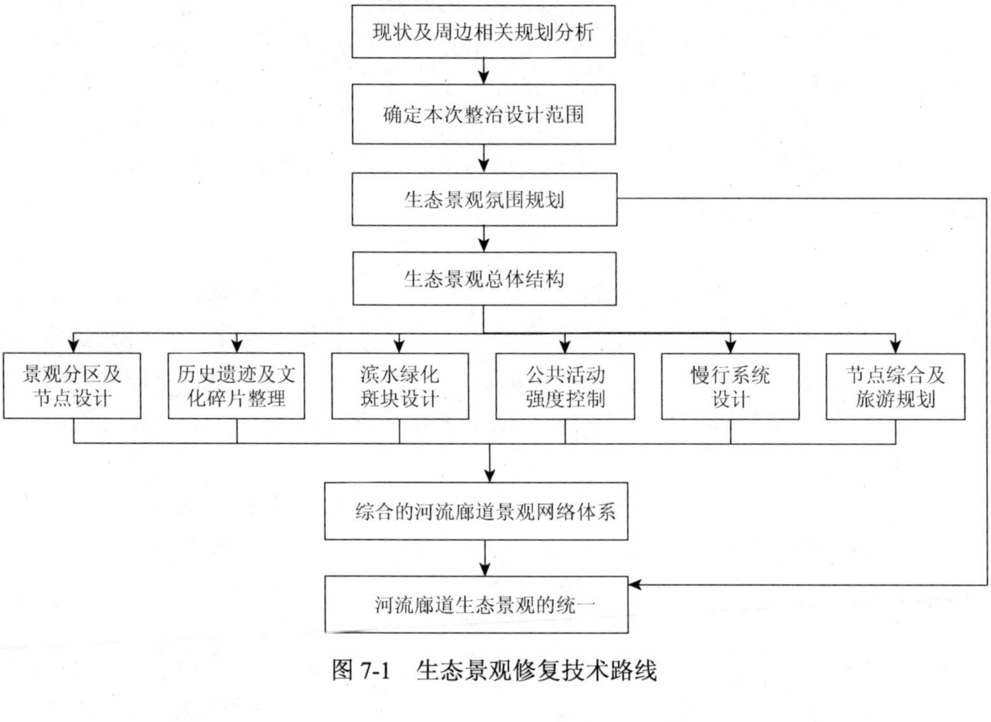

图 7-1　生态景观修复技术路线

7.1.2　主要设计思路

针对河道管理范围内的用地进行规划方案的设计。在对主河道现状分析的基础上，对整个流域景观格局进行分析，从生态景观、历史遗迹、特色文化等方面出发，结合相关旅游规划，提取出重要节点进行重点打造，形成景观廊道上的“重心”。通过对河流廊道的滨水慢行系统贯通、沿河景观打造，串联景观节点，形成“以点带线，以线串点”的珍珠项链式整体景观格局，打造具有特色的河流景观廊道体系和具有显著效果的周边景观产业发展引导。在“一廊三心，统筹风貌”的流域景观格局体系下，针对具体的历史遗迹和文化碎片进行整理和有效保护，构成独特魅力。

7.2　景观总体结构规划

现状河道流经山区、城镇、郊野、古镇等，周边开发建设程度不同。根据区域城市规划，今后流域将建成主要的城镇区，该河道也将成为重要的城市内河，也是沙坪坝区主要的绿色景观廊道和滨水休闲空间所在。其中，与河道相邻的山体景区、千年古镇，都是重点旅游区域，因此河道的生态景观建设，将形成串联几大景区的重要景观轴。

7.2.1　总体景观规划结构

结合河道现状及发展规划，以河流为纽带，按照“一廊三心，风貌统筹”的景观格局进行流域景观建设，如图 7-2（见书后彩图）所示。

“一廊”：即以河流干流为中心的生态景观廊道。

“三心”：流域内重要的 3 个景观节点。结合各景区建设规划和旅游规划，对 3 个重要节点进行重点打造，明确各节点景观建设主题、内容和景观风貌，形成各自的生态景观特色，成为景观廊道上重要的游憩中心。

“风貌统筹”：在打造 3 个重要节点的基础上，结合周边现状场地情况及规划分析，将流域分为 5 个景观区段，以生态自然的河道特色为纽带，将整体河道风貌进行统筹规划。

同时，现状地形多变，经过整治后可形成众多小型水面湿地，结合现有的多个历史遗迹和文化碎片，打造成多个各具特色的小型湿地公园、文化公园、滨水广场等，形成景观轴上的景观节点。以珍珠模式合理地进行景观节点的规划布置，形成主次分明、亮点突出，景观序列富有变化的河流生态景观廊道。

7.2.2　景观结构说明

通过“一廊三心，风貌统筹”的景观综合打造，在河流廊道中结合地形条件较好的区域打造生态及城市景观节点，融入城市绿地系统规划，形成综合完善的绿地系统网络体系，达到“面、线、点”相互交叉融合的完整体系。

1. *一廊三心*

流域综合整治的景观规划重点是 3 个重要节点，即抗战文化节点、生态湿地节点、古镇人文节点。3 个节点分别位于河流的“头、中、尾”，是景观格局的三大中心，3 个景观节点各有侧重，分别是景观轴上的抗战文化中心、生态景观中心、历史人文中心。对河道的景观建设，应着重对这 3 个节点进行打造，其他区段应作为串联的景观轴线，以景观绿化结合园路贯通串联整个河流廊道。

（1）抗战文化节点

该处生态景观建设，结合抗战文化以及生态旅游发展，以水质保护和生态修复为主，建设生态型河道景观，恢复周边植被和自然景观。打造青山绿水的生态旅游环境，以及抗战文化体验的文化之旅环境，依托生态农业，发展包括郊野观光休闲、农业体验在内的生态旅游，结合农家乐丰富旅游产业，形成生态产业群，促进流域的景观建设和产业发展。

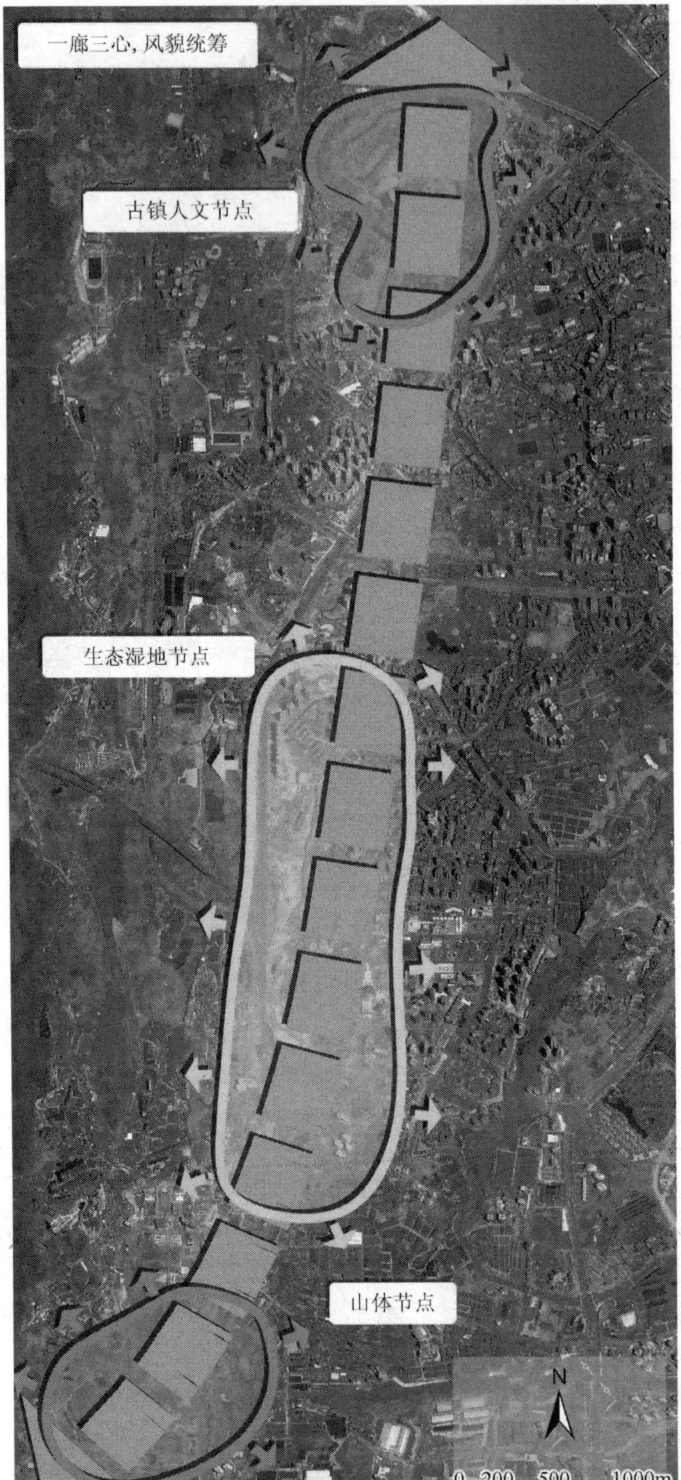

图 7-2　总体景观规划结构

（2）生态湿地节点

该区段的景观建设，应在上游来水水质改善的基础上，通过水利工程措施进行蓄水，形成大水面，达到对下游水量调蓄、防洪防枯的目的。同时利用形成的湖泊水面，打造水生态景观，结合城市建设，形成富有特色的生态湿地景观节点，作为河道景观轴上的景观重心和区域游憩中心。河道两岸实现慢行系统贯通，结合滨水景观设施建设，埠头、亲水平台、栈道等游憩设施，形成开敞的滨水休闲空间，融入区域旅游体系。

（3）古镇人文节点

该区域景观建设，应利用水利工程措施蓄水形成稳定水面，保证平时景观水面需求，汛期通过错峰调度实现防洪防涝。滨水景观建设应结合古镇片区规划，对河道两岸的防护绿化、滨水园路、亲水设施等结合蓄水工程进行布置，打造具有古镇特色的亲水景观。着重打造古镇区历史人文景观型河道，以及嘉陵江入口开阔的滨水休闲空间，提升古镇景观品质，使其成为重要的历史人文游憩节点。

2. 风貌统筹

河流流经区段分析如图 7-3（见书后彩图）所示，沿线区域人口分布不均，局部建筑密度大。针对不同区域的不同特点，通过综合治理，进行景观规划和建设，通过分区生态景观控制，使不同区段形成自身具有辨识度的区域生态河流廊道景观特色。

河流廊道的控制范围，以河道管理范围为主，充分考虑各区段的用地类型，城镇内与用地规划相结合，统筹兼顾达到利益最大化。城郊区注重生态保护，可适当扩大控制范围，以保证水质安全和生态环境健康。

（1）山体景区段

河道源头位于山体景区内，现状水质较差，由于上游建有工业开发区，居民点散布，加之周边农家乐旅游开发，工业污水和生活污水排放进入河道，导致上游水质较差，混浊且有异味。虽然建有污水处理厂，但现状处理效果较差，不能改善水质状况。

该处生态景观建设，应结合抗战文化以及生态旅游发展，以水质保护和生态修复为主，建设生态型河道景观，恢复周边植被和自然景观。打造青山绿水的生态旅游环境，以及抗战文化体验的文化之旅环境，依托生态农业，发展包括郊野观光休闲、农业体验在内的生态旅游，结合农家乐丰富旅游产业，形成生态产业群，促进流域的景观建设和产业发展。

（2）上游郊野河段

现状两岸居民点散布，河道通过绿化与道路、居民点隔离。由于上游来水水质较差，加上大量生活污水直接排放，该处水质很差，表面漂浮垃圾，气味熏人。河道两侧砌石挡墙高悬，无亲水设施，基本成为污水排放渠。

上游郊野河段应结合城市建设规划，加大整治力度，在保证上游来水水质健康的前提下，集中截断生活污水的直接排放，并对工业污水有计划的截污纳管，保证该区段水质较好。在此基础上改变现状河道直立挡墙驳岸，改造建设生态型河道，结合水生态修复以及生态工程措施维护水质健康。丰富河道两岸绿化带植物，将自然景观和人工景观结合，打造河道防护林景观带，并结合亲水设施、滨水园路等建设，打造具有亲水休闲游憩功能的滨水空间，满足当地群众生活需求。

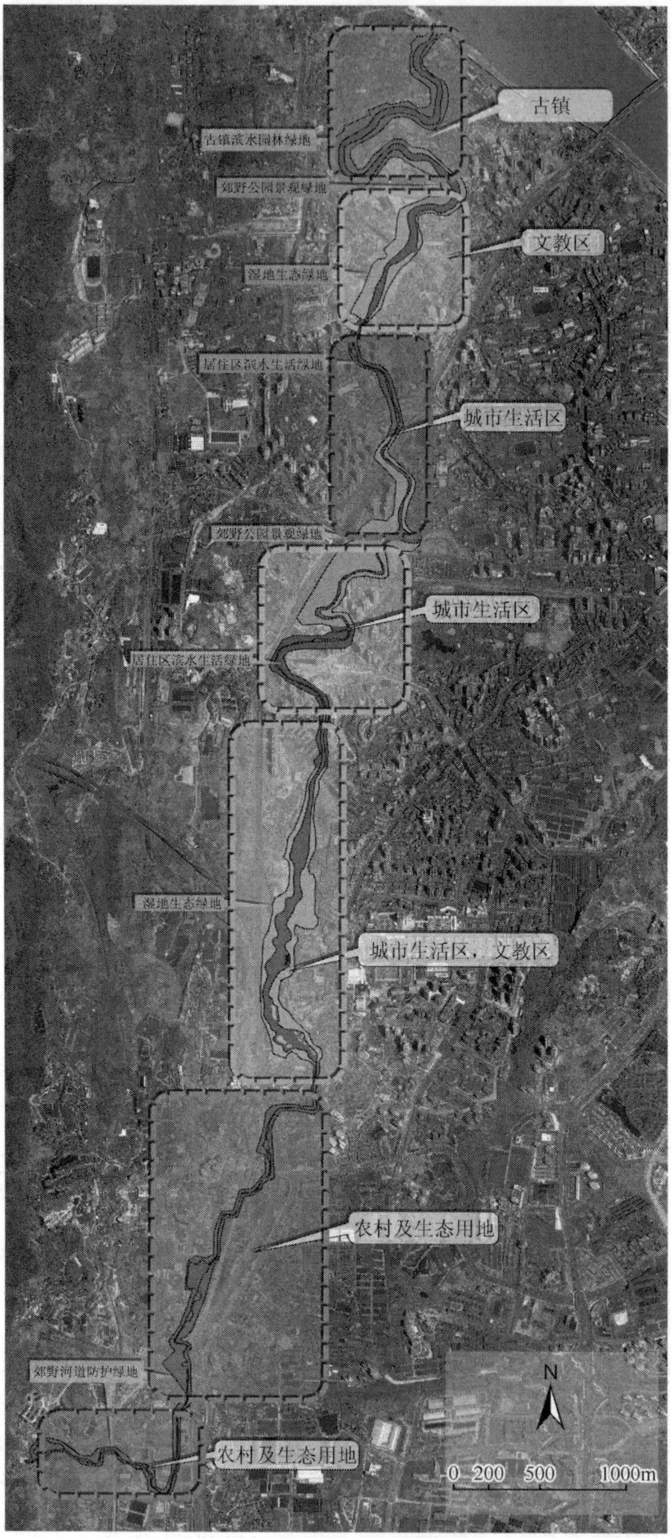

图 7-3　河流流经区段分析图

（3）中游湿地段

中游湿地段现状建筑密集，道路与地形复杂，河道空间被违章建筑侵占严重。原水库由于上游来水污染严重，水体发黑发臭，不能满足渔业生产功能，且严重影响周边环境，现已废弃成盆地型荒地，枯水期水量较少。

该区段的景观建设，应在上游来水水质改善的基础上，通过水利工程措施进行蓄水，形成大水面，达到对下游水量调蓄、防洪防枯的目的。同时利用形成的湖泊水面，打造水生态景观，结合城市建设，形成富有特色的生态湿地景观节点，作为景观轴上的景观重心和区域游憩中心。

湿地节点根据城市总体规划，是较大的城市绿地节点，周边滨水用地为公园绿地、居住用地、防护绿地，利用现状地形和水系，形成生态湿地公园。在利用湿地净化水质的同时，服务周边居住人群，满足休闲空间需求。

湿地景观区主要包括3个大的功能区，由跌水为界分开，各自包括3个不同高程水位的区域。最上一层为原水库库区，利用堰坝提升水位，对地形进行整理，形成岛屿密布、水系环绕、植被众多的湿地景观，以“湿地”观赏和水质净化为主题；第二层为原库区下的高地，利用堰坝形成小型水面，结合水面形成相应的园林景观，以“静”为主题，营造静谧的环境，形成适合游人和居民漫步、交流的空间；第三层为下游河段及周边，以“动”为主题，适合居民活动、游玩，结合周边公园绿地和防护绿地，布置园路、平台，形成游憩空间，利用开阔的场地形成活动场所和下游玩乐的空间。三层水面自上而下形成不同的景观主题，布置相应的景观设施和植物，由“生态湿地”到“静谧空间”到“游憩乐园”，丰富公园的空间构成。湿地总平面布置如图7-4所示。

该区段河道两岸实现慢行系统贯通，结合滨水景观设施建设，埠头、亲水平台、栈道等游憩设施，形成开敞的滨水休闲空间，融入区域旅游体系。

（4）城镇滨水休闲河道区段

该区段是湿地与下游古镇的衔接和过渡区域，主要包括居住区、城市开发区、污水处理厂区3个部分，是中下游的主要区段。现状河道较深，两岸呈峡谷状，堤防半硬质化，绿化空间较大，水质较差。

该处景观建设应结合现状，因地制宜进行建设，主要以河道绿化和园路贯通为基础，局部结合周边居住区建设小型游憩节点，增加生活型亲水景观设施，增强居民活动与滨水景观的联系，赋予河道景观生活情趣。对于未盖板区应增强高楼与景观环境之间的联系，城市景观氛围浓重，与周边高楼能形成良好呼应的滨水公共开放空间，从而使整体景观环境现代感强，增加居民的滨水休闲空间。

利用平坦的地形，局部蓄水形成良好的湿地景观，经治理后依托郊野自然风光，以生态修复为主，配合防护林建设，成为古镇景观与城市景观的郊野过渡带，也作为动物的栖息地和迁移廊道，是区域生物多样性的保育区。

（5）古镇

古镇现状河道两岸全部硬质化，浆砌块石挡墙高悬，枯水期水量较少，仅有薄薄的一层水面，河道成为典型的深陷渠道。由于嘉陵江水顶托，防洪压力较大，汛期水面迅速升高可至10m以上，对于打造水景观有较大难度。

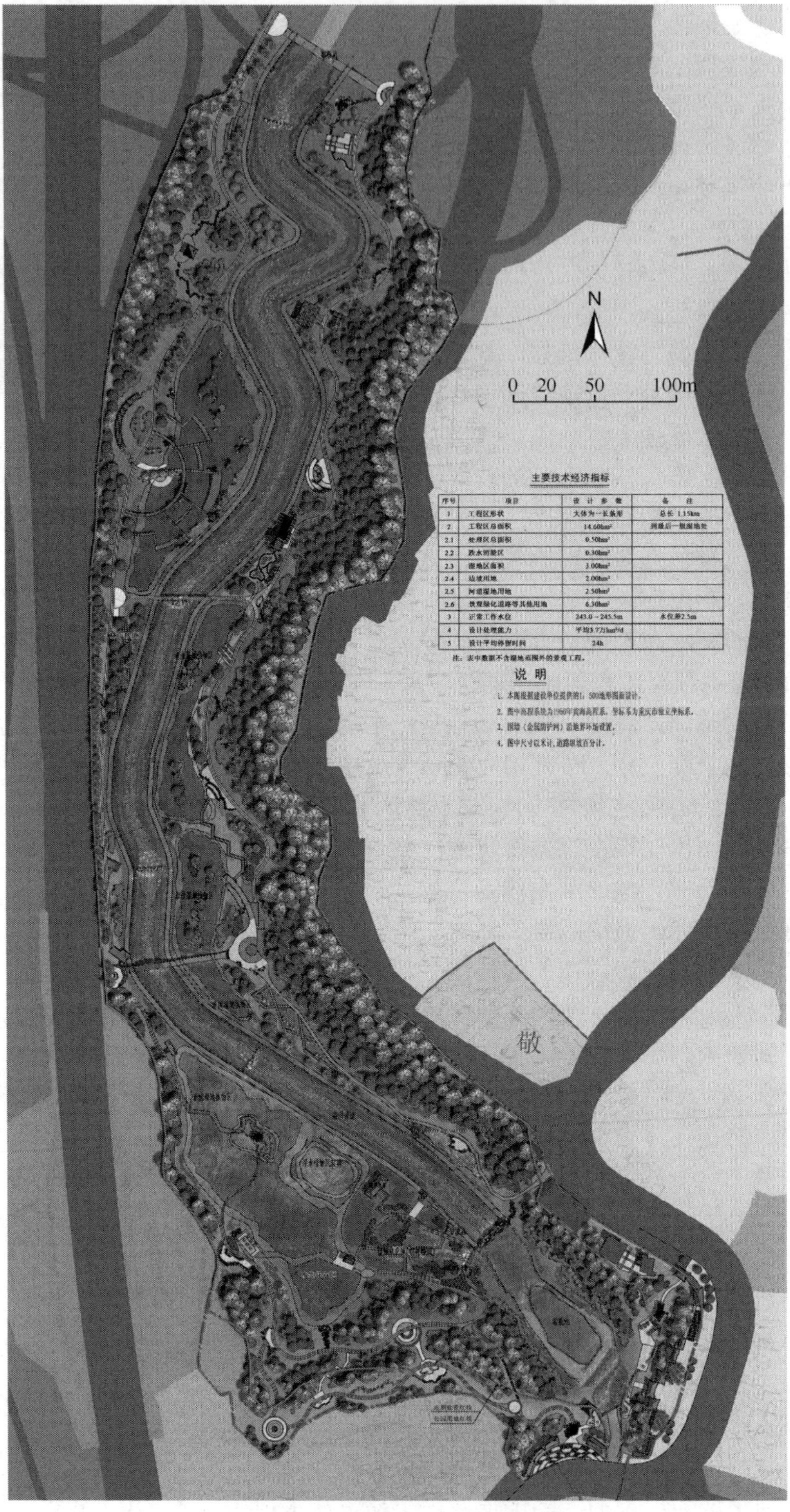

图 7-4　湿地总平面布置图

该区域景观建设，应利用水利工程措施蓄水形成稳定水面，保证平时景观水面需求，汛期通过错峰调度实现防洪防涝。滨水景观建设应结合古镇片区规划，对河道两岸的防护绿化、滨水园路、亲水设施等结合蓄水工程进行布置，打造具有古镇特色的亲水景观。着重打造古镇区历史人文景观型河道，以及嘉陵江入口开阔的滨水休闲空间，提升古镇景观品质，成为河道上重要的历史人文游憩节点。古镇段景观规划总平面布置如图 7-5 所示，景观规划效果如图 7-6 所示。

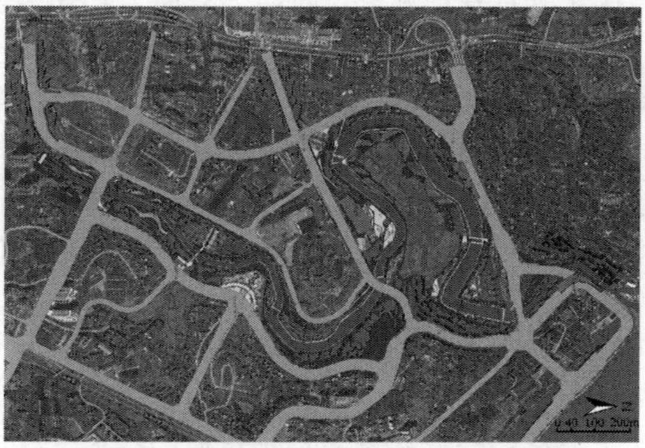

图 7-5　古镇段景观规划总平面布置图

图 7-6　古镇段景观规划效果图

3. 历史遗迹和文化碎片保护

该河道作为重庆城市的主要河流之一，历史悠久，有着深厚的文化底蕴，在流域内各种历史文化遗迹、宗教文化遗产中得以体现。抗战时期，留下了大量的革命历史文化遗产，是后人缅怀历史、凭吊先烈的重要场所，需要对其加以保护和建设。

通过对历史文化保护与经济发展规划，将流域历史文化进行梳理，使文化得到良好的保护与传承。重点对重要的旧址、遗迹进行保护和整合，将众多的革命历史遗址相连成完整的体系。同时结合流域内历史文化遗产，形成完整的旅游观光线路，融入旅游体系中。

对现存的实体历史遗迹，通过周边各种景观资源的衬托，形成以保护、游憩、宣传等功能的历史文化碎片景观节点。重点保护、整合一批抗战时期留下的文化遗产和历史遗迹。通过对这些景点的保护和修复，建造一批抗战博物馆、纪念馆，成为爱国主义教育的良好素材，并通过景观通轴串联。

发展文化旅游，对流域内宗教、历史文化遗产、民俗特色节点，采取以保护为主、适当开发的方式，成为流域文化旅游的众多节点。对破坏严重的遗迹，采用“修旧如旧”的方式进行修复。加大保护管理力度，严禁破坏历史文化遗产事件的发生。通过对宗教文化底蕴的挖掘和文脉的延续，使得文化遗存与现代文明交相辉映，成为地区发展的活力元素。对流域现存的具有历史意义和地方特色的石桥、堰坝等防洪建筑，因防洪需要必须拆除的，建议作为历史碎片择地放置，供游人观摩。仍作为防洪设施使用的，采用适当方式保护。

同时，可通过抽象的元素及概念性的表达，用现代的设计元素表达传统的重庆概念。在对不同景观节点建设时，通过对节点历史的研究和设计风格的把握，将景观整体设计和局部铺装、景观建筑风格选择等结合起来，营造与景观节点相符合的环境氛围。可在城市型主要节点或广场铺地等用该方式表达对历史民俗的尊敬与保护。

4. 滨水绿化斑块设计

沿河绿化现状整体尚好，但缺乏合理规划整合，且局部存在绿化破坏严重、滨水绿地被侵占的现象，影响了流域的绿化建设。规划重要的任务之一就是对滨水绿化斑块进行合理设计，打造滨水区块绿色生态屏障和绿化景观带，与城市绿地系统建设相结合，完善区域的绿色生态网络。

滨水绿化以河道防护林为主体，结合滨水生态堤防绿化、水生生态系统修复、生态湿地建设等内容，并与周边用地和人为活动相结合，因地制宜打造具有生态功能的滨水绿带。滨水绿化带建设不仅是为人服务，它具有景观功能、休闲功能、游憩功能，还要服务于区域生态环境，作为滨水绿色廊道，提高绿化覆盖度，同时也是生物栖息、觅食、迁徙、交汇的通道，保护区域生物多样性。

从生态系统保护角度出发，沿河滨水绿化应形成贯通的、连续性的绿地空间，采用当地绿化树种，并有一定宽度范围。在重要生态节点应形成一定规模的绿地或湿地，控制开发并减少人为活动影响。从景观功能角度出发，人为活动密集的区域，滨水绿化应选取景观效果较好的树种，结合草灌种植，并注重季相搭配、色彩搭配、气味较好等。综合游憩、旅游、休闲等功能要求，合理布局，结合景观设施满足群众生活需求。

根据滨水绿化的主要功能，可分为以下 5 种类型。

（1）郊野河道防护绿地

郊野河道防护绿地主要位于湿地上游，自上游至中游湿地的郊野段。该段河道人为活动较少，主要位于郊野，滨水绿地的生态功能和防护功能尤为重要。其中，滨水绿化要结合周边山区景观，防止水土流失的同时打造青山绿水的优美生态景观。植被以当地树种为主，注重乔灌草 3 层的搭配，形成完善的生态屏障，对地表初级雨水进行净化，同时形成一些动物的栖息场所。

（2）居住区滨水生活绿地

居住区滨水生活绿地主要位于湿地下游的居住区和城市开发区，针对当地居民生活需求，进行人性化的绿化设计。强化滨水绿化的景观功能和休闲亲水空间，通过整洁、简约的绿化设计，结合人性化的景观设施、滨水园路、游憩亭台等建设，形成现代、大气的滨水景观风貌，通过绿化气味、色彩、形态的搭配，增加开放休闲空间，满足居民生活需求。

（3）郊野公园景观绿地

郊野公园景观绿地主要位于城市开发区和古镇郊野区，可丰富居民生活空间，增加景观多样性，同时提升区域景观品质。结合多样化的水面形式，采用生态景观绿化方式，增强游憩、欣赏、体验的功能，营造丰富的生活空间，使其成为区域游憩的集散中心。

（4）湿地生态绿地

通过蓄水形成大面积水面，结合多样化的湿地形式进行植物绿化。以生态景观为主，打造滨水湿地林、湖泊湿地水生植被群落、滨水挺水植被、滨水景观林等多种绿地形式，采用耐淹乔木，搭配滨水草灌形成自然生态景观风貌，结合周边景观设施、滨水园路建设，打造成流域重要的景观节点。

（5）古镇滨水园林绿地

古镇滨水园林绿地主要位于古镇区，是古镇景观建设的一部分。基于古镇区峡谷形河道的现状，结合相关规划，通过蓄水形成景观水位，结合古镇风貌建设滨水绿地，采用景观树种，形成多样化的滨水空间，提升千年古镇的景观品质。对消落区植被进行筛选，保证水生态系统健康。

5. 公共活动空间使用强度控制分析

流域人口分布不均，人为活动频度沿河差异较大，因此滨水景观建设要充分考虑人为活动的规律和需求，因地制宜完善设计。在公共活动强度较小的区域，更多地增强河道及周边绿地的生态功能，增加绿地空间；在公共活动强度较大的区段，增加人性化的设施布置，强调河道绿地空间的游憩功能、景观功能、亲水功能、休闲功能。通过对沿河公共空间使用强度的分析，合理定位河道各区段的主要功能，提出相应设计思路，最终形成功能丰富、风貌统一的河道景观廊道。根据河道周边用地和旅游开发现状，将流域按公共活动空间使用强度不同分为 3 种类型。

（1）公共活动低强度区段

公共活动低强度区段主要位于郊野区域。现状大多是城郊，开发程度较低，河道两侧绿化带较密形成绿篱，将河道与周边隔离，人为活动较少。结合规划以生态景观建设为主，丰富两侧防护绿带，局部区域建设生态景观节点，形成流域生态旅游的中心。

（2）公共活动中等强度区段

沿河道分布较为广泛，一般为城市的居住区。由于河道硬质化，加之建筑侵占河道，河道空间被挤压，缺乏滨水的开放空间。结合城市规划，清理河道空间，恢复河道管理范围内的绿化，同时结合周边用地打造小型游憩节点，丰富河道的功能，满足居民的亲水需求、休闲空间需求。以整洁、大气、现代的风貌进行城市河道景观建设，提升城市形象。

（3）公共活动高强度区段

公共活动高强度区段主要位于城市居住区、开发区以及古镇区，是重要的生活、旅游、商业集散中心，景观功能要求较高。通过景观绿化，结合区域的历史人文元素，通过人性化设计，增加河道空间的景观游憩功能，发展旅游，以高品质河道景观进行滨水空间的建设。

7.3 土地开发利用与周边区域发展规划

7.3.1 规划与原土地利用规划衔接

流域综合整治规划的土地利用，与所在区域的土地利用规划相结合，在总体原则和指导方针上与总体规划保持一致，坚持“十分珍惜、合理利用土地和切实保护耕地”的基本国策，充分结合基本农田保护、集约利用土地、保护改善生态环境的土地利用方针。

规划需要进行衔接的内容包括以下 3 个方面。

1. 沿线堤防建设与城镇土地利用规划局部区域的衔接

流域综合整治规划对流域沿线城镇区进行了堤防建设的重新规划，拟通过堤防结构、形式等变化，使流域内滨水环境在满足安全的前提下，同时形成富有变化和景观效果的河流廊道。为在工程设计中更合理地结合地形，并体现工程的经济性等，局部河道线形进行了合理改造，同时形成了河流两侧土地利用情况的改变。

2. 部分水利防洪工程措施与城市规划局部区域的衔接

为更好地解决沿河城镇的防洪压力，流域综合整治规划拟通过建设多个生态湿地等措施确保沿河区域的防洪安全，同时结合湿地的重建，满足局部蓄洪调水需要，也满足整体景观环境品质的提升。

3. 城区河流滨水景观体系构建与城市规划局部内容的衔接

综合整治对一些较小支流提出滨水廊道的建设要求，力求在河流功能、河流生态、河流景观的建设上实现流域的完整性。

7.3.2 土地利用调整原则

1. 尊重原有规划成果

在规划设计过程中，现有的各种规划是规划设计的重要依据和基础资料，流域综合整治规划应尊重已有相关规划，衔接好与控制性详细规划用地布局的关系，避免与已发建设项目产生用地矛盾。

2. 节约集约利用土地

本着节约集约利用土地的原则进行设计。规划范围内地形较为复杂，适宜城市建设及农业发展的土地资源较为稀缺。在保障流域防洪及生态安全的前提下，尽量减少工程措施的占地面积。

3. 效益优化

通过规划，实现流域范围内土地防洪安全性的提高，生态环境质量的提升，产业布局结构更加合理，实现土地利用在安全、生态、经济、景观等各方面效益的优化。同时通过河道工程规划，实现周边土地利用的可能。

7.3.3　土地利用调整目标

通过本次土地开发利用调整的各项建议措施和手段，实现流域综合整治规划提出的各项工程布置能与区域内原有各种规划有机协调，实现流域范围内土地防洪安全、生态安全、景观美好，实现土地综合利用效益的提高，带动周边土地利用价值的提高，促进流域范围内人与自然的和谐发展。

7.3.4　产业结构布局调整目标

结合综合整治的水利措施、生态措施、景观措施，对流域范围内的产业结构布局提出调整的建议，实现流域范围内生态产业、旅游产业的深化，并对现有工业、农业提出转变的要求，维护生态环境的健康，促进区域产业结构的升级。

7.3.5　土地开发利用调整建议

基于河道现状条件，综合规划及原有各种规划存在的交叉内容区域，将以湿地建设、城镇堤防建设等工程措施，配合洪水调度等人为手段，实现流域范围内的防洪安全，沿线设计 50 年一遇标准的堤防。

1. 水库区域的土地开发利用调整建议

水库对流域下游有着显著的防洪效益，该库区的建设淹没区现为郊野绿地，该处土地利用调整建议包括以下 3 点。

1）结合规划的公园及防护绿地，将该区域打造成既能满足防洪蓄水要求，又能实现山水结合、自然景观优美的公共开放空间，提升区域景观品质。

2）结合湿地水面淹没线范围，周边原规划的普通居住用地可调整利用为一类居住用地，充分利用山水景观格局，提升土地利用价值。

3）湿地区域可结合远期商业开发建设及旅游服务，在 50 年一遇洪水位以上区域可规划布置部分结合旅游性质的商业用途土地，实现远期产业的环库发展模式，充分利用山水资源，同时实现可开发利用土地资源的平衡。

2. 流域小型湿地的土地开发利用调整建议

通过河流综合整治，流域将形成多处河流湿地，其中包括以人工筑坝形成的具有一定蓄洪功能的湿地，以及河湾处自然形成的河滩湿地。流域范围内河湾处形成的自然形态河滩湿地基本处于自然生态环境较好的区段，属于非城市建设及生产用地。

生态湿地具有一定的蓄洪调峰功能，同时也对该范围内生态自然环境的改善及景观品质的提升有显著作用。生态湿地周边的土地利用调整建议包括以下 3 点。

1）结合地块内原规划的河流滨水绿地及公园进行布置，将周边区域改造成连接城镇各功能区的绿色开放空间，使之成为流域绿色景观格局体系的基本骨架之一。

2）结合城市规划原有道路结构及土地利用模式，向生态湿地四周扩展一定范围作为湿地公园的边界。通过湿地公园的建设，显著提高周边土地的利用价值。

3）通过湿地公园的建设，可明显提高区域内土地利用价值，局部区域可通过适当调整作为居住用地及旅游服务设施用地进行使用。

3. 城镇堤防周边土地开发利用调整建议

现状沿线大部分河道堤防需改造，通过河道清淤、疏浚及堤防加高或新建实现河道沿线的防洪安全。沿线河道堤防结合河道现状及滨水建筑，采用多种堤型进行设计。为既满足防洪要求，又能实现生态河流廊道体系建设，流域综合整治规划以河流管理范围红线为主，红线内拆除违章建筑，限制除水利以外其他构筑物的布置，局部区域根据实际情况和城市规划建设可适当扩大河流廊道区。河流廊道控制区可建设成与城市绿地系统相衔接的滨水公园体系。

通过城镇堤防体系的改造及建设，将对沿线土地利用产生重大的防洪安全作用。同时通过河流廊道体系的建设，将河流廊道体系与城市绿地系统、城市公园等进行有机衔接，形成良好的城市绿色公共开放空间体系，改善城镇生活居住环境，有利于土地价值的提升。同时，结合现有土地利用规划，可对流域河流廊道堤防建设时序进行有针对性的指导，结合近期土地开发利用，兼顾远期土地发展战略，有效控制城市建设中防洪工程的重复投资。

7.3.6 产业结构布局调整建议

现状污染严重，主要污染源来自于流域内的工业污水、生活污水，以及农业面源和畜禽养殖污染产生的污水。针对污染现状，结合城市规划，提出流域产业结构布局的调整建议，主要包括以下 4 个方面。

1）对河道管理范围内的工业、畜禽养殖业进行搬迁，严禁在河道管理范围内进行污染性生产活动。对河道周边具有污染风险的工业设施、养殖业废水进行截污纳管，要求工业废水达标排放，严禁污水直接排入河道。

2）对河道周边农业生产进行改造，大力发展污染少、能耗低的绿色生态农业和绿色产品加工业（绿色食品、旅游产品、地方特色产品加工业）。城郊发展以绿色瓜果蔬菜、花卉等附加值高的农作物种植为主的特色农业、休闲观光农业，建设生态产业示范区，将特色农业、水产养殖业、产品加工业等结合起来，引导区域产业发展。

3）依托流域优美的景观资源、深厚的历史文化资源、丰富的自然资源，结合重庆市整体旅游规划，发挥地域优势和自然资源优势，大力发展以农业体验、农业观光、自然景观观光为主的生态旅游，以及以历史文化体验、人文魅力感受为主的文化旅游，构建新型生态产业格局，带动产业结构调整和社会事业发展。

4）以旅游开发带动区域用地整体增值。规划对流域土地开发利用和产业结构布局进行调整，重点放在 3 个重要景观节点及周边土地建设上。在对 3 个景观节点充分挖掘的基础上，进行周边土地开发建设，提升区域景观品质，提高土地利用价值，使之成为流域旅游的 3 个游憩中心，也成为重庆市旅游体系中的重要节点。

7.3.7 区域旅游体系构建

区域的旅游开发，必须摆脱当前部分旅游景点各自为政的做法，站在流域乃至重庆市旅游体系构建的高度进行总体布局。从重庆市旅游总体布局分析，本流域良好的自然景观是浓厚历史人文景观的生态依托和景观扩展；从城市建设角度出发，该河道是一条连接多个重要景观节点、贯通市区，具有特色的自然生态景观廊道。富有特色的峡谷景观，沿线山体景观、文教区、千年古镇丰富的人文景观资源，以及山水相连，湿地湖泊景观，能够构筑一个结构完善、线路明晰的旅游体系。

旅游体系构建根据循序渐进的原则，依次分为景观节点型旅游体系构建、滨水公共开放空间旅游体系构建和融合型旅游体系构建 3 个层次。

1. 景观节点型旅游体系构建

根据滨水景观规划设计，着重建设“三心”：古镇的滨水景观中心、湿地的景观中心和结合山体景区建设的入口景观中心等。这 3 个重点区域景观内容丰富，可进行旅游的项目和内容较多，应单独建设成为旅游节点。河道景观节点如图 7-7 所示。

（1）古镇区域

现状古镇在镇区范围内有充分的绿色景观区域，但是古镇针对河道滨水景观空间并未进行充分利用。通过对滨水公共开放空间的建设，将古镇的旅游内容和旅游范围进行延伸，使古镇的景观融合进河道的自然风光。因此，增加了旅游范围区域也增加了古镇的旅游内容，从而使其能与古镇的旅游相互融合，相互促进。

古镇区域段的旅游内容，以配套古镇旅游为主要目的，形成以自然风光为主要特色的旅游支撑，增加水上游线，使古镇旅游内容更加丰富。

（2）湿地区域

湿地区域在水位得到充分保障后，旅游景观建设主要形成以湿地为主要特色，以流水瀑布为亮点，以生态观光为主要内容的旅游活动。

由于该区域形成了湿地的静态水面。因此，该区域除了形成湿地景观外，水上游线的建设将是突破。

（3）山体区域

通过生态综合整治的手段打造景观门户，以植物环境的营造和水环境的整治为主要内容，力图打造生态自然的景区入口。

2. 滨水公共开放空间旅游体系构建

滨水公共开放空间的旅游体系建设，通过旅游慢行系统的完善，使沿线各种不同类型的旅游资源进行整合，尤其是将古镇区域、湿地区域、山体区域等单独的旅游景观节点进行充分的整合，将河流打造成为一条综合开放的滨水旅游公共开放空间，使旅游服

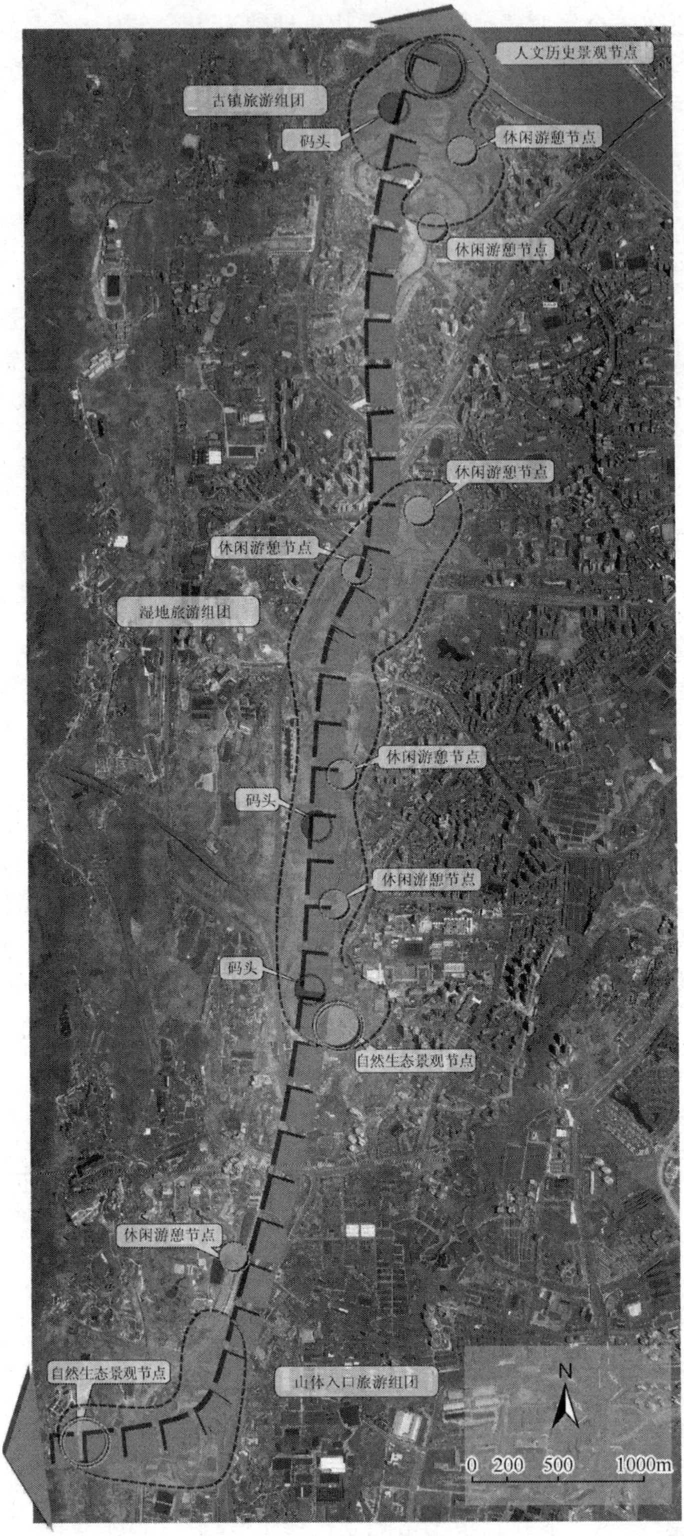
人文历史景观节点
古镇旅游组团
码头
休闲游憩节点
休闲游憩节点
休闲游憩节点
休闲游憩节点
湿地旅游组团
休闲游憩节点
码头
休闲游憩节点
码头
自然生态景观节点
休闲游憩节点
自然生态景观节点
山体入口旅游组团
N
0 200 500 1000m

图 7-7　河道景观节点

务成为具有特色的产业内容。同时，也应通过旅游廊道的建设，促进周边区域产业结构的转型，促使河道综合整治向更加有序、生态与可持续的方向发展。

3. 融合型旅游体系构建

旅游体系建设，必须充分融合到整个区域，乃至重庆地区的旅游体系中来。流域有着古镇和山体两个重庆地区重要的旅游景区，它们可作为该流域融入整个重庆旅游网络的切入点。同时，在针对重庆地区的旅游体系建设以及相关旅游社的一日游或多日游规划中，将旅游资源进行充分的融合。

第三篇　典型河道修复工程设计

第8章 湿地工程设计

8.1 湿地方案选择

8.1.1 设计水量

1. 湿地断面河道径流量

湿地断面河道径流量数据如下：

1）多年平均径流量为 1.48 万 m^3/d；

2）丰水期（5～10 月）为 2.32 万 m^3/d；

3）枯水期（11 月～翌年 4 月）为 0.62 万 m^3/d。

2. 污水量

（1）预测污水量

流域污水量预测见表 8-1。

表 8-1 流域污水量预测表

年份	人口规模（万人）	人均污水量指标[L/(人·d)]	2020 年预测污水量（万 m^3/d）
2011	23.00	420	9.67
2020	36.78	420	15.45

（2）进入河道污水

2011 年污水量为 9.67 万 m^3/d，截污率按 75%计，进入河道污水约为 2.4 万 m^3/d，按照面积比例，湿地上游约为 0.65 万 m^3/d；

2020 年污水量为 15.45 万 m^3/d，截污率按 85%计，进入河道污水约为 2.32 万 m^3/d，其中湿地上游约为 0.63 万 m^3/d。

（3）污水站出水

河道上游共有两个污水站，共约 7000m^3 处理后的尾水进入河道，出水标准为一级 B，见表 8-2。

表 8-2 上游污水站规模

名称	规模（m^3/d）
1#污水处理厂	3000
2#污水处理厂	4000

3. 合计河道流量

河道的水量为河道径流量、进入河道的污水及污水站出水之和。

（1）年平均

2011 年：1.48＋0.65＋0.7=2.83 万 m^3/d。

2020 年：1.48＋0.63＋0.7=2.81 万 m^3/d。

（2）丰水期

2011 年：2.32＋0.65＋0.7=3.67 万 m^3/d。

2020 年：2.32＋0.63＋0.7=3.65 万 m^3/d。

（3）枯水期

2011 年：0.62＋0.65＋0.7=1.97 万 m^3/d。

2020 年：0.62＋0.63＋0.7=1.95 万 m^3/d。

4. 设计流量

湿地处理水量按丰水期年均水量考虑，规模定为 3.7 万 m^3/d，水力停留时间为 3h。由于河道水混合了上游河道径流、未截留污水、污水处理站尾水，而河道径流不断变化，未截留污水水量也较难预测，设计规模按照丰水期平均水量设计，超出丰水期平均水量期间，可缩短水力停留时间，按照最少停留时间 2h 计算，最大处理能力可达到 5.55 万 m^3/d，超出 5.55 万 m^3/d 河道水直接入溢洪通道。

8.1.2 设计水质

根据水质监测结果，中游湿地段水质指标如下。

2011 年，对瀑布跌水前后水质进行监测，水质指标见表 8-3～表 8-5。

表 8-3　水质检测结果 I

采样点	pH	COD（mg/L）	BOD_5（mg/L）	NH_3-N（mg/L）	TN（mg/L）	TP（mg/L）	石油类（mg/L）	SS（mg/L）
跌水前	7.21	124	24.4	23.1	26.8	4.26	1.35	29
跌水后	7.46	119	22.8	23.9	28.0	4.72	0.85	42

注：表中 COD 为化学需氧量，BOD_5 为五日生化需氧量，NH_3-N 为氨氮，TN 为总氮，TP 为总磷，SS 为悬浮物。下同

表 8-4　水质检测结果 II

采样点	pH	COD（mg/L）	BOD_5（mg/L）	NH_3-N（mg/L）	TN（mg/L）	TP（mg/L）	石油类（mg/L）	SS（mg/L）
跌水前	7.32	116	21.9	22.2	25.2	3.98	1.40	33
跌水后	7.49	103	19.5	22.6	26.1	4.15	0.91	39

表 8-5　水质检测结果Ⅲ

采样点	pH	COD（mg/L）	BOD_5（mg/L）	NH_3-N（mg/L）	TN（mg/L）	TP（mg/L）	石油类（mg/L）	SS（mg/L）
跌水前	7.82	217	45.3	34.7	37.2	3.72	2.03	35
跌水后	8.03	181	36.6	35.0	38.5	3.76	1.24	38

从检测结果来看，湿地段水质均为劣Ⅴ类，基本丧失了水域功能要求。尤其在枯水季节，水质污染程度远超出地表水域Ⅴ类水质标准。

分析前述水质监测结果以及实地踏勘情况，湿地设计水质按照枯水季水质较差时设计，以确保设计安全性。工程远期，随着上游污染治理工作进一步开展并及时取得实效，湿地进水污染浓度有望进一步减轻，因此湿地强化预处理系统可减小处理强度或停止运行，并改造为景观设施。

由于河道水质混合了河道径流、未截留污水、污水处理站尾水，而河道径流不断变化，未截留污水较难预测，河道水质难以推理预测，因此，设计进水水质应主要参考上述实测数据，出水水质参照相关地方标准，水质满足考核目标值，见表 8-6。

表 8-6　湿地设计进出水水质

序号	检测断面	COD（mg/L）	BOD_5（mg/L）	NH_3-N（mg/L）	溶解氧（mg/L）	pH	色度	臭味
1	设计进水	120	30	24	—	—	—	—
2	地表水 5 类	40	10	2	2	6～9	—	—
3	地表水 4 类	30	6	1.5	3	6～9	—	—
4	一级 A	50	10	5	—	6～9	30	—
5	设计出水（创模指标）	50	15	5	2	6～9	20	1 级
6	设计处理效率（%）	58	66.7	79.2	—	—	—	—

8.1.3　湿地河段治理方案比选

本方案针对湿地河段水质污染较严重，两岸住户密集，污水、垃圾污染源多的情况，可采用三种治理方案。

方案一：完全分散治理。

在湿地上游现有红线 500m 范围河道内全部实施人工强化处理，湿地完全变为景观湿地公园，具体实施时根据需要将现有上游河道全部挖深 2m，可增加水体容积 10 000m^3，增加水力停留时间 8h，由于场地下挖，不会减少过洪断面，但上游河道范围内大部分河段两岸紧邻建筑，且大部分河道布置有截污管道，可利用空间不大；同时河道开挖将影响房屋基础，结构处理费用较高。

方案二：湿地集中治理。

所有河道水全部进入湿地处理，在湿地上游现有红线 500m 范围河道内不实施任何措施，该方案上游工程量小，但上游河道由于只是采取清淤和清除垃圾，虽然实施初期对环境有所改善，但后期没有采取持续的水质改善措施，一段时间后水质恢复到实施前的水平，污染仍然严重，对两岸住户环境没有改善，同时，跌坎来水污染仍旧严重，景观效果差。

方案三：上游加强管理＋湿地集中处理。

所有河道水全部进入湿地处理，在湿地上游河道强化管理措施，清理现场河道淤泥和垃圾，加强环境卫生管理，该方案上游工程量小，最后，来水通过接触氧化预处理后进入湿地进行生态处理。

通过方案比较，方案三虽然存在远期水质好转后构筑物用处降低，但综合了分散和集中处理的优势，针对污染源有重点的设施管理和治理措施，不仅改善了跌坎上游来水水质和瀑布景观效果，同时，保留湿地内部治理设施，水质改善效果最好，综合各方面情况考虑，推荐采用方案三。

湿地河段治理方案比较见表 8-7。

表 8-7　湿地河段治理方案比较表

方案	实施内容	优点	缺点
完全分散治理	在湿地上游现有红线范围河道内全部实施人工强化处理	①消除进入湿地的水质问题，湿地完全变为景观湿地公园；②远期上游来水质好转后，公园主体不动，与远期衔接较好	①现有河道较窄，房屋紧邻河道，开挖存在建筑的稳定性问题；②现有河道内有污水管道，可利用容积有限；③末端河道水仍难完全处理达标，进入湿地的水质存在风险；④河道内强化处理设施的管理维护工作量较大；⑤施工期道路较难布置
湿地集中治理	所有河道水进入湿地处理	上游处理相对简单	①近期上游河道水质差，居民居住环境未改善；②瀑布景观效果难以保证；③所有污染的河道水进入湿地处理，存在一定处理风险
上游加强管理＋湿地集中处理	在湿地上游河道强化管理措施，再进入湿地处理	①处理上针对污染源，有重点的治理；②对上游居住区影响小；③进入湿地的水消除黑臭，景观效果较好；④湿地内仍采用强化处理，再出水进入湿地，处理效果能保证	湿地内人工处理构筑物虽采用埋地形式，但仍是客观存在，远期上游来水水质好转后构筑物用处不大

8.1.4　末端治理思路

人工湿地处理工艺可以采用“表面流人工湿地”，“潜流人工湿地”，“强化预处理＋人工湿地”等工艺，单独采用“表面流人工湿地”、“潜流人工湿地”工艺的主要设计参数见表 8-8。

表 8-8　人工湿地的主要设计参数

人工湿地类型	BOD_5负荷[$kg/(m^3 \cdot d)$]	水力负荷（m/d）	水力停留时间（d）
表面流	15～50	＜0.1	4～8
水平潜流	80～120	＜0.5	1～3
垂直潜流	80～120	＜1.0（建议值，北方：0.2～0.5；南方：0.4～0.8）	1～3

从表 8-8 可以看出，如果单独采用“表面流人工湿地”、“潜流人工湿地”工艺，按照 3.7 万 m^3/d 的设计水量，表面流湿地面积需要 $37hm^2$，现状用地面积难以满足，潜流湿地需要 $7.4hm^2$，现状用地面积虽然满足要求，但布水系统复杂、景观较难布置，冬季处理效果难以保证，因此，需采用“强化预处理＋人工湿地”工艺。

8.1.5 预处理方案比选

人工湿地由于存在充氧能力、堵塞等问题，处理废水浓度总体不能过高，如需处理浓度相对较高的废水，则应强化废水的预处理。强化预处理主要有增加曝气池、沉淀池等。强化预处理环节比选接触氧化和滴滤两种工艺。

生物接触氧化又名“淹没式生物滤池法”、“接触曝气法”和“固着式活性污泥法”。兼有活性污泥法与生物膜法的特点。截至目前，该法已在我国城市污水、工业废水二级处理、微污染水处理、污水深度处理中得到广泛应用，并取得良好效果。

生物滤池是从土壤自净和污水灌溉，经原始的间歇砂滤池发展起来的人工生物处理技术。现已从低负荷发展到高负荷，突破了传统采用的滤料，扩大了应用范围。该工艺由于采用自然通风供氧，减小了鼓风曝气能耗，因此，在成本考虑的情况下应用较多。

上述两种预处理方案均可用在湿地前端，两种工艺的详细比较见表 8-9。

表 8-9 强化预处理方案比较

工艺名称	接触氧化	滴滤
原理	生物接触氧化又名“淹没式生物滤池法”、“接触曝气法”和“固着式活性污泥法”，兼有活性污泥法与生物膜法的特点	生物滤池是从土壤自净和污水灌溉，经原始的间歇砂滤池发展起来的人工生物处理技术
技术成熟性	到目前为止，该法已在我国城市污水和食品、酿造、造纸、纺织、煤炭、电力、医药、化工等工业的废水二级处理和深度处理中应用，并取得良好效果	现已从低负荷发展到高负荷，突破了传统采用的滤料，扩大了应用范围
特点	容积负荷高、占地小、不需污泥回流、不产生污泥膨胀、气耗电耗低、便于维护管理等优点	生物滤池的运行受气温变化的影响较小，耐冲击负荷，工作较稳定，管理容易，而且运行费用低
设备选型及能耗	风机：Q=86.5m³/min，P=39.2kPa，N=90kW，轴功率 78.55kW 2 台 日电耗：1885.2kW/h	水泵：350WQ1200-6-30，功率 30kW 2 台 日电耗：2160kW/h
构筑物大小及占地	接触氧化池：水深 3m，填料高 2.0m，有效容积 $2500m^3$，水池面积 $833m^2$；沉淀池：水深 4m，有效容积 $3750m^3$，面积 $937.5m^2$	滴滤池：面积 $1250m^2$，停留时间 2h，滤料高度 2m，滤料体积 $2500m^3$；通风面积 $20m^2$
投资	约 1000 万元	约 1200 万元

续表

工艺名称	接触氧化	滴滤
工程适应性分析	易于布置，可埋地，远期水质好转时容易转为生态景观设施； 为两相介质，不易滋生蚊蝇； 机械曝气，污染物去除效果好，出水水质稳定	较难布置，高度较高，通风管面积大，需结合景观设计； 为三相介质，容易滋生蚊蝇，池内局部为厌氧，有一定气味； 自然通风供氧，污染物去除效果受气温等因素影响大，目前无自然通风方面的成熟计算模型，仅有经验数据估算，较难预料出水水质
总体评价	综合比较，推荐接触氧化工艺	

综合比较，从能耗、工程适应性等各方面考虑，推荐采用接触氧化工艺，考虑到本工程湿地特性，接触氧化池采用埋地设置，表面覆盖绿化草坪，覆绿后保持湿地公园的整体景观效果。

8.1.6　湿地处理工艺比选

根据工程水质特点，结合同类工程中的实践经验，针对本项目提出人工湿地净水方案。人工湿地分类有多种，其中较为常见的是按水流的流态划分，大体可分为自由水面式和潜流式两大类。

1. 自由水面人工湿地系统

自由水面人工湿地最显著的特点是水位高于湿地基质层，此类湿地中最常见的是地表径流人工湿地。在这种类型的湿地中，废水从床体表面流过，床表水深一般控制在10～100cm，其污染物质的去除效率一般高于自然湿地系统，而去除机理某些方面接近于兼性塘，由于植物的作用，在好氧和兼性塘中经常发生的藻类大量繁殖的情况一般不会出现。许多此类型的湿地是在天然湿地（天然洼地、苇塘）的基础上，辅以必要的工程措施改建而成。

该类型湿地的优点是投资少、操作简单、运行费用低等，缺点是在处理相同的条件下占地面积大于潜流人工湿地，运行受气候影响大，且夏季易孳生蚊蝇，废水直接暴露在空气中存在传播疾病的可能等，对于本工程而言，由于地理位置处于西南，且来水经过预处理，不容易产生上述缺点。

2. 潜流人工湿地系统

潜流人工湿地系统是在床体中填充填料，床底设防渗层，植物在填料上生长，而废水则从填料中流过，水位控制在填料以下，一般填料厚度为60～100cm。此类湿地的优点是负荷率高、处理效果好、抗冲击负荷、卫生条件好、占地面积相对较小等，但基建和运行费用一般要高于自由水面人工湿地。目前潜流人工湿地是各国研究和应用最为广泛的类型。潜流人工湿地按水流方向主要有水平流潜流人工湿地和垂直流潜流人工湿地两种形式。

水平流潜流人工湿地的废水进入湿地后沿水平方向缓慢向出水口流动，在湿地的中间可适当设置导流设施，出水口可设水位调节装置，以保证废水和填料层尽可能多的接触。除一般生物反应器的去除机理外，其污染物去除的基本原理还包括根际效应理论：

植物可以向根际释放氧气和多种分泌物，改善根际微生物的生境，并通过多种途径提高湿地的处理能力；同时植物也可为废水渗流创造良好的条件。对于负荷相对较高的湿地系统，好氧生化反应所需的氧气主要来自大气复氧，但自然复氧的量往往不足，所以采用人工强化充氧对湿地系统有机物和氮素去除效能有明显提升作用。

垂直流人工湿地的水流方向与填料层表面相垂直，其布水和集水装置一般分别设于填料层的上、下表面。VF 型湿地与 HF 型湿地相比更容易实现废水的均匀投配和水位的控制，通过水位的控制和间歇式的进水方式，可以增加系统的溶解氧水平，提高脱氮能力，但 VF 型湿地对悬浮物和磷的去除能力一般不如 HF 型湿地，其基建成本和施工精度要求一般也明显高于 HF 型湿地。

本工程前端强化预处理后的河道水，由于出水污染负荷已较低，对周边环境影响小，同时，由于表流湿地具有易于管理、不易堵塞、景观效果好、构造简单等优点，因此本工程选用表流式湿地系统。

8.1.7　湿地总体布置方案比选

方案一：分洪河道明渠方案

该方案遵循原有地形地势，采用梯级湿地，主河道依据原有河道改造，枯水期间分洪河道通过分级低堰蓄水，湿地通过引水管引水至接触氧化池处理后流入湿地，洪水期间分洪河道行洪，总平面及横断面分别如图 8-1（见书后彩图），图 8-2（见书后彩图）所示。

优点：

1）充分利用地形地貌，无大开挖，不用做大型水工构筑物。

2）无大的蓄水，不会形成深潭。

3）枯水期、洪水期分流，湿地不受影响。

缺点：预留了泄洪通道，水面面积受到一定影响，通过在枯水期间分洪河道和分级低堰蓄水，可增加水面面积，整体相比闸坝蓄水方案，约减小一定水面，但这部分面积通过绿化，可使河道景观与整体景观融为一体。

方案二：闸坝蓄水方案

修筑挡水坝，形成统一的大水面，中心河道挖深，两侧水深浅，形成表流湿地，中心河道做好护岸，平时淹没在水面下，不影响景观。

优点：形成了大的水面，从上游看景观效果较佳。

缺点：

1）现有河道坡度较陡，需要修筑较大的闸坝挡水。

2）如需降低闸坝高度，需要开挖，而现有地质情况基岩埋深较浅，需要爆破，投资高，影响大；同时，前部挖方后增加了两岸边坡高度，减小了水面面积。

3）下游可看到闸坝，景观效果受到一定影响。

4）局部尤其坝前形成深水区，雨季等季节水质受影响时，湿地整体景观会受影响。

5）该方案相比方案一，增加了挡水坝，投资约需增加 1000 万元，坝前水位最深处达到 5～6m，同时，由于设置了挡水坝，影响了整体河道的水文特性。

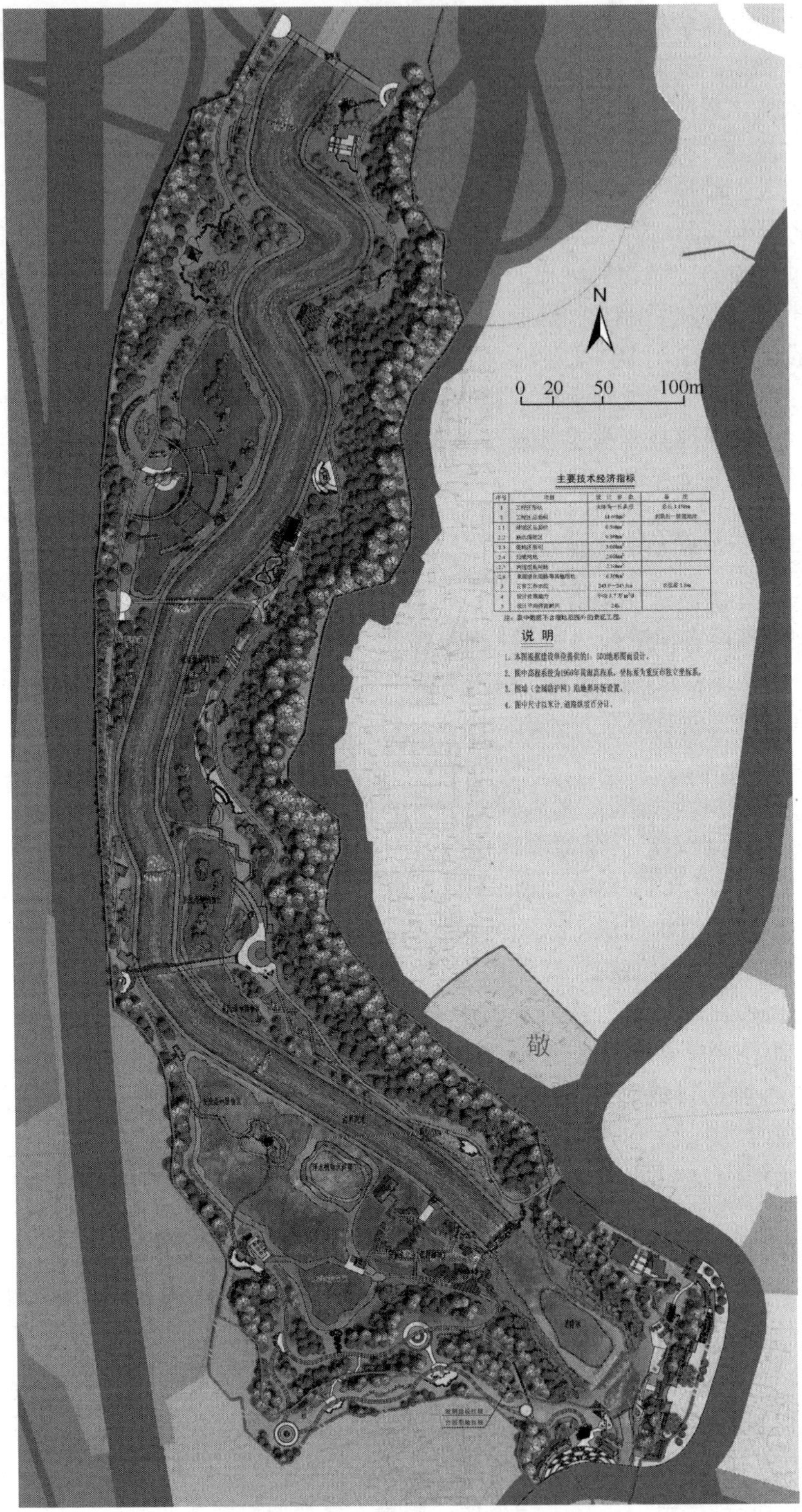

图 8-1　方案一总平面布置图

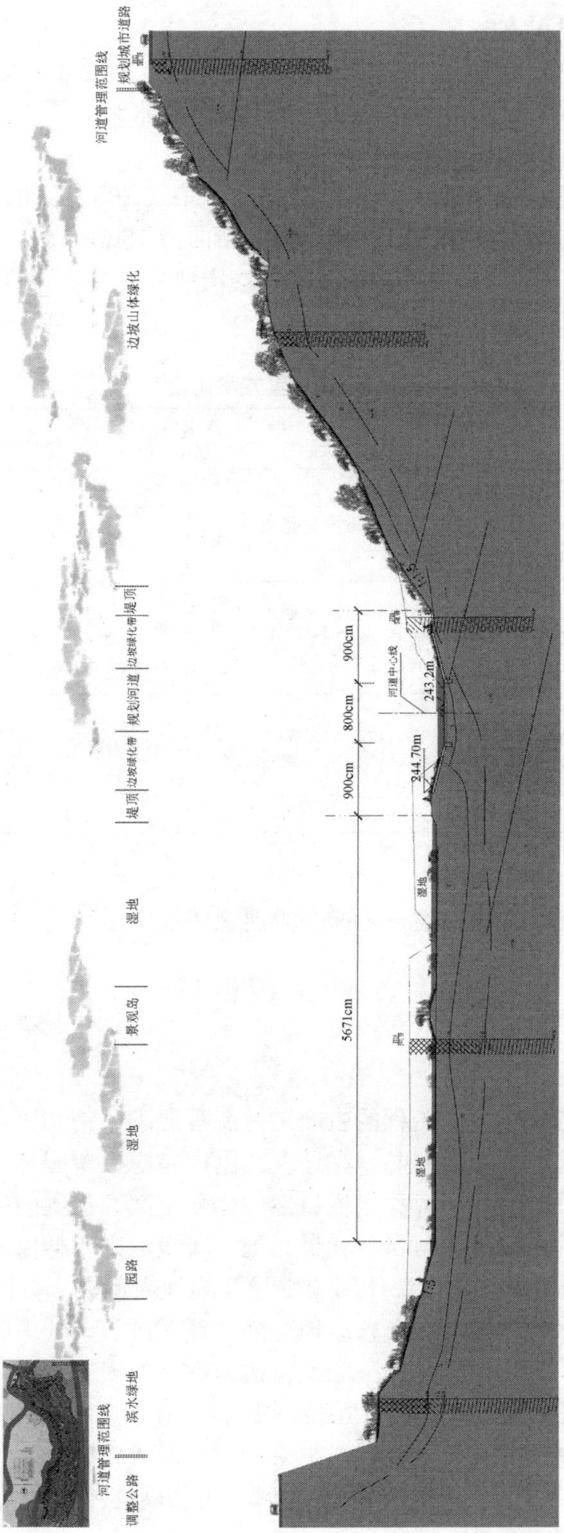

图 8-2　方案一横断面布置示意图

方案三：分洪河道暗渠方案

修筑堰坝蓄水，形成统一的大水面，泄洪通道单独修建，埋设于湿地下方，相互独立。

优点：湿地无溢洪要求，功能相对独立，便于处理洪水。

缺点：

1）人工修筑暗河泄洪通道，投资大，比方案一约增加 2000 万元。

2）暗河尺寸较大，按照 50 年一遇洪水计算，断面为 15m×3m，景观上较难处理。

3）暗河的清通维护、安全、环境影响等问题均需要妥善考虑和解决。

综上，比较 3 种方案见表 8-10。

表 8-10　湿地总体布置方案比较表

方案	投资及运行	景观效果	安全维护	洪水期影响	实施难度	其他影响	综合评价
方案一：分洪河道明渠方案	约 12 000 万元	预留通道，景观上水面面积减少约 3 000m^2	分洪河道明渠绿化后日常维护与普通绿地一样	对湿地无影响	容易	对河道水文无影响	优、推荐
方案二：闸坝蓄水大水面方案	约 13 000 万元	景观上大水面，闸坝从下游看景观效果较差	有闸坝，洪水期需根据水位情况开启，日常需要维护	洪水期间对湿地有一定影响	有闸坝，整体设计类似一个小水库，实施难度较大	对河道水文有影响	一般
方案三：分洪河道暗渠方案	约 14 000 万元	景观上大水面，暗渠在断面上景观效果较差	有暗渠，其淤塞，安全性均需要慎重考虑	对湿地无影响	有暗渠，实施难度较大	对河道水文有一定影响	一般

注：表中投资为可比部分投资，不代表治理总投资

综合比较上述 3 方案，推荐方案一，即分洪河道明渠方案。

8.2　湿地工程设计

8.2.1　总体布局

湿地总体布局优先考虑满足本工程的生产工艺流程要求，使其更加优化、合理、高效、节能。在满足其功能性要求的同时，在适度范围内考虑预留园林绿化用地，美化环境，为城市居民提供良好的生活环境和接近自然的休憩空间，让人能够观赏、体验，并能达到科普及科研的目的，促进人与自然和谐相处。布设原则包括以下 3 点。

1）拟建的湿地以净化水体、景观休闲为主导，湿地内绝大部分区域应设置为湿地景观区，区域内除设置水处理设施、布置湿地等外，针对维护、管理的需要，应适当考虑巡回道路，小型船运码头，保护区外围应预留适当宽度的人工干涉带，以划分界面。

2）入口区应考虑市民进湿地参观、休闲的需求，设计中应考虑预留适量的地块，同时考虑管理养护用地。规划方案要求能结合起来考虑，形成完整体系。

3）在设计中尽可能地利用开挖土方填造地形，理水筑坡，既形成丰富的空间变化，又减少大量的工程建设资金。

整个湿地范围分为 3 个功能区，即东南部跌水消能区，主要包括湿地瀑布和下

方的跌水消能区，中部人工措施在内的水处理核心区，北部兼具景观功能的湿地处理区。

1. 东南部跌水消能区

自瀑布上方至分流岛，共约为 0.3hm^2，作为整个湿地区的跌水消能区，通过在瀑布上方设置拦污栅，下方设置消能池，对流入湿地的河道来水进行物理预处理，拦截上游来水的垃圾，提高瀑布景观效果。消能池用于在洪水期间跌水消能，同时起沉砂作用，防止湿地淤积。此外，瀑布的自然跌水可起到为水体复氧和氧化氨氮为硝态氮的效果，便于湿地植物吸收。

2. 中部水处理核心区

自分流岛至水生植物沉淀塘，总面积约为 0.5hm^2，作为整个湿地区的水处理核心区，通过人工措施，对流入湿地的河道来水进行预处理，降低来水的悬浮物含量和 BOD，防止湿地淤积，同时对氨氮进行氧化。该区作为整个湿地的“前置库”，是重要的水体调控区域，作为整个湿地水体的入口和出口，在分流岛处控制进水量，洪水期河道水溢流直接进入湿地溢洪通道，枯水期通过分流岛上引水管进入接触氧化池，氧化池出水进入水生植物沉淀塘，沉淀出水再进入湿地植物区。

3. 北部湿地处理区

自沉淀塘至北部堰坝处，共约为 5.50hm^2，作为湿地核心区，它是整个湿地重要的生态功能区。在保证湿地净水、蓄水功能的基础上，增加生物多样性保护措施，营造湿地鸟类、鱼类适宜的生境条件，提高湿地生物的多样性。

4. 其余区域

其余区域主要指边坡、景观绿地、道路等，共约为 9hm^2，是整个湿地的外围区域和边界。

8.2.2　竖向布置

湿地处理工程具有面积大、区域自然水力条件较差的特点。为实现湿地处理系统的顺利运行，各处理系统之间采用管道或渠道等方式贯通，各处理构筑物之间需留足水力高差，保障水力条件，使整个系统水流顺畅，完成湿地处理工艺的流程要求。进行源水处理的同时，使整个系统成为具有景观特点的生态系统。

现有场地平均高程为 247m，根据场地查勘，场地大致高程分布如下。

1）湿地跌坎高差接近 18m，跌坎正下方高程为 248.93m；

2）跌坎下游至现有废弃水库坝位置，中间分布为河道，平均高程为 242.0m，两侧为农田，平均高程为 247.0～248.0m，农田外侧为陡边坡；

3）水库坝向下游 400m，河道平均高程为 241.0m，纵坡坡降约为 2.5‰。

整个场地呈现南高北低的态势，从水力流程上分析，可充分满足水头需求。

各部分高程根据水力流程要求，设计见表 8-11。

表 8-11 运行水位一览表 （单位：m）

项目	消能池前	接触氧化池	沉淀塘	一级表流湿地	二级表流湿地	三级表流湿地	四级表流湿地
正常运行水位标高	248.7	245.0	244.7	244.5	243.5	242.5	241.5
底部标高	243.9	242.0	240.7	243.5	242.5	241.5	240.5

8.2.3 湿地植物配置

1. 人工湿地植物选取原则

（1）适地适种

不同地区具有不同的生态环境背景，存在地域的差异和特殊性等，这些特点均是在人工湿地生态系统设计的植物选择中需要考虑的重要因素。必须做到因地制宜，植物适合当地的立地条件。

（2）耐污能力强

耐污染能力是选择人工湿地植物的重要因素。大多数植物对于污染这种特殊的逆境均有一定的适应性，利用植物这种对污染的适应性进化，可以筛选出符合要求的人工湿地植物。但不同植物耐污能力相差较大，因此构建人工湿地选择物种时要选择耐污能力强的植物，以保证植物的正常生长，同时有利于提高人工湿地的污染物净化能力。

（3）净化能力强

净化能力是选择人工湿地植物需要考虑的另一重要因素。为了提高人工湿地的去污能力，在选择植物时不但要选择耐污能力强的植物，同时也要求植物具有较强的净化能力。一方面植物的生物量较大；另一方面植物体内污染物的浓度较高。

（4）根系发达

植物具有发达的庞大根系是被选为表流湿地植物的重要因素之一。主要由于两方面的原因：①发达的植物根系可以分泌较多的根分泌物，为微生物的生存创造良好的条件，促进根际的生物降解，提高人工湿地净化能力。Anderson 等的研究表明，植物根际的分泌物可以促进微生物转化，加速污染物的生物降解。②植物的根系在固定床体表面、笼络土壤和保持植物与微生物旺盛生命力等方面发挥着重要作用，对保持湿地生态系统的稳定性具有重要意义。

（5）经济和观赏价值高

人工湿地植物的选择应考虑经济和观赏价值。发达国家的人工湿地污水处理系统在治污的同时还引入园林设计的理念，将治污与营造生态公园融为一体，使保护环境与美化人们的生活相映生辉，产生了非常好的效果。

2. 水生植物分类

影响水生植物群落构建的因子主要有水位、养分、土壤、温度、光照等。根据各种植物的生境、生态、形态及生理特征，可以分为不同的植物类型。在水生植物群落构建过程中，可以根据需求，选择不同的物种。目前，湿地植物分类大多根据植物在水域生长的位置，可以将水生植物分为湿生植物、挺水植物、浮叶植物、浮水（漂浮）植物、沉水植物等。

（1）湿生植物

湿生植物通常是指那些适宜生长生活于驳岸、沼泽湿地或临水区域，植物基部不常被水体淹没，但土壤水分含量为饱和或接近饱和的植物类型。这种植物在水位较高时水生，水位较浅时陆生，对水位环境的适应性较强，但不适应长期淹水环境生长。代表物种，如海芋、龟背竹、华凤仙、水蓼、水杉、池杉、落羽杉、枫杨、柳杉等。

（2）挺水植物

挺水植物的根系生长于水底底泥中，叶片和花葶高挺出水面，适宜水深范围一般为5～50cm，以不淹没第一分枝或心叶最为适宜。代表物种，如香蒲、芦苇、菰（茭白）、水葱、再力花、千屈菜、风车草等。

（3）浮叶植物

浮叶植物的根系生长于水底底泥中，叶片和花朵出水漂浮于水面，适宜水深范围一般为 20～80cm，以一片新叶从叶柄开始抽长到叶片出水，其在水体中的生长停留时间以不超过 3 天为宜。代表物种，如王莲、睡莲、萍蓬草、竹叶眼子菜、菱、芡实等。

（4）浮水（漂浮）植物

浮水植物的根系不入土，全株漂浮生长在水面，随水漂流，本类植物对水位要求不严格，一般以 100cm 为宜。代表物种，如大薸、凤眼莲、满江红、槐页萍、萍、水鳖等。

（5）沉水植物

沉水植物的整个植株完全生长在水中，仅开花时部分花或花蕾露出水面，适宜水深一般为 5～100cm，一般茎蔓长的耐深水，反之则喜浅水环境。代表物种，如菹草、眼子菜、苦草、金鱼藻、黑藻、狐尾藻、茨藻等。

3. 湿地植物选择

本工程分 4 个区块布置表流湿地，表流湿地前端布置人工强化预处理设施接触氧化池，氧化池出水进入浮水植物沉淀塘，去除大部分氧化池出水中的污泥，出水依次串联进入第一级、第二级、第三级、第四级表流湿地，从净水工艺流程上分析，各级湿地植物主要配置如下。

第一级湿地以进一步沉淀悬浮物为主，宜种植浮水植物和挺水植物，近岸处种植浮叶、挺水、湿生植物。第一级湿地从景观上考虑，为本项目主要湿地观赏区，景观上易形成大水面，湿地水面率保证在 60%以上，浮水植物应避免选择能在大水面迅速繁殖的水葫芦等强势物种，应以观赏性的睡莲等物种为主。

第二、第三级湿地以去除有机物、脱氮除磷为主，宜主要种植对污染物去除效果好的植物，如挺水植物中的香蒲、菖蒲、芦苇、花叶水葱、再力花等，布水时注意挺水植物的阻水效果，景观布置时可布置园路，湿地水面率保证在 50%以上，近岸处种植浮叶、挺水、湿生植物。

第四级湿地为深度净化，通过前三级湿地的处理，水体透明度增加，为沉水植物的生长提供了良好条件，宜以沉水植物为主，进一步净化水体，提高出水洁净程度，景观上形成大水面，湿地水面率保证在 80%以上，近岸处种植浮叶、挺水、湿生植物。湿地可选择植物物种特性见表 8-12。

表 8-12 生态湿地可选择植物物种特性表

序号	植物名称	科属	分布情况	生物学特征
1	小叶蚊母 *Distylium buxifolium*	金缕梅科蚊母树属	分布在福建、湖南、广西、广东、四川、浙江等地的河岸或沙石滩	生命力旺盛，有较强的抗旱和耐水淹能力，对土壤适应性广，在肥沃疏松排水良好的土壤中生长最好。花期为 2～4 月
2	千屈菜 *Lythrum salicaria*	千屈菜科千屈菜属	我国南北各地均有野生，多生长在沼泽地、水旁湿地和河边、沟边	多年生挺水宿根草本植物。各地广泛栽培，喜湿。对土壤要求不严，在土质肥沃的塘泥基质中花艳，长势强壮花期为 6～10 月
3	荷花（莲藕） *Nelumbo nucifera*	睡莲科莲属	适宜长江流域种植	多年生挺水草本植物，生长旺季适应水深为 2～3m。以无性繁殖为主，生长期为 3～10 月，花果期为 5～10 月
4	慈菇 *Sagiattria asgittifolia*	泽泻科慈菇属	长江以南各地广泛栽培	多年生挺水草本植物，具有球形根，叶片宽大肥厚
5	芦苇 *Phragmites communis*	禾本科芦苇属	全国各地均有分布	多年生湿生禾草，耐污能力、截污能力强。适生水深为 0.5～1m，生长旺季耐水深可达 1.5～2m，生长期为 3～11 月，花果期为 7～11 月，高可达 2～4m，可采用无性繁殖
6	黄花鸢尾 *Iris pseudacorus*	鸢尾科鸢尾属	我国大部分地区有栽培，主产广东、广西、四川，生于林下、山脚及溪边的潮湿地	多年生宿根性直立草本，高为 30～50cm。要求适度湿润，排水良好，富含腐殖质、略带碱性的黏性土壤；生于沼泽土壤或浅水层中；喜阳光充足，气候凉爽，也耐半阴环境
7	黄菖蒲 *Iris pseudacorus*	鸢尾科鸢尾属	本地物种，在重庆市地区均生长良好	适应性强，一般在 15～35℃温度下均能生长，喜石灰质弱碱性土壤
8	香蒲 *Typha orientalis*	香蒲科香蒲属	分布于东北、华北、四川、陕西等地水旁或沼泽中	多年生水生、沼生草本，除氮、磷能力强。生长旺季适应水深为 0.6～1m，无性繁殖采用较多，栽植时间一般为 4～5 月，花果期为 5～8 月，高可达 1.3～2m
9	水葱 *Softstem bulrush*	莎草科莎草属	全国各地均有分布，可在沼泽、沟渠、池畔浅水区生长	喜阳性，夏宜半阴，喜湿润凉爽通风，最佳生长温度为 15～30℃，10℃以下停止生长
10	水生美人蕉 *Canna glauca*	美人科美人属	广布于美国的东南部，重庆地区湿生观赏应用较多	多年生挺水宿根草本植物，具根状块茎，植株高大，茎叶繁茂，喜温暖水湿及阳光充足的环境，尤其对炎夏的高温适应性强
11	蓼子草 *Polygonum barbatum*	蓼科蓼属	为乡土草种，长于河漫滩区域	一年生草本，高为 0.2～1m。茎直立，粗壮，单一或多分枝，无毛，节部膨大，生于沟边、路旁潮湿地
12	睡莲 *Nymphaea tetragona*	睡莲科睡莲属	长江流域广泛分布	有性繁殖和无性繁殖均可，一般在 4 月下旬，无性繁殖主要分为侧芽和块茎繁殖两种，花果期为 5～11 月
13	芡实 semen euryales	睡莲科芡属	多生于池塘沼泽中，我国中部、南部较为常见	一年生水生草本，全株多刺，地下茎粗短，初生叶沉水
14	狐尾藻 *Myriophyllum verticillatum*	小二仙草科狐尾藻属	重庆本地种	多年生草本，根状茎生于泥中，多生于池塘或静水中，具有较好的水质净化功能，可作为水生植物修复的先锋物种
15	苦草 *Vallisneria natans*	水鳖科苦草属	广泛分布于我国南方低海拔湖泊、浅水中	喜温暖，耐荫蔽，对土壤要求不严，是植物园水景、风景区水景、庭院水池的良好水下绿化材料

续表

序号	植物名称	科属	分布情况	生物学特征
16	黑藻 *Hydrilla verticillata*	水鳖科黑藻属	单子叶多年生沉水植物，广泛分布于我国各地池塘、河流和湖泊中	水中茎长达 2m，可采用有性种子繁殖或活体移植，花果期为 7～8 月
17	金鱼藻 *Ceratophyllum demersum*	金鱼藻科金鱼藻属	全国均有分布	在 pH 为 7.1～9.2 的水中均可正常生长，无根，全株沉于水中，吸氮能力极强，可为鱼类提供食物
18	微齿眼子菜 *Potamogeton distinctus*	眼子菜科眼子菜属	多年生沉水草本，南北各省均有分布	喜光，脱氮除磷效果好。无性繁殖采用较多，可常年进行，扦插采用 4～9 月生长的地下茎和水中茎，分株繁殖时间一般在 4～8 月，生长周期为 3～11 月

8.2.4　湿地设计参数

总体设计参数见表 8-13。

表 8-13　湿地工程总体设计参数表

序号	项目	设计参数	备注
1	工程区形状	大体为一长条形	总长 1.15km
2	工程区总面积	$14.60hm^2$	到最后一级湿地处
2.1	处理区总面积	$0.50hm^2$	—
2.2	跌水消能区	$0.30hm^2$	—
2.3	湿地区面积	$3.00hm^2$	—
2.4	边坡用地	$2.00hm^2$	—
2.5	河道湿地用地	$2.50hm^2$	—
2.6	景观绿化道路等其他用地	$6.30hm^2$	—
3	正常工作水位	243.0～245.5m	水位差 2.5m
4	设计处理能力	平均 3.7 万 m^3/d	—
5	设计平均停留时间	24h	—

第9章 水工设计

9.1 护岸工程设计总体思路

9.1.1 资料收集与整理

涉及地形、地质资料，水文气象资料以及其他相关文件、地方标准等。地形图需由当地测绘局提供的1：1000精度以上的带状图以及河道断面图。地质及水文资料需由专业的勘测单位对现场进行实际勘查后出具，勘孔数量及深度需满足相应规范要求，不得漏勘、误勘，确保为设计提供完整、真实的地质资料。

9.1.2 明确设计标准和依据

根据《防洪标准》（GB 50201—94）、《堤防工程设计规范》（GB 50286—2013）等相关设计规范和标准，确定护岸工程级别，并由此确定安全加高值、抗滑安全系数、抗倾覆安全系数等一系列设计参数。设计常用的规范和标准，除上述外，还包括《城市防洪工程设计规范》（CJJ 50-92）、《水工建筑物荷载设计规范》（DL 5077—1997）、《水工混凝土结构设计规范》（SL/T 191—2008）、《水工挡土墙设计规范》（SL 379—2007）等。

9.1.3 工程的总体布置及断面型式

该部分为整个护岸工程的核心内容，也是工程设计的难点所在。河岸堤防以城市防洪规划和自然岸线为基础，结合城市总体规划目标和生态景观的要求，开展生态工程技术的研究，采取合适的堤线方案，实现功能保护目标，维护河流的生态健康。堤线布置过程中主要遵循以下原则。

1）堤线布置应趋于自然，岸线布置应尽量与河势流向相适应，并与洪水的主流线大致平行，充分利用现有河线河岸，保持河流的自然风貌，在满足规划堤距的前提下，结合地形条件，做平顺调整。

2）岸线布置在土质较好，较为稳定的岸带上，尽可能避开软弱地基、深水地带等。

3）在城镇周围，总体与相应的城镇规划的沿河道路、河道走向、河道宽度保持一致，与已建、在建堤防平顺衔接。并尽可能为区域的综合发展提供有利的环境空间。

4）充分利用和研究现状河滩成形格局，合理提出整治方案，在满足河流行洪宣泄的同时，尽量保留沿线的绿地景观，为营造水域湿地景观创造条件。

9.2 护岸工程方案比选

9.2.1 河道断面型式

河道断面型式的选择，需按照因地制宜、就近取材的原则，根据河道所处地形、地质条件、建筑材料、施工条件、运用和管理要求，结合区域使用功能、周边生态环境、景观美化、工程造价等因素，经技术经济比较后综合选定。

进行河道断面方案比选时需考虑以下几个方面。

1）行洪能力：满足河道的基本功能，进行满足行洪要求的断面设计。

2）生态需求：河道作为重要的生态廊道，具有特殊的生态系统结构与功能，在进行河道设计时，要充分考虑生态需求。

3）景观效应：考虑沿线的景观环境改善，为沿岸居民提供更为优美舒适的景观环境。

4）因地制宜：包括选材、断面型式、地基处理方案乃至整个工程方案都必须结合项目的实际情况进行选择。

5）经济合理：从经济合理角度进行方案选择和设计。

9.2.2　护坡材料

河道护岸建筑物是保护河道边坡稳定、防止水土流失、减少河道淤积的重要工程措施。随着对生态环境及景观要求的逐步提升，生态护坡正逐步取代传统硬质护岸，成为优先考虑的护坡型式，同时柔性环保的护岸材料也越来越受到青睐。下面从生态护坡角度出发，介绍3种常见的护坡材料。

1. 结构型式一：联锁水工砌块护坡

通常做法为坡面碾压密实后铺设反滤土工布及5cm厚碎石垫层，铺设15cm厚水工联锁砌块，并根据景观绿化需要调整开孔尺寸，在砌块开孔内配置不同的灌木、草本植物进行景观绿化，护岸平台不设置栏杆，种植乔木、灌木作为隔离。护岸内侧接景观园林绿化，如图9-1所示。

(a)

(b)

图9-1　联锁式水工砌块护坡

2. 结构型式二：绿化混凝土护坡

通常做法为坡面碾压密实后铺设反滤土工布，浇筑 2m×2m（或其他尺寸）混凝土框格梁，框格梁内浇筑 18cm 绿化混凝土，并根据景观绿化需要，配置不同的灌木、草本植物进行景观绿化。护岸平台种植乔木、灌木作为隔离，护岸内侧接景观园林绿化。如图 9-2 所示。

(a)

(b)

图 9-2　绿化混凝土护坡

3. 结构型式三：三维排水柔性生态袋护坡

生态袋的特点是透水不透土，它允许水从袋体渗出，从而减少袋体的静水压力；但不允许袋中土壤泻出袋外，既能防止填充物（土壤和营养成分混合物）流失，又能实现水分在土壤中的正常交流，达到了水土保持的目的，成为植被赖以生存的介质。通常做法为坡面碾压密实后采用生态袋＋三维排水联结扣垒筑，坡面植草，坡脚采用混凝土护脚，坡脚抛块石，防止水流冲刷，河滩种植水生植物，常水位以上 20cm 设置亲水平台，平台上下坡度分别设缓坡，坡面植草，护岸背侧接沿河景观用地。

图 9-3 分别为三维排水柔性生态袋连接锁扣、三维生态袋、已完工并恢复植被的工程实例和刚完工尚未恢复植被的工程实例。

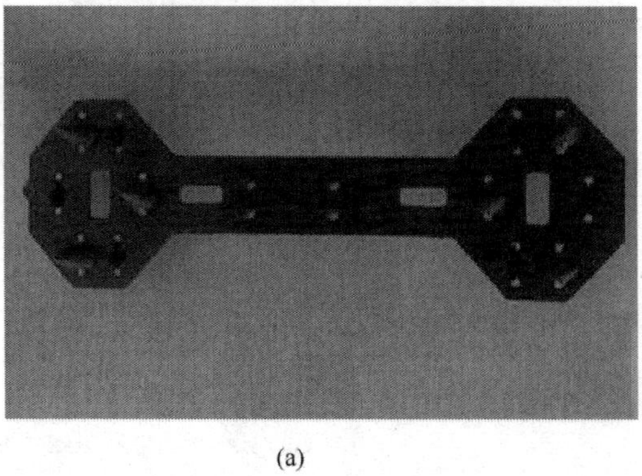

(a)

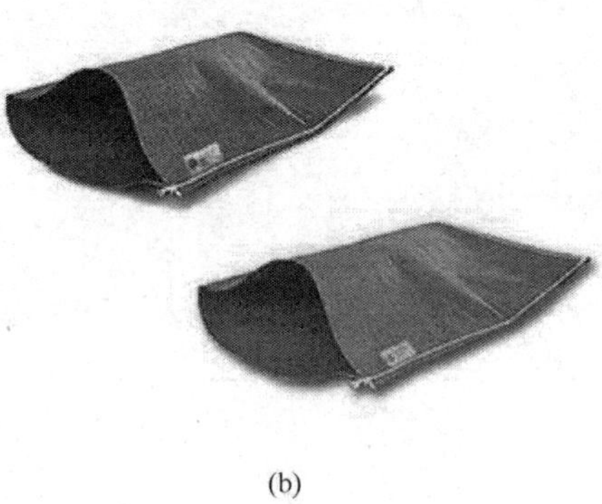

(b)

(c)　　(d)

图 9-3　三维排水柔性生态袋护坡

3 种护坡材料综合比较见表 9-1。

表 9-1　3 种护坡材料综合比较表

项目	联锁水工砌块	绿化混凝土	三维排水柔性生态袋
工程投资	70～100 元/m^2	200～250 元/m^2	180～220 元/m^2
沉降适应性	一般	较差	较好
材质类型	半刚性	刚性	柔性
生态效益	较好	一般	较好
景观效益	一般	较好	较好

3 种型式的护岸都能起到防止堤岸冲刷的作用，联锁水工砌块护坡作为一种半刚性护坡，水上部分在其开孔中种植草皮，掩藏砌块形态绿化周边环境，水下部分由于其开孔可使水体与周边充分交流，在一定程度上能够净化水体，有利于生物繁衍，但是该种护坡绿化效果一般且适应不均匀沉降的能力较差。

绿化混凝土护坡为硬质护坡，生态效益不如其余两种方案，且国内生产厂家较少，可供选择的余地不大。

三维排水柔性生态袋护坡方案具有如下特点。

1）生态环保，可与自然生态环境完美融合，施工时不产生建设垃圾和施工噪声；

2）运用生态袋修建生态边坡，可根据地形条件建成仿自然的生态边坡，同时植被选择可多样化，有利于边坡环境迅速还原成自然状态；

3）生态袋边坡结构可通过植物发达的根系与坡体结合成整体，使人工边坡和原自然边坡间不会产生分离、坍塌等现象；

4）生态袋护岸属于柔性结构，能够通过适应变形来释放、削减土压力。同时其结构不会产生温度应力，不需设置温度缝；

5）三角内摩擦紧锁结构，整体受力对外界冲击力有缓冲作用，其抗震性与传统边坡无法比拟；

6）施工快捷、方便，可缩短工期，降低造价。

基于上述优点，三维排水柔性生态袋护坡可有效解决安全环境与生态环境的矛盾，工程性能好，符合“人与自然和谐相处”的现代治水思想。

针对本次工程，综合考虑上述各方面因素后，决定采用三维排水柔性生态袋护坡。

9.3　护岸工程设计

9.3.1　堤顶高程

根据《堤防工程设计规范》（GB 50286—98）的规定，堤顶高程应按设计水位加堤顶超高确定，堤顶超高计算公式如下：

$$Y = R + e + A$$

式中，Y 为堤顶超高（m）；R 为设计波浪爬高（m）；e 为设计风壅增水高度（m）；A 为安全加高。本次护岸工程按允许越浪设计，根据堤防设计规范，2 级堤防安全加高值取 A=0.4m。

1. 波浪要素计算

波浪要素计算公式如下：

$$\frac{g\bar{H}}{V^2} = 0.13\text{th}\left[0.7\left(\frac{gd}{V^2}\right)^{0.7}\right]\text{th}\left\{\frac{0.0018\left(\frac{gF}{V^2}\right)^{0.45}}{0.13\text{th}\left[0.7\left(\frac{gd}{V^2}\right)^{0.7}\right]}\right\}$$

$$\frac{g\bar{T}}{V} = 13.9\left(\frac{g\bar{H}}{V^2}\right)^{0.5}$$

$$L = \frac{g\bar{T}^2}{2\pi}\text{th}\frac{2\pi d}{l}$$

式中，L 为平均波高（m）；$\bar{T}$ 为平均波周期（s）；V 为计算风速，取 19m/s；F 为风区长度（m）；d 为水域平均水深（m）；g 为重力加速度，取 9.81m/s^2；l 为波长（m）；$\bar{H}$ 为平均波高。

2. 风壅水面高度计算

风壅水面高度计算公式如下：

$$e = \frac{kV^2F}{2gd}\cos\beta$$

式中，e 为计算点的风壅水面高度（m）；k 为综合摩阻系数，取 $k = 3.6\times10^{-6}$；V、F、d 同上；β 为风向与垂直于堤轴线的法线的夹角，本设计按风向与垂直于堤轴线计算，取 $\beta = 0$。

3. 波浪爬高计算

根据《堤防工程设计规范》（GB 50286—98），当 $m = 1.5 \sim 5.0$ 时，波浪爬高按下式计算：

$$R = \frac{K_\Delta K_V K_p}{\sqrt{1+m^2}}\sqrt{\bar{H}L}$$

式中，R 为波浪爬高；K_{Δ} 为斜坡的糙率及渗透性系数，草皮护面取 0.85，砌块护面取 0.75；K_V 为经验系数；K_p 为爬高累积频率换算系数，对不允许越浪的堤防，爬高累积频率取 2%；m 为斜坡坡率；$\bar{H}$ 为堤前波浪的平均波高（m）；L 为堤前波浪的波长（m）。

根据规范规定，2 级堤防的安全超高值不应小于 2m，但考虑到本工程堤防两侧无重要保护对象，且堤顶高程以上也为护坡工程，故堤顶高程在取值时只考虑安全加高、波浪爬高和风壅高度的数值。各段堤顶高程计算结果见表 9-2 和表 9-3。

表 9-2 生态湿地段堤顶高程计算成果表 （单位：m）

桩号	河底高程		洪水位 2%	安全加高	波浪爬高＋风壅高度	堤顶超高	现状地面高程	
	现状	规划（5‰）					左堤	右堤
K0＋600	244.01	244.00	246.64	0.40	0.24	247.28	244.71	246.49
K0＋800	242.56	243.00	246.48	0.40	0.24	247.12	247.50	247.43
K0＋1000	242.01	242.00	245.52	0.40	0.24	246.16	245.65	244.85
K0＋1200	240.86	241.00	244.71	0.40	0.24	245.35	243.60	243.80
K0＋1400	239.84	240.00	244.47	0.40	0.24	245.11	247.70	241.55
K0＋1600	239.24	239.00	244.08	0.40	0.24	244.72	244.80	242.50

表 9-3 湿地至河谷地段堤顶高程计算成果表 （单位：m）

桩号	河底高程		洪水位 2%	安全加高	波浪爬高＋风壅高度	堤顶超高	堤顶高程
	现状	规划（5‰）					
K1＋600.00	239.24	239	244.08	0.4	0.396	0.796	244.88
K1＋800.00	238.86	238.86	243.95	0.4	0.372	0.772	244.72
K2＋000.00	238.77	238.77	243.84	0.4	0.368	0.768	244.61
K2＋200.00	238.67	238.67	243.80	0.4	0.367	0.767	244.57
K2＋425.12	238.10	238.10	242.60	0.4	0.368	0.768	243.37

9.3.2 冲刷深度计算

水流平行于岸坡产生的冲刷：

$$h_B = h_P + \left[\left(\frac{V_{CP}}{V_{允}}\right)^n - 1\right]$$

式中，h_B 为局部冲刷深度（m）；h_p 为冲刷处的水深（m）；V_{CP} 为平均流速，取 2.66m/s；$V_{允}$ 为河床面上允许不冲流速（m/s）；n 为 0.25。

水流斜冲防护岸坡时：

$$\Delta h_P = \frac{23\tan\dfrac{\alpha}{2}V_j^2}{g\sqrt{1+m^2}} - 30d$$

式中，Δh_p 为从河底算起的局部冲深（m）；α 为水流流向与岸坡交角（°）；m 为防护建筑物迎水面边坡系数；d 为坡脚处土壤计算粒径（cm），对非黏性土，取大于 15%（按重量计）的筛孔直径；对黏性土，按表取黏性土的当量直径；V_j 为水流的局部冲刷流速（m/s）。

当水流平行冲于护岸时，分别按堤脚处土壤为杂填土、黏土，计算得出从河底起算的平行水流局部冲刷最大深度为 0.56m。

当水流斜冲护岸时，当堤脚处土壤为黏土时，由于粒径较大，从河底起算的水流斜冲护岸的局部冲刷深度很小，忽略不计，当堤脚处为杂填土时，水流对护岸的斜冲最大深度为 0.63m。

根据计算结果，护岸护脚处采用 1m 埋深的混凝土基础＋抛填大块石防冲，可满足基础防冲要求。

9.3.3 护岸整体稳定计算

护岸整体抗滑稳定计算按《堤防工程设计规范》（GB 50286—98）规定要求，进行正常情况下稳定渗流期、设计洪水位骤降工况以及施工期工况 3 种工况的堤身的整体稳定计算。计算程序理正边坡稳定分析软件进行堤防抗滑稳定计算，按总应力法计算。

堤防填筑料及土体、岩体物理力学参数见表 9-4 和表 9-5。

表 9-4 土体物理力学参数建议值表

土的名称	天然重度（kN/m³）	饱和重度（kN/m³）	天然抗剪强度		饱和抗剪强度		承载力建议值	压缩模量（MPa）	渗透系数（cm/s）	基底摩擦系数
			ϕ	C（kPa）	ϕ	C（kPa）				
人工填土	18.65	19.75	13.10	26.82	—	—	—	5.17	—	0.30*
堤身填筑料	18.0	18.45	—	—	6	18	—	—	—	—
粉质黏土	19.20	19.80	13.95	27.64	10*	15*	130*	5.77	6.0×10^{-6}*	0.25*
淤泥质黏土	16.90	17.10	7.12	9.82	—	—	80*	2.54	4.45×10^{-7}	0.20*

*为地区经验值，下同

表 9-5 岩体物理力学参数建议值表

岩体名称	重度（kN/m³）	地基承载力特征值（kPa）	抗拉强度（MPa）	抗剪强度指标		变形模量（MPa）	泊松比	岩石与锚固体黏结强度特征值	基底摩擦系数
				内摩擦角（°）	黏聚力 C（kPa）				
强风化泥岩岩体	—	350*	—	—	—	—	—	—	0.35*
强风化砂岩岩体	—	400*	—	—	—	—	—	—	0.40*
中等风化泥岩岩体	24.83	1914	0.15*	28.00*	250*	1000*	0.30*	180*	0.45*
中等风化砂岩岩体	24.30	10127	0.73	39.55	1245	1500*	0.20*	550*	0.65*
岩体参数折减系数	—	0.33	0.40	0.85	0.20	—	—	—	—

选取两个典型断面进行计算，剖面图如图 9-4 所示，护岸整体稳定计算成果见表 9-6。

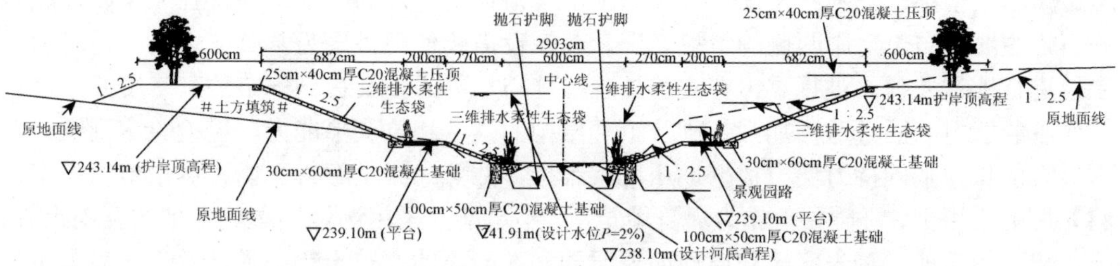

图 9-4 典型剖面图

表 9-6 防洪护岸整体稳定计算成果表

计算工况	稳定计算水位取值（m）	
	堤外水位	堤内水位
设计水位渗流稳定期	241.00	241.91
正常水位稳定渗流期	241.00	241.50
水位骤降期	241.00	241.91
施工期	238.10	241.00

根据《堤防工程设计规范》（GB 50286—98）规定，2 级堤防正常运用条件下防护堤的整体抗滑稳定安全系数为 1.25，非正常运用条件下为 1.15，从表 9-6 可以看出，迎水坡侧滑弧稳定均满足规范规定的要求。

9.3.4 护脚计算

在水流作用下，防护工程护脚块石保持稳定的抗冲粒径（折算粒径）可按下式计算：

$$d=\frac{V^3}{C^2 2g\frac{r_s-r}{r}}$$

$$d=\left(\frac{6S}{\pi}\right)^{1/3}=1.24\sqrt[3]{S}$$

式中，d 为折算直径（m），按球形折算；S 为石块体积（m^3）；V 为水流流速（m/s），取 V=1.51m/s；g 为重力加速度（9.81m/s^2）；C 为石块运动的稳定系数，水平底坡 C=0.9，倾斜底坡 C=1.2；r_s 为石块的重率，取 r_s=2.65（kN/m^3）；r 为水的重率，取 r=1（kN/m^3）。

经计算，d=0.087m。

综合上述计算结果，护脚抛石粒径不小于 0.2m。

9.3.5 堤身填筑设计

防洪护岸工程堤身土方填筑量约为 6.23 万 m^3，土方开挖为 4.35 万 m^3，开挖土方中部分为场地素填土，主要为砂、泥岩碎块石及粉质黏土，砂、泥岩碎块石粒径一般在 2～45cm，呈棱角状—次棱角状，含量为 10%～40%，结构松散，稍湿，系抛填，回填时间为 2.0～9.0 年，顶部有植物根系；素填土下层为残坡积层（Q_4^{el+dl}）粉质黏土，褐灰色，呈可塑状，稍湿，干强度及韧性中等，顶部含植物根茎，局部地带偶含强风化砂、泥岩碎石，主要分布于河岸两侧的斜坡之上，若建设需要使用该层为基础持力层，需对素填土层进行地基处理，进行重锤夯实等处理措施与加固，使其达到一定的密实度并具有相应的承载能力，同时适当加强基础及上部结构的强度和抗变形能力，经检验达到设计要求后方能作为基础持力层。根据地质勘察结果，并考虑到土石方平衡，尽量节约投资，将开挖的素填土、粉质黏土作为堤身填筑料，不足部分采用湿地和边坡支护的开挖土方。

堤身填筑前，首先应清除原地面表层约 0.5m 厚的腐殖土等杂质，并碾压后方可进行上部堤身填筑，土方填筑应根据其土壤特性进行碾压，若属于黏性土壤，其碾压密实度不应小于 0.93，若属于非黏性土，碾压相对密度不应小于 0.65。

土方填筑的级配及碾压遍数、铺料厚度、洒水量、干密度指标等相关参数应根据现场实际碾压试验结果确定。

9.4 消力池设计

工程采用下挖式消力池的底流消能方式，相应的流量为 158m^3/s，结合现状地形，确定消力池采用矩形断面，宽度为 21m，按《水利计算手册》公式计算，单宽流量为 3.43m^3/s，消力池池深为 1.64m，池长为 21m。

消力池两侧挡墙采用 M10 浆砌块石砌筑，梯形断面，设钢筋砼底板基础。消力池底部采用 C20 素砼浇注，厚度为 30cm。上游接跌水段采用 M10 浆砌块石护砌，厚度为 70cm。

9.5 溢流堰设计

9.5.1 方案比选

河道中建蓄水控制性建筑物，以抬蓄上游水位，维持上游水域面积，增强河流景观效应。河床拦蓄水工程建筑物选型方案有：滚水堰坝、橡胶坝、平板闸（平移式、提升式）、水力自动翻板闸和底轴旋转直接驱动翻板闸门等多形式的建筑型式。

1. 滚水堰坝

工程设施简单，由圬工砌体的拦河堰坝和两岸连接建筑物组成。工程建成后，通过堰顶溢流满足洪水泄流，同时，由堰体拦蓄上游来水；工程投资少；无日常管理费用，运行维护费用省。

2. 橡胶坝

工程结构简捷，主要由坝体底板、拦水橡胶充气囊（或充水囊）和两岸连接建筑物等组成。水位调节运行管理方便，通过充气阀调节气囊压力（或采用进出水控制阀）；但由于受气囊充气（或充水）的运行要求，采用该闸坝建筑型式两岸需布设运行管理用房，且运行期间的管理成本和维护费用大。

3. 平板闸

建筑结构简单，主要有闸室、门叶、启闭设备和两岸连接建筑物等组成。运行稳定，操作方便，通过启闭设备对门叶进行升降或水平运行操作，实现水位调节；该闸型结构技术成熟运行稳定，但建设投资及日常管理和运行维护费用较大。

4. 水力自动翻板闸

单扇闸门由混凝土构件槽型门板及金属结构门板、实心门板、支墩、支腿组成挡水部分；由各种规格的螺栓连接件、滑轮、导板、连杆组件、橡胶止水组成闸门的运动部分；两大部分组成闸门整体。闸门可单扇使用，也可多扇一起使用。其工作原理为：不需要任何外力和人工伺服机构，完全由上游来水量产生河床水位的变化引发作用于门叶面上的水压力合力与作用点发生变化，通过支腿、支墩与导板、滑轮和连杆的联合作用配合门叶支点随水位的变化自动实现门叶的开启和闭合。

5. 底轴旋转直接驱动翻板闸门

底轴旋转直接驱动翻板闸门其底部设有可转动支承铰，闸门门叶采用纵向悬臂梁受力结构，绕支承铰转动后下卧至平躺状，翻板闸门在开启时，挡水门几近消失，为改善城市环境提供了先决条件。闸门启闭设备选用液压启闭机，水闸启闭机液压缸的设置高程考虑上游景观水位运行时，不受飘浮物影响，同时确保液压缸控制设备在常水位运行时不浸水，20年一遇水位时短期过水。液压缸位置在闸墩两侧对称位置，液压缸通过吊头与闸门支臂直接相连。启闭时由启闭设备直接驱动底轴旋转来启闭闸门，转角范围为0°～90°，全关时门叶呈铅直状，全开时门叶向河道下游卧倒呈水平状，这种闸门使闸门孔口的宽度不再受梁高的制约，致使单扇闸门的宽度达百米之巨。

拦蓄水建筑物设计的原则以施工方法可行、施工设备先进（耗能低）、经济指标最低为首选。后4种闸门都存在运行管理维护问题，不但前期投资较大，且建成后运行成本也较高，经济性较差。此外考虑到本工程溢流堰规模较小，同时是一个环境治理工程，如在河道两岸设置泵房或检修操作间，一方面影响景观效益，另一方面也会占据部分湿地空间。综合考虑，推荐采用滚水堰坝，管理方便、安全、省人、省事、省时、省力。

9.5.2　工程设计

溢流堰设计采用梯形断面，堰高为1.5m，设30cm厚钢筋砼底板作为基础，溢流堰埋入河床底0.5m，出露高度为1.0m，堰身采用C20混凝土，基础采用C25钢筋砼。

溢流堰上游设置30cm厚浆砌块石铺盖，铺盖长度为5m，下游设置30cm厚C20素砼护坦，护坦长度为5m，护坦和铺盖沿河道宽度方向全断面设置。

根据水利坡降，沿湿地段河道自上而下分别设置4级溢流堰，桩号分别为K0＋200、K0＋400、K0＋600、K0＋800，每级跌水高度均为1.0m。

9.5.3 稳定计算分析

1. 计算工况

工况一：上游蓄水，下游无水。此时，堰上作用水压力最大，需满足基底应力及滑移稳定要求。

工况二：上游蓄水，下游蓄水高度为 0.5m。此时，堰底作用有浮托力和扬压力，需满足基底应力及滑移稳定要求。

2. 计算公式

按照《水闸设计规范》（SL 265—2001）的规定，对闸、坝基础采用抗剪强度公式或抗剪断强度公式进行抗滑稳定计算，基础应力按材料力学公式计算。

覆盖层上沿基底面的抗滑稳定安全系数计算公式如下：

$$K=\frac{f\sum G}{\sum P}$$

岩基上沿基底面的抗滑稳定安全系数计算公式：

$$K=\frac{f'\sum G+C'A}{\sum P}$$

基底应力计算公式：

$$\sigma=\frac{\sum G}{A}\pm\frac{\sum M}{W}$$

不均匀系数计算公式：

$$\eta=\frac{\sigma_{\max}}{\sigma_{\min}}$$

式中，K 为抗滑稳定安全系数；f 为基础底面与地基土之间的摩擦系数；f' 为基础底面与地基土之间的抗剪断摩擦系数；C' 为基础底面与地基土之间的抗剪断黏结力（kPa）；$\sum G$ 为竖向力之和（kN）；$\sum P$ 为水平力之和（kN）；σ 为基底应力（MPa）；A 为基础底面面积（m^2）；$\sum M$ 为力矩之和（kN·m）；W 为基底对于该底面垂直水流方向的形心轴的截面矩（m^3）；η 为基底应力不均匀系数。

3. 计算参数

考虑到本工程溢流堰高度不大，为 1.5m，选择粉质黏土层作为基础持力层可以满足承载力设计要求，计算中所采用的坝基岩土体与混凝土接触面之间的摩擦系数为 0.3。

4. 计算软件

采用理正岩土软件中的重力坝计算模块进行计算分析。

5. 计算成果

取最大堰高 1.5m 进行计算，其中基础埋深 0.8m，上游水深 1.0m，计算考虑上游流速水头为 0.3m，见表 9-7。

表 9-7 流堰应力、稳定计算成果表

计算工况	安全系数		基底应力（kPa）				不均匀系数 η
	K	$[K]$	σ_{min}	σ_{max}	σ_{ave}	地基承载力	
工况一	1.59	1.25	26.7	40.0	35.5	130	1.50
工况二	1.45	1.25	28.2	38.1	35.2	130	1.35

注：表中 K 为计算得到安全系数；$[K]$为规范规定的最小安全系数

从表 9-7 可知，溢流堰的最小稳定安全系数均大于允许稳定安全系数，满足规范要求；基础应力根据《水闸设计规范》（SL 265—2001）的规定按基底平均应力控制，满足设计承载力的要求。溢流堰（覆盖层上）的基础应力，考虑覆盖层上较高的挡水坝，根据类似工程的经验，按最大应力控制，从表 9-7 可见，其最大应力值也满足设计承载力的要求。溢流堰的地基应力的不均匀系数也满足规范要求。

第 10 章　景观工程设计

10.1　景观工程设计总体思路

10.1.1　设计原则

1）整体性原则：设计需考虑场地开发的整体性、设计区块与周边地区的景观整体性、功能定位的整体性。

2）延续性原则：①地域文化的延续；②规划区对城区的功能延续；③开放空间的绿地系统的延续；④景观视线的延续。

3）公共参与性原则：在景观效果良好及较多人流集散区域结合周边绿地，增加活动空间，在有条件的区域设置提供活动的设施，以及其他景观设施。

4）亲水性原则：拉近人与水的距离，能够让游人赏水、听水、融水，真正做到人与水的和谐互动。

5）生态性：设计结合自然，对地形、地势、地貌的全面考察，同时兼顾气候、水文、水质和植被等生态范畴，使场地景观、生态在建设中得到保护，在保护中进行开发。

10.1.2　设计目标

在生态优先等原则的指导下，制定相应的建设目标，指引建设的方向。通过生态景观建设，建设滨水景观，形成重庆市的“生活的休闲空间”、“生态的绿色廊道”、“旅游的景观廊道”、“城市的历史文化长廊”。在“水生态、水景观、水文化”的指导下，使其成为重庆提升城市品质，创建山水园林城市、宜居城市的重要推动力。

1）生态目标：结合流域的生态治理规划，为生态效益良好的河流生态景观廊道的建设提供基础，逐步实现河流廊道平衡的生态景观体系。

2）发展目标：结合城市总体规划及旧城改造目标，确定河流廊道控制范围，实现河流景观体系与自然环境、城市体系整体环境的和谐发展。

3）文化目标：通过对历史碎片的整理，串联河流廊道景观体系，丰富景观内涵，延续地方精神；同时通过历史碎片的整理，促进区域旅游体系的完善。

10.1.3　总体思路

生态修复重点区域景观设计，以防洪规划、水工、市政水处理设施、生态湿地建设为基础，对工程涉及的湿地、下游河道生态护岸进行相应的景观打造。针对湿地范围、河道管理范围内的用地，结合周边现状和土地规划，进行功能设计定位，并在此基础上与城市游憩系统、绿地系统进行衔接。

其中，湿地的建设以规划公园绿地为主要范围，以生态湿地公园的形式进行打造，定位为河道上重要的景观节点；河道生态护坡建设以河道防护绿地为主要范围，以绿化工程为主，打造河道点线式的景观游憩体系。

10.1.4 工程建设内容

以湿地和河道为核心，围绕水面打造城市生态景观，主要包括湿地建设和生态河道建设两个部分。湿地工程包括湿地地形和植被建设、对两侧山体的覆绿、河道两侧绿化、景观游憩体系构建、下游生态河道建设。河道工程主体为河道两侧的生态绿化和滨水空间营造。

10.2 湿地工程景观设计

10.2.1 设计范围与内容

工程范围如图 10-1 所示。针对湿地范围、河道管理范围内的用地，结合周边现状和土地规划，进行功能设计定位，并在此基础上与城市游憩系统、绿地系统进行衔接。以生态湿地公园的形式进行建设，打造休闲景观的绿色基底；河道生态护坡建设以河道防护绿地为主要范围，以绿化工程为主，打造河道点线式的景观游憩体系，并结合周边路网体系及周边规划用地性质，进行河道空间合理布局及相关的节点设计，设计充分挖掘区域人文、历史积淀等，并对其进行重点提炼，体现重庆地方特色，结合河道定位打造独具重庆风情的生态湿地景观带。

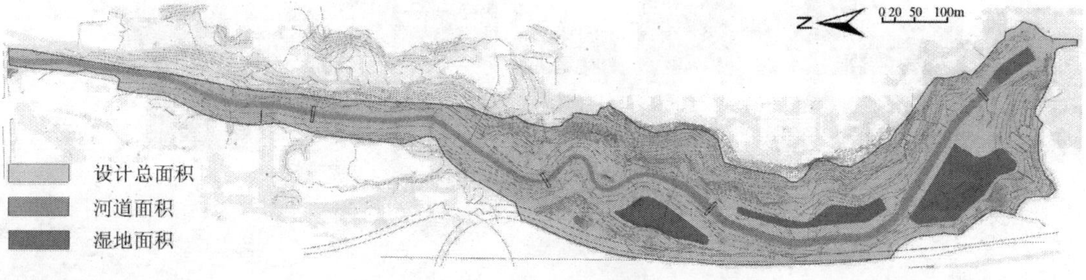

图 10-1 工程范围图

10.2.2 现状景观分析

湿地现状存在天然的高落差跌水，是较好的天然瀑布景观，湿地内地形平坦，植被覆盖度高。但跌水下河谷地两侧由于河道淤积形成荒地，被当地居民作为菜地长期使用。原水库由于上游来水污染严重，水体发黑发臭，且严重影响周边环境，枯水期水量较少且影响沿河景观。场地地形高差较大，四周均为高边坡，其中以东侧尤甚，从四周看视线较好。湿地景观状况分析见表 10-1，湿地现状如图 10-2 所示，湿地现状分析如图 10-3（见书后彩图）所示。从现状周边用地性质及规划中可得出，四周以居住片区为主，项目使用人群主要为周边居民，项目设计需考虑其使用需求，建设供其休闲、游憩、散步，同时承载寓教于乐，了解湿地净化知识功能的场所。

表 10-1　湿地现状分析表

序号	外环境	优势	劣势
1	项目东侧地势较高，与场地呈俯瞰状，用地以居住为主	瀑布的独一无二性为该区域的一大亮点	规划高架占用了红线内的较多区域，使得本来就不宽裕的景观用地显得更加局促
2	场地东侧规划梨高路目前还没有建设，建成后与渝遂立交相接	现状山体优越的植被资源为本地生态系统的构建和景观风貌的建设打下基础	高速公路规划拓宽十米将对河道空间产生较大的影响，将侵占部分河道区域，涉及河堤及园区车行系统
3	场地与市政道路相连需通过现有道路	位于重庆主城区，区位优势明显	红线范围内原有老建筑不拆迁，影响景观空间的塑造
4	现有周边以民居为主	主要的城市绿地，使用人群广泛	瀑布上侧建筑群凌乱无序，影响瀑布区块整体景致
5	项目西侧内环高速和服务区对项目的噪声和粉尘影响较大	污水处理与景观相结合	区域的污水管道外露对景观体系的营造起到一定的阻碍作用

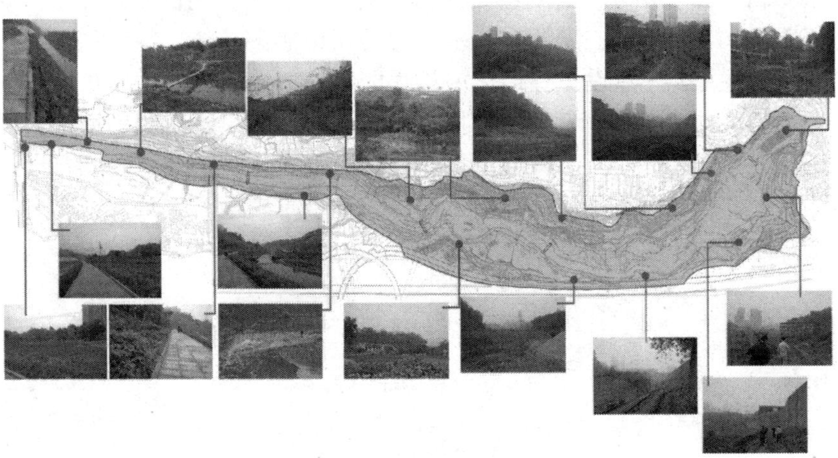

图 10-2　湿地现状图

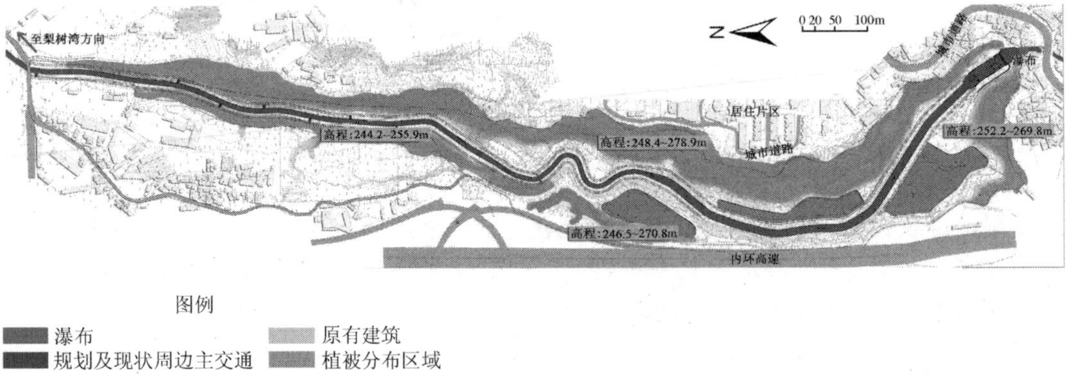

图 10-3　湿地现状分析图

10.2.3　上层规划解读

区域四周被高速公路及高架所围合，从用地规划图上可以看到，本次设计地块周边用地性质以居住用地和防护绿地为主。

10.2.4　方案设计

1. 总体结构布局

通过总体定位分析，周边环境关系的梳理和分析，以及场地内空间条件的划分和比较，提出总体设计布局，即“一心一带构生态绿地典范，两岸四区展生态湿地风情”。湿地分区设计如图 10-4（见书后彩图）所示，总平面如图 10-5（见书后彩图）所示，鸟瞰如图 10-6～图 10-8（图 10-6，图 10-7 见书后彩图）所示。

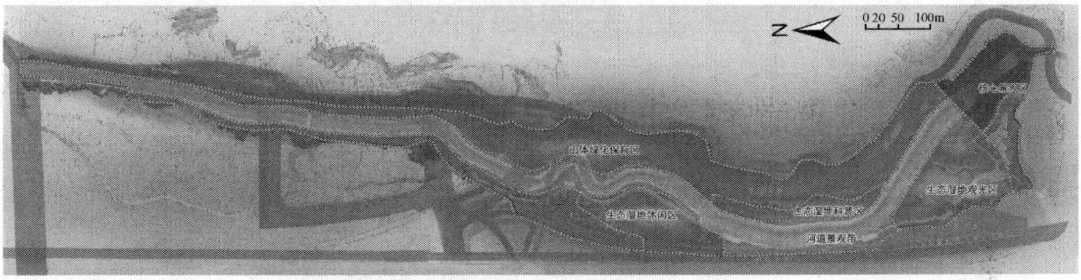

图 10-4　分区设计图

一心：湿地核心景观区。该区域是整个场地内景观资源最优越的区域——湿地瀑布。设计充分考虑这一独特的景观优势进行景观空间的打造。

一带：河道景观带。河道主体部分，是整个项目的魂魄所在，设计通过一期工程溢流堰的设计使河道形成多级水面形态，保证水量的同时，进行总体景观的塑造。

两岸：河道两岸生态景观绿地。河道两岸均存在地势较高及植被茂密区域，设计将对该区域采取生态保育的措施，对河道两岸的原生植被进行保护，形成整个湿地区域的生态基底。

四区：①生态湿地观光区，该区域集中于 1#表流湿地区域，为三块湿地区域景观资源及视线最好的一块区域，将其定位为湿地观光区；②生态湿地科普区，将湿地净化知识传递给到访的游客，起到湿地科普的传播；③生态湿地休闲区，通过景观设计，提供丰富的湿地游览休闲空间；④山体绿化保育区，保持现有风貌，修复局部破坏的植物。

2. 交通组织

该区块为流域内的一块洼地，周边被高架及高速公路所围合，其中场地西侧为内环高速，与场地有 10m 左右的高差，与场地的衔接以高挡墙的形式存在；位于场地东侧的规划高架，目前还没有建设，在本案中段形成立体交通网络。湿地内通行主要以慢行为主，通过道路、步道、栈道与河道顶堤道路结合，形成完整、贯通的游憩体系，主要沿湿地、边坡、河道设置园路，并通过园路贯通几个小型湿地、湿地主要出入口，形成公园内外、河道上下游通达的游憩体系，并与城市道路相连，满足居民、游人的游憩需求。湿地内东西两侧由景观桥、栈道、河道溢流堰相连接，保证游憩体系的两侧贯通。交通分析如图 10-9 所示。

①瀑布　②消能池　③一号桥　④场地内未拆迁民居　⑤接触氧化池（埋地）⑥高滩岩周边居住区　⑦规划高架　⑧内环高速　⑨内环高速服务区　⑩鼓风机房　⑪游客中心（内含厕所）　⑫浮水植物沉淀塘　⑬一号表流湿地　⑭一号表流湿地栈桥　⑮生态保育林地　⑯二号表流湿地　⑰二号表流湿地栈桥　⑱会车平台　⑲厕所　⑳二号桥　㉑三号表流湿地景观栈桥及亲水平台　㉒三号表流湿地　㉓观景平台　㉔停车场（共15个）㉕登山步道　㉖观景亭　㉗三号桥　㉘主入口　㉙四号桥　㉚进入园区车行道　㉛现状民居　㉜永东修理厂　㉝生态护岸景观带　㉞垃圾集中转运点　㉟与园区相连市政道路

技术指标：

总用地面积：181 747m²（约272.5亩[①]）　湿地面积：16 632m²　水体面积：15 669m²　建筑占地面积：445m²　建筑面积：630m²　道路面积：14 125m²（包括车行道3508m²）　建筑小品：222m²

景观小品面积：1479m²　铺装面积：2520m²　停车场：270m²（15个停车位）　绿化面积：130 385m²　绿化率：88.7%

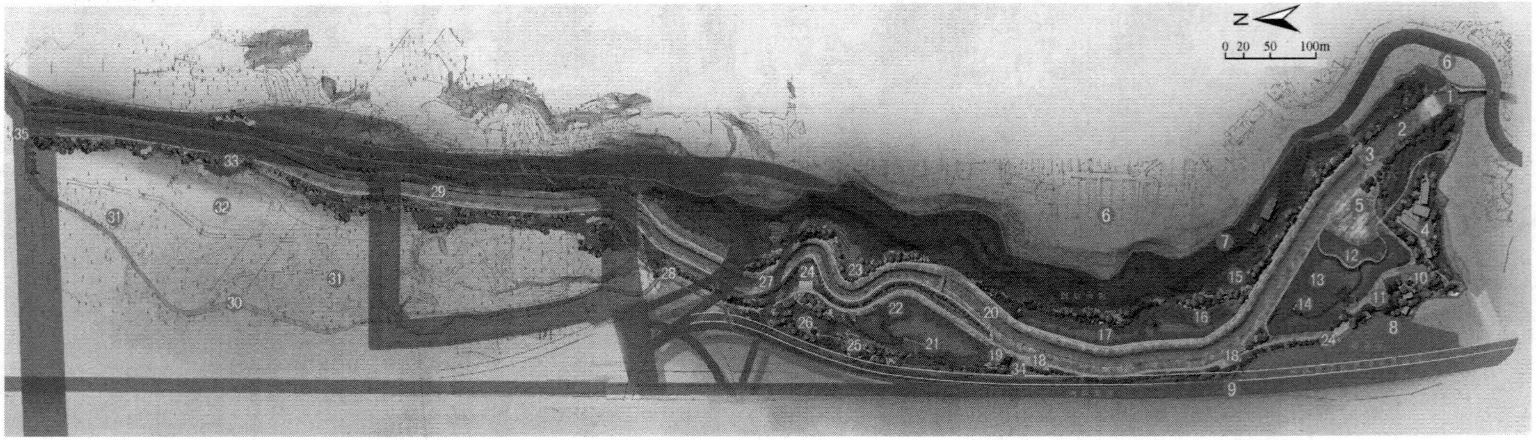

图 10-5　总平面图

图 10-6　鸟瞰图 1

图 10-7　鸟瞰图 2

图 10-8　鸟瞰图 3

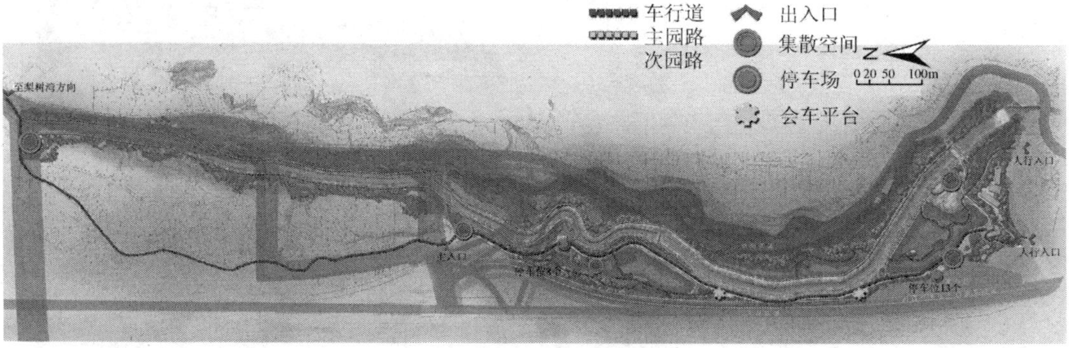

图 10-9　交通分析图

在材料上主要采用常见的青砂岩、米黄砂岩、花岗岩等，色彩上使用青、黄为主，与周边环境相融合，在考虑工程施工的前提下，用多样化的园路形式丰富绿地景观，使道路与绿化等生态景观相统一。本次园区内部交通组织设计的形式见表 10-2。

表 10-2　交通等级构成表

序号	名称	通行方式	备注
1	主车行交通	车行、人行及自行车通行	4m 车行系统由主入口进入，到鼓风机房止，期间分区域设计会车平台以满足两辆车相向通行需求
2	主园路交通	人行及自行车通行	在车行交通的基础上，从鼓风机房开始至河道对岸及其沿线，形成环线。宽 2m，不设置台阶
3	次园路交通	人行	结合景观功能布局及湿地景观塑造，于场地制高点、湿地内部及河道景观资源优越处设计人行交通

续表

序号	名称	通行方式	备注
4	停车场	车行	游客中心区块 13 个车位，主入口旁 5 个车位
5	会车平台	车行	考虑车行道两端车辆来往的会车需要，在中心区域附近设置会车平台
6	集散空间	人行	从景观总体功能布局出发，于人流较大及景观资源优越处设计集散空间

3. 竖向设计

方案竖向设计根据河道相关高程数据、湿地相关高程数据及现状山体地形高程进行设计。河道沿线基本采用生态袋护岸形式。由于场地紧邻山体，在园路及节点的塑造上基本沿地势布置，设计中利用桥梁、栈道、集散平台、园路等把场地空间分割成若干具有特色的区块和景观节点，高程根据场地现状及景观营造需求确定。竖向分析如图 10-10 所示。

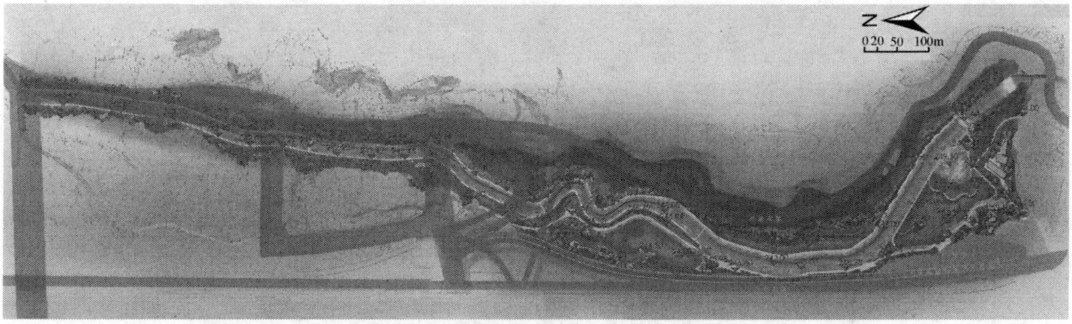

图 10-10　竖向设计图

10.2.5　分区设计

本次设计根据功能定位分为 6 个区，分别为湿地核心景观区、河道景观带、生态湿地观光区、生态湿地科普区、生态湿地休闲区、山体绿化保育区，见表 10-3。

表 10-3　分区总体布置表

序号	名称	面积（m^2）	定位	项目设置	功能
1	核心景观区	10 850	游览观光	瀑布景观、景观亭、源流桥、两岸山体绿化	集散、观光、展示
2	河道景观带	51 632	生态河道	生态河道护岸、溢流堰保证景观水面、河道观景平台、水岸停留空间	观光、休闲
3	生态湿地观光区	19 155	湿地观光	游客集散中心、湿地景致、生态岛屿、栈道游憩、浮水植物景观	服务、管理、观光、参与、展示
4	生态湿地科普区	6 507	湿地科普展示	湿地景致、科普展示、栈道游憩、水岸停留空间	参与、观光、休闲、科普展示
5	生态湿地休闲区	10 326	休闲观光	亲水平台、湿地水生植物空间、水上栈道	集散、观光、展示
6	山体绿化保育区	83 277	生态保育	—	生态基底

1. 湿地核心景观区

设计构思：该区域是整个场地内景观资源最优越的区域——湿地瀑布。设计充分考虑这一独特的景观优势，并对其原始形态进行保护，希望通过景观的营造强化这一区块的景观风貌。但由于相关污水净化设备有相当一部分都存在于该区块内，使得景观营造的用地面积有限，消能池需要进行景观软化处理。瀑布顶部现有的建筑呈现无序杂乱的局面，建议拆迁以保证湿地瀑布景观效果的完整性及顶部游客的通达性。

考虑通过对消能池进行景观改造，采用卵石面装饰，对池壁两侧采用悬挂植物做软化处理；对场地内的设备尽量采用绿化遮挡，对现有的污水管道进行绿化屏蔽，并通过拱桥连通河道两岸，共同形成一个观瀑面域宽广的、景观天际线丰富的景观空间。核心景观区平面及索引如图 10-11（见书后彩图）所示，核心区景观效果如图 10-12（见书后彩图）所示。

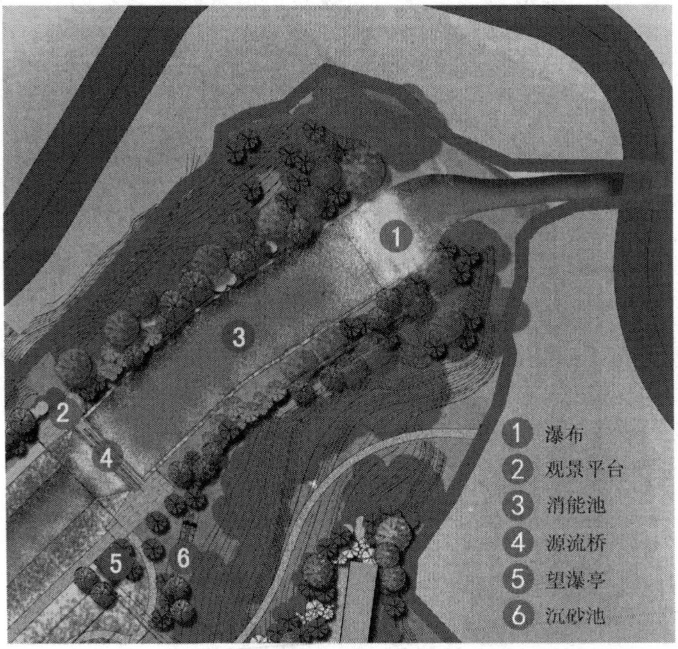

(a) 核心景观区平面图

(b) 索引图

图 10-11　核心景观区平面图及索引图

图 10-12　核心景观区效果图

2. 生态湿地观光区

该区域集中于 $1^{\#}$表流湿地区域，紧邻湿地瀑布，是本园 3 块湿地区域最适合生态观光的区域，设计结合鼓风机前绿地，作为区域内主要的人流集散空间。背林面水，同时将湿地景观进行改造调整，将景观引入到湿地当中，符合人的亲水性和人性化设计，我们可以将适当的活动设施布置在水附近，形成景观层次丰富的空间。由于该区域涉及较多未拆迁的建筑，设计通过绿化配置对这一部分建筑进行遮蔽，以求相互之间不干扰。生态湿地观光区平面及索引如图 10-13（见书后彩图）所示，观光区效果图如图 10-14（见书后彩图），图 10-15 所示。

3. 生态湿地科普区

该区域位于河道的东侧，紧邻高架，湿地面积不大，本园的湿地又是生态修复工程的产物，考虑将湿地净化的知识通过该区域传递给到访的游客，进行湿地科普的传播。区域内主要科普设施：湿地科普植物及相应的科普植物指示牌。生态湿地科普区平面及索引如图 10-16（见书后彩图）所示，效果图如图 10-17（见书后彩图）所示，科普宣传牌如图 10-18 所示。

4. 生态湿地休闲区

该区域位于整个园区的第一景观区域，是 $3^{\#}$表流湿地的主体部分，是整个湿地系统水质净化的最后一站，整体水质较好，适宜休闲空间的营造。设计从使用人群的角度出发，于该区域设计景观节点等供游人休闲娱乐，并将此空间引入到湿地内部，设计架空栈桥、湿地植物空间等，以此给游客提供丰富的湿地游览休闲空间。生态湿地休闲区平面及索引如图 10-19（见书后彩图）所示，休闲区效果如图 10-20（见书后彩图）所示。

5. 河道景观带

河道主体部分，河道护岸基本采用生态袋的形式，通过溢流堰的设计使河道形成多级水面形态，保证水量的同时，也有利于景观的塑造。设计于河道景观资源优越处设置观景平台，以最大化河道景观空间。由于河道两岸均存在地势较高及植被茂密的区域，设计将对该区域采取生态保育的措施，对河道两岸的原生植被进行保护。形成整个湿地区域的生态基底，为本地生态系统的构建和景观风貌的建设打下基础。景观处理采取最小干预的方法，只在景观资源优越处设计观景区域，供游客登高览景。

(a) 生态湿地观光区平面图

(b) 索引图

图 10-13　生态湿地观光区平面图及索引图

图 10-14　生态湿地观光区效果图 1

图 10-15　生态湿地观光区效果图 2

(a) 生态湿地科普区平面图

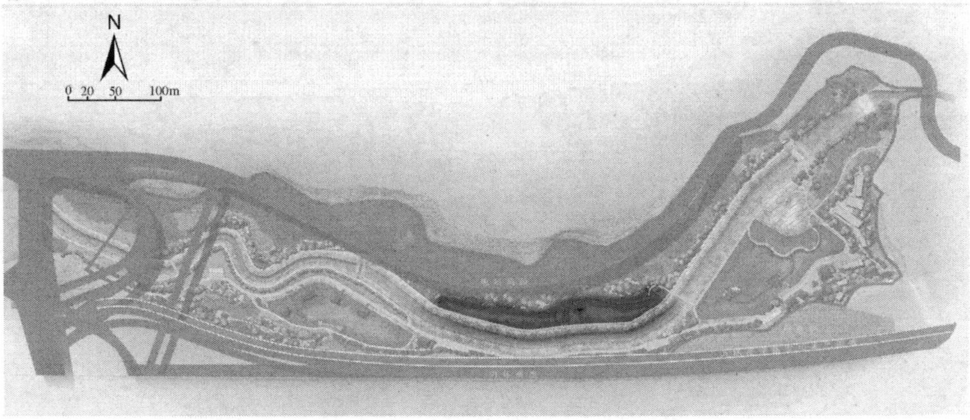

(b) 索引图

图 10-16　生态湿地科普区平面图及索引图

图 10-17　生态湿地效果图

图 10-18　生态湿地科普宣传牌示意图

(a) 生态湿地休闲区平面图

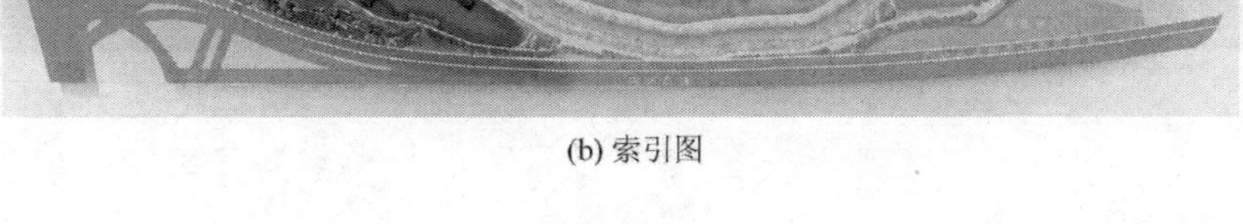

(b) 索引图

图 10-19　生态湿地休闲区平面图及索引图

图 10-20　生态湿地休闲区效果图

6. 主入口设计

主入口设计以弧形艺术景墙和 15m 当地景观石作为主景观，其中景墙分为 4 组，背景为两组 20m 大景墙，形成整体的围和之势，采用黄砂岩冰裂纹贴面，使得该组景墙展气势的同时显生动，另两组景墙位于弧形大景墙之前，设计高度低于弧形大景墙，与其成为一个组合，衬托中心景石，强化凝聚感，并于前后景墙之间设计绿地空间，用绿化来衬托映衬景墙。铺地材料上希望展现湿地“野”的景致，选用大块的条石做收边，同时主铺地采用碎拼嵌草铺地，加上较野趣的植物配置，让游客到此便能感受浓浓的湿地景观，起到视觉上点题的作用。主入口效果如图 10-21 所示

图 10-21　主入口效果图

10.2.6　专项设计

1. 跌水消能池景观设计

现状跌水消能池砼浇筑硬化，生态性差，同时对现状岩石面造成了一定的水泥面遮挡和视线破坏。设计考虑将该区域处理的更加生态自然，对岩石面区域水泥面进行岩石

贴面处理。材料采用与湿地区域本体岩石面相近的材料，对消能池池底及池壁采用卵石贴面的做法，将其打造成一个卵石滩，同时在消能池两侧种植悬挂植物来软化池壁，以满足其生态需求，并用绿化植物来遮蔽周边的污水处理设备。消能池效果如图 10-22，图 10-23 所示。消能池做法如图 10-24 所示。

图 10-22　消能池效果图 1

图 10-23　消能池效果图 2

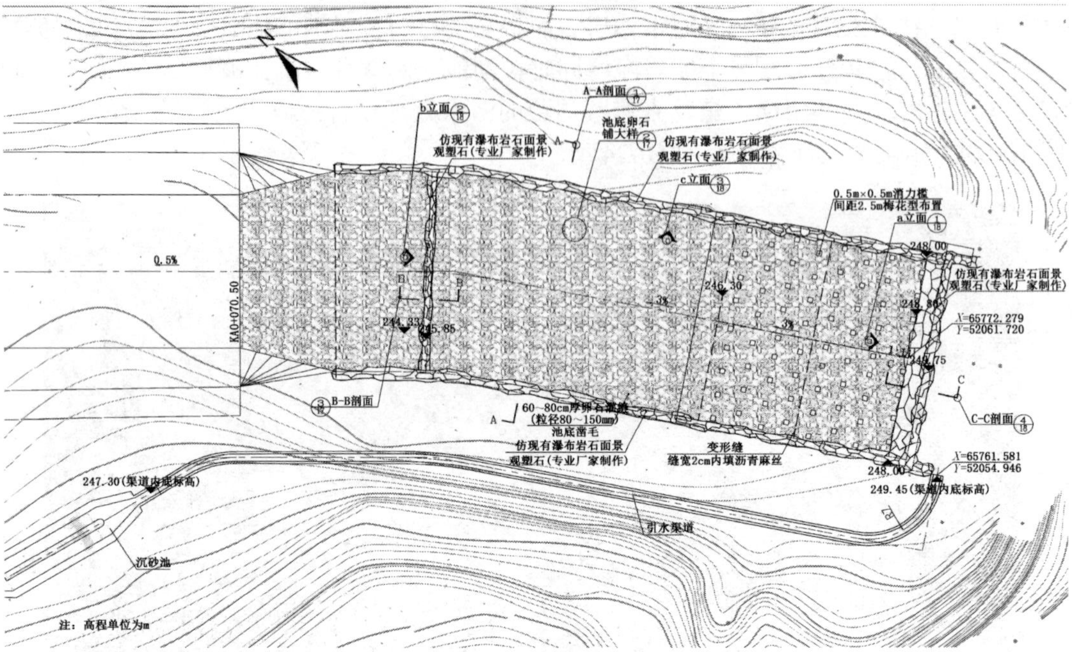

图 10-24　消能池做法图

2. 地面铺装设计

此次地面铺装设计选用天然石材，以黑、灰、土黄为主体色调。在色彩搭配上讲究配色的大气、稳重之感，以及工艺对比的石材质感。主要材料见表 10-4。

表 10-4　铺装材料表

序号	名称	技术
1	芝麻青	机割面、荔枝面、光面
2	芝麻灰	机割面、手凿面、荔枝面
3	芝麻黑	机割面、光面
4	中国黑	机割面、光面拉丝
5	菊花黄	粗凿面
6	青石板	—
7	塑木地板	—
8	卵石	—

10.2.7　绿化设计

1. 绿化设计原则

（1）适地适树，功能优先

根据重庆的地域环境和植物现状，选择满足当地种植条件的树种，使整个植物群落可以持续、稳定生长。在此基础上，结合景观设计的要求，选择合适的树种，保证不同功能区域的植物景观都能满足其需要。

（2）合理配置，季相结合

运用不同类型树种的合理搭配，保证植物群落的稳定生长。配置植物时应注重速生和慢生树种、常绿和落叶树种的结合，以此来达到近期和远期双重繁茂的效果，确保四季都有可观赏的景观效果。

合理利用地形，突出湿地景观特色。合理利用区域的地形特色，结合现状植被特点，打造丰富的山林植物景观和多彩的湿地植物景观。

2. 绿化分区设计

生态湿地景观工程绿化设计主要以生态林地的修复和湿地植物景观的打造为主，并结合景观节点的需要，运用现代和传统种植手法相结合的表现形式，打造特有的植物景观效果，优化景观空间的延续性和层次感。整个设计区域根据不同的场地特点和景观效果，打造各具特色的植物景观空间。绿化设计分区如图 10-25 所示。

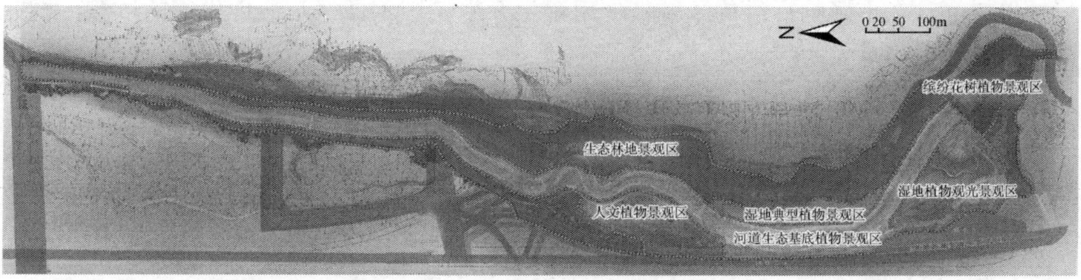

图 10-25　绿化设计分区图

缤纷花树植物景观区：此区域植物景观结合湿地瀑布展开，以小叶榕、黄葛树、香樟等常绿植物作为基底树种，配合女贞、垂柳、水杉、合欢等枝叶优美的色叶树种，与湿地瀑布景观共同形成一个壮丽的自然景观环境。

湿地植物观光景观区：采用丛植、片植等不同的手法，种植睡莲、美人蕉、再力花、芦苇等观赏性较高的水生植物，配合垂柳、石榴、梅花等姿态优美的乔灌木，打造疏密有致的湿地景观效果。

湿地典型植物景观区：湿地科普区在打造丰富的湿地植物景观的同时，结合景观木栈道的布置，有意识地增加植物指示标牌，使人们在休闲观光的同时，增加对湿地植物的了解，提高人们的环保意识。

河道生态基底植物景观区：河道基底植物景观基本保持前期方案生态袋的护坡形式，局部区域根据景观打造需要进行优化设计，形成整个区域的基地植物观。

人文植物景观区：以山花烂漫和水域空间优美景致为主要的植物景观打造目标。主要选择白玉兰、碧桃、梅花、羊蹄甲、多萼决明等多花植物为主体，形成“山水澄碧，绿野风烟，平泉草木”的景观效果。

生态林地景观区：生态林地区域基本保持现有植被景观风貌，局部破坏区域以植物的补种、修复为主。

3. 苗木选择

在植物种植设计上，以岛屿作为基础载体，结合河道岸线，连贯该区域的绿色廊道，形成点线面结合的生态格局。重点选择水生、湿生植物作为特色植物，结合岸线驳岸形式，错层次、梯级种植，在创造物种多样性的同时，丰富植物、水栖动物物种的多样性。根据植物对水深的需要，可分为四大类。

1）挺水植物（包括湿生与沼生）：荷花、黄花鸢尾、千屈菜、菖蒲、香蒲、美人蕉、慈姑、梭鱼草、再力花等；

2）浮水生植物：睡莲、萍蓬草、芡实、荇菜等；

3）漂浮植物：大薸、槐叶萍、水鳖、水罂粟等；

4）沉水植物：黑藻、金鱼藻、狐尾藻、苦草、菹草等。

其中，千屈菜、凤眼莲、金鱼藻、再力花等植物具有净化水质、吸附水体有害物质等生态作用。河道边坡上采用根系发达的耐淹草灌，防止洪水期的冲刷，如狗牙根、中华蚊母树等。在不影响行洪的区域，使用湿生乔木、灌木做好与湿地生境的过渡，同时其也是该区域的重要组成部分。

乔木：选择水杉、女贞、合欢、柳树、香樟、黄山栾树、杜英、速生杨、黄葛树等。灌木：选择桂花、小叶榕、旱园竹、水芙蓉、木槿、木绣球、八角金盘、火棘、红叶石楠、小叶栀子等。地被：选择白三叶、大花金鸡菊、绣线菊、扶芳藤、中华蚊母、狗牙根、二月兰、萱草、百喜草等。

4. 技术措施

（1）改善土壤条件

植物根系生活于土壤中，土壤是植物进行生命活动的场所，与土壤之间有着极大的接触面。土壤中应该含有植物生长发育所需要的营养元素、水分和氧气，以满足植物良好生长。另外，土壤是植物生长的主要介质，土壤的物理性状、化学性状是影响植物生长的主要因素。施工区域内应对不满足生长需求的土壤进行改良，进行客土栽培。

对施工区域土地进行深层的细作，深度不小于30cm，清除土壤中的碎石、杂草、杂物等，绿地内应回填含腐殖质较高的弱酸性耕作土，切忌回填建筑渣土。施工区域土壤应疏松湿润，排水良好，pH为5.5～7，含有机质的肥沃土壤、强酸碱盐土、重黏土、沙土等均应进行改良，达到植物可以生长的程度。种植壤土应符合以下规定：pH应控制在5.5～7.5，有机质含量≥1%，有机磷含量≥25mg/kg，水解氮含量≥80mg/kg，速效钾含量≥130mg/kg。例如，种植地土壤贫瘠，则需通过施加腐熟有机肥、草碳土等方式改良土壤。

苗木种植效果的好坏、种植成活率的高低直接影响到工程的景观效果。不同的植物生长条件不一样，它们对土壤、肥料、栽植季节以及栽植方法等都有着不同的要求，栽种前要了解这些苗木栽（种）植的科学性与规律性，采用一套科学合理并完整的施工方法、养护手段和管理系统，保证苗木、草坪移栽（植）的正常生长和高成活率，从而达到预期的景观效果。

（2）施工养护管理

植物移栽后短期内，园林植物难以恢复正常生长，专业的管理和养护显得尤为重要。施工期结束后，尽管植物已经基本适应新环境，但还要针对不同的外部环境、气候特点，制订长期有效的养护管理措施。

养护技术参照一级养护质量标准。

1）生长势好：生长量超过该树种该规格的平均生长量。

2）叶片健壮：叶片正常落叶，树叶大而肥厚，针叶树针叶健壮，在正常条件下，不黄叶、不焦叶、不卷叶、不落叶、叶上无虫粪、虫网。被虫咬的最严重的叶片每株在 5%以下（含 5%，下同）。

3）枝干健壮：无明显枯枝死叉，枝条粗壮，过冬枝条已木质化。无蛀干害虫的活卵、活虫。无明显的人为损坏，绿地内无堆物、堆料，圈栏等。树冠完整美观，分枝点合适，主侧枝分布匀称、数量适宜，通风透光，绿篱、整型植株等应枝叶茂密，光满无缺，花灌木开花后必须进行修剪。

10.3　护坡工程景观设计

10.3.1　现状分析与设计定位

护坡工程河道现状为绿地，因洪水常年冲刷，植被多为草本，部分边坡裸露，两侧被当地居民所利用成为菜地农田。景观设计结合湿地的建设，形成一个整体，不仅近期满足水质处理的要求，同样远近结合，为远期湿地公园的建设形成较好基础。与此同时，形成河道防护绿地体系，与城市绿地相结合成一整体。

10.3.2　景观布局

打造 1.28km 的滨水绿带，与城市绿地系统相结合，河道两侧形成 10m 的绿化空间，作为城市滨水绿地。通过地形整理，形成微环境，随地形起伏种植相应草灌，配以乔木，进行景观绿化打造。河道典型断面如图 10-26（见书后彩图）所示。

在整体上，保留城市休闲空间，形成疏密结合的绿带。在植物造景上，以“自然”、“古朴”、“野趣”作为造景基本构思原则，同时把城市生活和河道水利景观结合起来，发挥带状绿地的防护、游憩、生态的绿色廊道作用，为城市绿地系统提供渗透补充。要循序渐进、因地制宜、自然朴野、健康生态的原则，不刻意追求主题色彩，减少人工修剪。

该区域植物造景以四季草灌为特色：以多年生常绿和一年生草灌相结合，形成斑块状景观绿化效果，以禾本科植物为主调，辅以多年生草花、宿根花卉等。

基础绿化树种：水杉、落羽杉、速生杨、速生桉等。

草、花、灌木：木芙蓉、桃花、夹竹桃、木槿、狼尾草、芦苇、宿根天人菊、金鸡菊、白三叶等。

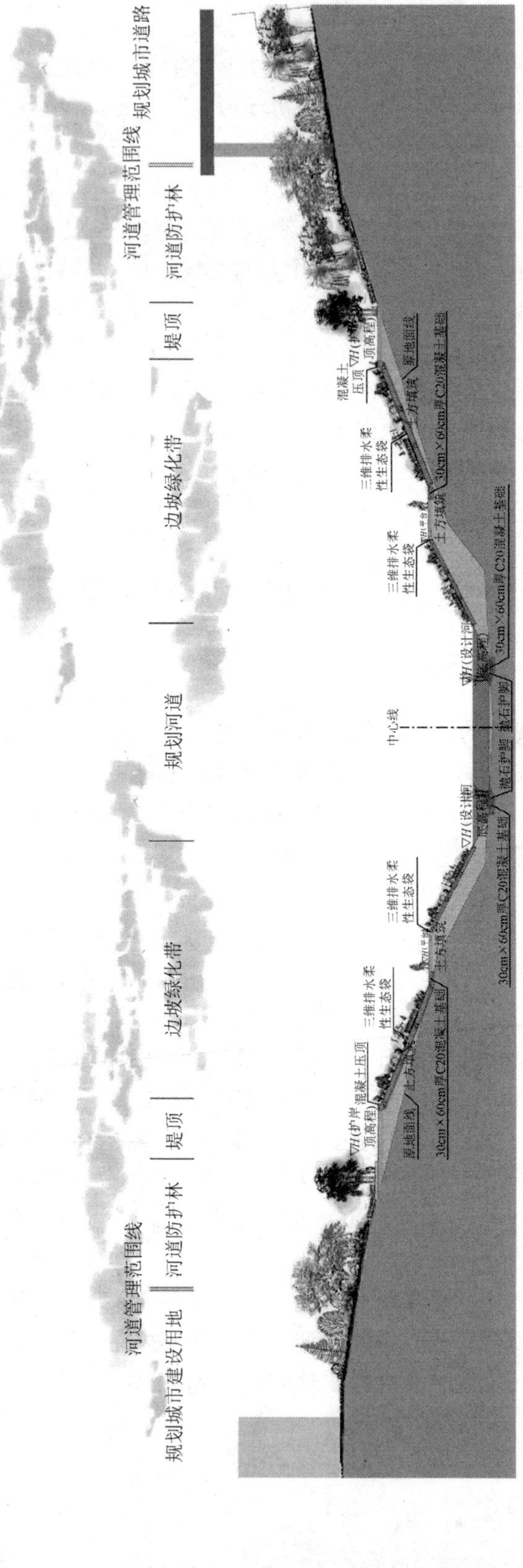

图 10-26　河道典型断面图

10.3.3 道路体系布置

河道两侧现状土地尚未建设，应根据河道管理范围线，留足绿地空间，并在河道水工基础上，利用堤顶道路和滨水步道形成主要游憩体系。

该处河道滨水绿地的慢行系统，主要与上下游的道路系统相连，形成贯通；同时在西侧与规划的城市道路相连，并留出面向卫生用地和交通用地的进出口，达到绿地与外部交通体系相贯通的目的。

河道滨水游憩主要以慢行为主，利用堤顶道路和滨水步道，结合小型停留空间，形成在河道边上散步、休闲的空间。

第四篇　流域综合管理体系

第 11 章　流域综合管理体系的构建

11.1　流域管理体系框架

流域综合管理是对流域内资源全面实行协调的、有计划的、可持续的管理，是流域生态综合整治实施的保障。流域综合管理体系的构建主要包括三个部分：第一部分为监测评价及预警体系的构建，主要包括监测评价网络的构建、水生态系统评价指标体系的构建、风险防范措施和应急预案的构建；第二部分为法律与政策保障体系，主要包括立法与法律保障、管理制度完善、工程实施体系与资金筹措体系的建立；第三部分为行政管理体系，主要包括行政管理体系的完善、宣传教育、公众参与制度。流域管理体系结构如图 11-1 所示。

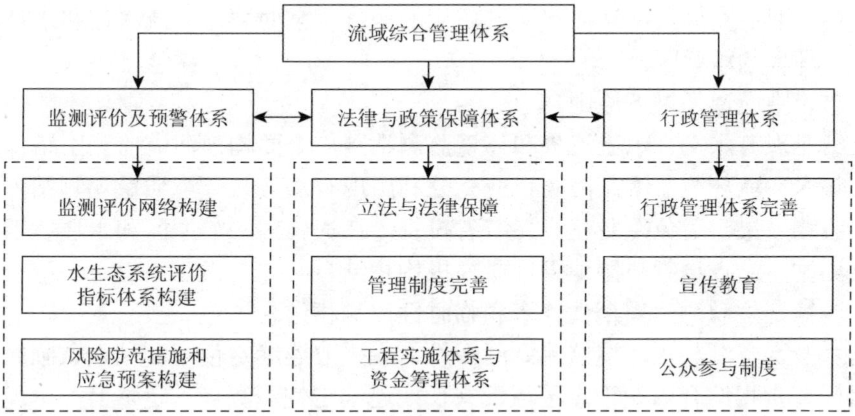

图 11-1　流域管理体系结构图

11.2　流域监测评价及预警体系构建

监测预警体系的构建直接关系到流域管理系统的运转，在现代流域管理中显得越发重要。目前，流域监测预警体系建设严重滞后，主要表现为：监测设备和技术落后、监测网络不健全、监测数据应用渠道不畅、缺少预警评估应急功能等。加强流域管理必须提升流域监测预警体系的主要功能。

11.2.1　监测评价的目的与功能

河流生态系统的恢复和演变是一个动态过程，除自然系统的演替以外，人类活动干扰也导致了生态系统的变化。对河流生态系统变化的过程和趋势进行跟踪与分析，能为保护与修复工作提供基础依据和科学支持，也有利于河流生态保护与修复研究水平的提高，促进河流生态系统保护与修复工作的开展。

监测网络的构建充分利用现有的水文、环境、农业、林业等监测站网，增设监测项目与设备，提高监测与信息处理水平。同时建立河流生态保护与修复顾问专家组，提供学术与技术支持。建立健全三大体系，即河流生态系统监测网络体系、河流生态保护与修复建设体系（修复完成后转为维护体系）、河流生态保护与修复监督管理体系。实现对河流生态的有效监测、监督管理和维护，确保河流生态保护与修复的开展和成果保持。

11.2.2　监测评价网络的构建

1. 水文水资源与水环境监测网络的构建

水文水资源监测主要包括为防洪防枯、水土流失、水资源管理、水资源保护及生态保护与修复等提供服务的相关水文资料。

水环境监测主要包括各主要支流的水质水环境监测和沿岸主要排污口水环境监测。水文水资源与水环境监测站网的布设主要依托现有的水文站和环境监测站的站网和惠安县水土保持站网；充分反映河流水文水环境的变化；全面覆盖河流水位和水环境的典型区及水文水环境的敏感区。

具体布设中应遵循以下原则。

（1）结合现有水文、水土流失和环境监测站网，全面构建河流监测网络体系

水文与水环境环境监测站网布设应充分利用现有水文与环境质量观测站点，充分利用现有的监测成果，避免重复建设，节省投资。在河段内的典型区和水环境敏感区增设独立的监测站，站点设置与湿地管理研究机构相结合。

（2）连续定位观测、周期性普查和临时性监测相结合

河流水文水资源与水环境监测站网布设，应采取连续定位观测站点、临时性监测站点和周期性普查相结合，在重点区域设立长期连续定位观测点，定量监测本段河流的水文水资源与水环境变化特点与过程；在重点监督区的开发建设项目场地，根据工程施工期限布设临时观测站，跟踪监测开发建设过程中水文水环境情况；对河流的上游及主要支流、周边城镇等影响因子进行周期性调查。

2. 湿地、河滩与动植物生态监测体系的构建

湿地、河滩与动植物生态监测的主要内容包括河流河滩湿地、动植物资源、动植物自然灾害、动植物病虫害等，反映河流生态系统、湿地生态系统、动植物生态系统演替等方面的指标和评价内容，积极应用遥感、GPS 高新技术，提高监测水平。

湿地、河滩与动植物生态监测体系主要以制度构建为主，建设配套的调查监测制度，形成以连续清查为主体，以专项核查为补充，以专项规划设计调查为辐射的湿地、河滩与动植物生态监测网络。

11.2.3　水生态系统评价指标体系构建

水生态系统评价指标体系构建见表 11-1。

表 11-1　流域水生态系统价指标体系

生态要素	保护与修复目标	评价指标
水文水资源	保护受洪水影响的城市	防洪保护区人口、面积
		防洪标准
	合理利用水资源，保障各类用水	生产、生活用水保证程度
水环境	维护水域纳污能力，水质达到环境功能区划要求，防止富营养化	河流水功能区水质达标率
		湖、库富营养化水平
		水环境容量
生物多样性	保护陆生生态系统完整性	植被损失面积
		景观生态优势度
	保护珍稀动植物，维护陆生生物多样性	影响珍稀动植物的数量
		影响珍稀动植物的种数
		受影响珍稀动植物的生态重要性/等级
	保护水生生境，维护水生生物多样性	影响珍稀水生生物的种数
		受影响珍稀水生生物的生态重要性
		水生生境影响程度
	防止流域水土流失	破坏水土保持设施面积
		弃渣量
人文景观	保护文化遗产	文物保护点数量及级别
		古街道、村落等工程的数量
	保护和改善流域景观，发展旅游	影响景点个数

11.2.4　水污染风险防范措施和应急预案

1. 水污染风险识别

（1）工业污染源

根据目前污染源调查成果，流域范围内，主要涉及工业污水，企业废水产生量相对较大，事故风险排放情况下废水量也相对较大。

（2）交通事故污染

目前沿线主要涉及国道承担当地的主要交通运输任务。根据流域内的工业企业特点和分布情况分析，流域内运输大量有毒有害危险品的概率较小，但是运输油料、农药、化肥的可能性较大。因此存在交通事故造成水污染的环境风险。

2. 水污染后果分析

根据以上环境风险识别，对河道构成水污染风险的主要是沿河工业企业和道路运输车辆事故。

（1）工业废水事故排放

造纸企业、化肥制造以及农副食品加工企业的废水中化学需氧量、氨氮浓度很高，一旦出现事故排放，将导致排放口下游水体化学需氧量、氨氮指标出现严重超标现象。

（2）交通事故污染

如果该路段发生油料运输车辆事故，车辆翻入水库或者大量油料泄漏进入河道，将严重污染河道水质。油料不溶于水，将在河道下游形成一定宽度和厚度的油膜，形成污染带，造成下游水质石油类污染超标，严重威胁下游水安全。

3. 环境风险防范措施

对事故风险较大的污染企业来说，一定要强化风险意识、加强安全管理，具体要求包括以下 3 点。

1）对流域重点废水排放企业加强环境监督，并安装废水在线监测系统，进行实时监控，确保废水经污水处理装置处理后达标排放。

2）开展 ISO14001 环境管理认证，提高企业的清洁生产水平。

3）制定风险事故应急预案，做到责任落实，一旦事故发生，就能迅速采取防范措施进行控制，把事故所造成的影响降低到最低程度。

4. 应急预案的体系定位及应急处置程序

根据国务院《国家突发公共事件总体应急预案》确定的全国突发公共事件应急预案体系的划分原则，本规划应急预案应定位为突发公共事件地方应急预案和突发公共事件部门应急预案。突发公共事件的应急处理程序主要包括以下 4 个方面。

（1）信息报告

特别重大或者重大突发公共事件发生后，要立即报告上级应急指挥机构并通报有关地区和部门，最迟不得超过 4h。应急处置过程中，要及时续报有关情况。

（2）先期处置

突发公共事件发生后，在报告特别重大、重大突发公共事件信息的同时，要根据职责和规定的权限启动相关应急预案，及时、有效地进行处置，控制事态。

（3）应急响应

对于先期处置未能有效控制事态的特别重大突发公共事件，要及时启动相关预案，由上一级应急指挥机构统一指挥或指导有关地区、部门开展处置工作。

现场应急指挥机构负责现场的应急处置工作。需要多个相关部门共同参与处置的突发公共事件，由该类突发公共事件的业务主管部门牵头，其他部门予以协助。

（4）应急结束

特别重大突发公共事件应急处置工作结束，或者相关危险因素消除后，现场应急指挥机构予以撤销。

11.3　流域法律与政策保障体系

11.3.1　立法与法律保障

我国与流域管理相关的法律可分为国家层面和流域层面。国家层面的《水法》、《水污染防治法》、《水土保持法》、《防洪法》、《渔业法》、《中华人民共和国河道管理条例》、

《中华人民共和国防汛条例》等法律法规，在流域综合管理方面发挥了重要的作用。流域层面的法律法规以大江大河为主，如在辽河流域治理中先后制定的《辽河流域水污染防治法》、《辽河保护区管理条例》、《凌河保护区管理条例》，太湖流域制定的《太湖流域管理条例》就是对流域管理立法的有益尝试。但综合而言，这些法律和规章制度对流域管理的相关规定比较零散，相互之间的联系和协调性不强；不同部门起草的法律和规章制度侧重点不同，缺乏对流域保护整体的考虑。

我国中小流域繁多且千差万别，不可能用一部法律解决所有问题，因此加强地方立法工作尤为重要。对于本流域而言，由于涉及流域面积较小，单独制定相关法律法规较为困难，建议依托重庆市或者相关流域的法律法规进行立法管理，对流域的治理保护目标、生态修复和建设、资源开发和利用、流域管理的体制和机制，以及政府、单位、企业的责任和义务，都要做出明确的法律规定，以增强法律上的执行力和约束力，使得流域管理真正做到有法可依。

11.3.2　完善管理制度

在加强立法工作的同时，不断完善管理制度，建立行之有效的管理机制也尤为重要。通过制定流域综合治理规划管理办法、流域污染防治管理条例、生态保护管理办法等地方性法规，保证综合治理、生态保护的权威性、严肃性和连续性。同时，针对综合治理重点规划项目，分别制定各重点规划项目管理办法。

1）许可证管理制度。按照流域水环境容量和承载能力控制排污总量，确定排污许可证发放的条件和程序，并通过排污许可证的发放加以控制，构建排污许可动态管理体系，实现流域水污染物排放控制综合动态管理。

2）水质目标管理制度。管理部门要对断面水质情况定期进行监测分析，发现问题及时排除，准确及时地通报水质情况，对超标断面给予预警和警戒。建立排污单位环境责任追究制度，明确本单位的环境保护职责，对造成环境危害的单位要依法追究责任，依法进行环境损害赔偿，对违规人员要坚决查处，并视情节依法追究刑事责任。

3）目标考核问责制度。对因决策失误造成重大环境事故、严重干扰正常环境执法的领导干部和公职人员，要依法追究责任。

4）专家咨询制度。定期组织专家研究制订管理措施，形成全社会共同参与的制度和机制。

11.3.3　建立工程实施体系

流域生态综合整治按照“统一规划设计、严格审批程序、分类分级实施、整体同步推进”的原则，及时成立完善的综合整治工程实施体系，分项筹资，分乡镇、分部门负责和实施，并逐级落实责任，保障工程建设的顺利实施，同时制定治理工程的实施保障措施，包括技术措施、管理措施及监督措施等。

11.3.4　明确资金筹措体系

落实资金是实现确定目标，完成治理任务的关键，要采用多渠道、多层次、多形式筹措建设资金，确保资金落实，并保证资金专款专用，对挪用、滥用治理资金的人员和单位要依法追究责任。

规划项目建设除政府投资外，也可结合相关专业部门的专项经费以及招商引资工作进行融资，鼓励社会资本参与流域景观工程、生态修复工程、土地开发利用等的建设和运营，积极引进各方资金、先进技术和管理经验，提高综合治理的技术、装备和管理水平。统筹安排各类农林水项目资金，同时制定有关优惠政策。

11.4 流域的行政管理体系

11.4.1 完善行政管理体系

流域的行政管理是整个流域管理体系的核心。设置流域生态综合整治项目领导小组，在充分发挥市场配置资源基础作用的同时，强化政府的综合协调能力，根据综合整治任务要求，落实各级部门和机构的治理责任，落实各级政府之间的协调分工，切实解决部门职能交叉造成的政出多门、责任不落实、执法不统一等问题，积极探索适合本流域综合整治的管理模式。

11.4.2 加强引导，注重宣传教育

加强对流域居民的环境保护宣传、培训和引导，使流域内居民建立人人保护环境、人人注重生态的理念，并同时加强对流域居民的科普教育，开发流域生态产业、河流景观等旅游资源，使该河道成为环境保护教育基地和科普教育基地。

1）各级宣传、教育、广电等部门要把规划的宣传工作作为一项基础性的工作常抓不懈，使城乡居民和社会各界尽可能全面、详尽、准确了解规划的内容和实施规划的目的及措施，迅速形成自觉遵守执行规划的社会舆论环境。

2）利用各种机会，采取各种方式，开展经常性的水环境保护和生态建设宣传工作，提高全民对水污染防治工作的参与意识。对社会，重点进行水资源分布不均，部分地方水资源短缺和水污染严重的宣传，提高公众意识，使节约用水、排污交费成为全社会的自觉行为；对决策者，重点进行经济发展与水污染治理相互关系的宣传发动，使决策者正确处理两者之间的关系，形成水资源的合理利用和水污染防治“双赢”的局面；对企业，重点进行“谁污染，谁治理，谁受益，谁付费”的宣传教育，使企业遵纪守法，自觉进行水污染源治理，实现达标排放。

11.4.3 公众参与体制

我国现行的流域管理基本上以行政推动为主，公众参与的范围和深度较为有限。尽管政府信息披露工作取得了较大进展，但流域规划、环境影响评价报告等资料公众仍然难以查阅，重要的项目进展与行政审批信息公众也不能及时获取。流域范围的听证制度没有建立，公众缺乏意愿表达渠道。公众参与机制是流域管理中必须采取的一种民主法律机制，流域管理中应加强和完善公众参与机制，其可通过以下途径实现。

1）管理机构定期公开决策管理过程，定期公布流域管理的相关资料，并邀请利益相关人员参与听证，保障公民的知情权。

2）以流域的水利用为媒介建立利益共同体，参与流域管理的决策，反映自己的意见与愿望，维护自己的权益等。

3）通过法律手段，明确公众参与流域的权利和义务，以及参与程序。

4）充分发挥媒体的宣传和监督作用，正确引导公众参与流域管理，利用舆论监督流域管理部门，确保流域管理的资源配置优化。

第12章　工程管理与效果评估

12.1　工程管理与维护

12.1.1　湿地工程管理

为保证湿地工程的安全运行，确保工程的安全与完整，充分发挥工程的净化、景观、经济和生态环境效益，应设立专门的运营单位进行管理、维护和运行。建立有效的运行机制，促进工程管理正规化、制度化、规范化，努力提高现代化的管理水平。

1. 管理机构

人工湿地工程完工以后，建议设立专门的管理机构来统一维护管理人工湿地的日常运行。

工程常年需管理人员2～3名，实行倒班制，特殊情况下（湿地植物收割），再根据需要增设些临时工，具体人数根据工程量的大小来决定。

工程管理处需配备必要的交通、通信、观测设备。

2. 管理要求

生态工程运行管理过程中的基本要求如下。

高效处理：充分利用建成的人工湿地处理设施合理调度，尽可能地保证处理出水的水质达到设计标准。

安全运行：保证在运行过程中不出现安全事故，如火灾、失盗、损坏等问题，保证系统正常工作；保证游人安全；杜绝游泳、限制垂钓、禁止捕捉鱼类鸟类。

经济运行：在保证达标的前提下，以最低的成本处理污水。

冬季运行：如果冬季需要保持美观，可在10月进行冷季植物种植。对于湿地内已生长的多年生冷季或常绿植物，可从其密集生长区移植30%～50%到其他区。同时，追加种植一年生冷季植物以满足人工湿地污水处理冬季运行的要求。

3. 管理范围

湿地工程的管理包括湿地和景观两方面的工作。湿地运行管理是该工程中最重要的部分，是指从湿地的进水口处至净化处理排出尾水全过程的管理，包括水质变化记录、湿地各个管路系统上相关设备的维护管理、湿地植物的管理维护等；景观的管理维护包括湿地内的景观设施的维护及湿地植物、动物和周边相关的景观维护。

生态湿地外边界景观带外围应设置隔离网，于主要道路及居民小区点处设置入口，以防止沿线居民的无序进入，造成管理的不便，引导居民沿规划的景观游步道进入湿地游览。

4. 管理任务与制度

管理包括水力系统与设施管理、机电设备及自动化设施管理、湿地系统的工程管理、湿地植物系统管理等方面。

（1）水力系统与设施管理

水力系统的管理首先根据设计的水力负荷建立系统的运行方案和工艺控制要求。包括每一处理区的投配率、投配时间，并需在实际运行中根据具体情况进行工艺修正，保持水力负荷和出水水质在设计范围之内。除常规运行情况外，还要控制季节性暴雨和冬季等水量过大或过小等极端情况。水量过大会使湿地系统超负荷运转，出水水质达不到要求，同时若长期处于淹水缺氧状态，会影响处理效果，改变植物的生态结构。因此，极端情况下应适当调整运转方案。另外，要对系统水位进行合理控制，因为水位是影响植物和微生物生长并形成所需群落的关键。

（2）湿地系统的工程管理

湿地系统的工程管理包括对输水管道、设施的定期维护以及处理单元田埂的整修，对巡检系统各部分流量、阀门、进出水管道、渠道等设施的运行状况，进行定期清淤和维护。

（3）湿地植物系统管理

在湿地系统中，为保持稠密的水生植物，并使之健康成长，植物管理对于处理系统的成功运行是很重要的。植物系统建立后必须由污水连续提供养分和水，保证植物多年的生长和繁殖。植物在高浓度毒性物质作用下易受损害。如果在较长时间内基质需氧量超过植物的输氧量，植物将发生枯萎；如果植物发生死亡，必须及时补种以恢复所需处理能力。

每年春初，需对枯死、凋落的植物残体进行收割、清理，以防止植物分解和释放有机物和营养物质。

在频繁投配污水的情况下，可能加剧杂草、昆虫及植物病害等问题。大多数病虫害可通过选择耐病虫害的植物品种，使用农药与适当栽培方法相结合的办法来控制，当这些方法不能见效时，应考虑定期减少污水的投配量或延长投配周期，及时控制病虫害，有利于湿地植物功能的发挥。通常一些天然杂草出现在系统中可不必去除，但若其生长过于旺盛以至于影响湿地植物的生长时要将其去除。去除杂草的工作量通常很大，一般可采用人工和施用除草剂的方法。建议采用人工除草。

在发展人工湿地植物时，为缩短时间，最好是对植物进行移植。移植时间随各地的气候不同而变化，但通常认为的最佳时间是春季。通过移植建成的湿地系统，当年即可投入运行。3～5 年后即可成为发育很好的湿地植物系统。

（4）温度控制

温度的降低会影响人工湿地的正常运行，使污染物的去除率降低，因此在湿地的设计和管理过程中采取适当的措施以提高冬季运行效果。在冬季，适当减少湿地注水量、增加水的停留时间、选择在冬季生长良好的草种可能会提高湿地废水处理效果；适当增加人工湿地的构筑深度可以起到保温的效果。防止冬天结冰可以通过对水位的季节性调节来实现。为了预留出结冰层所需要的空间，在深秋季节应把水位升高约 20cm 防冻。

（5）均匀流的维护

为了达到较好的湿地处理效果，保证湿地系统在进口到出口之间的均匀流非常重要。进口和出口端应定期检查和清理，及时清除可能引起堵塞的代谢产物、垃圾、污泥等。堰表面的碎片和细菌黏液需要及时清除。根据需要，还可以用高压喷水和机械手段达到清污目的。

（6）湿地上游污染源管理

河道治理是个系统工程，没有配套的截污、清淤等工程措施，寄希望于河道内解决污染问题是本末倒置的做法，也不利于改善生产生活环境。工程建成后，为保证工程的长效运行和有序管理，应配套加强湿地上游红线范围内两侧建筑生活污染源管理和上游生产废水管理。此外，在上游红线范围内两侧有居民的河道，设置垃圾隔离网，隔离两侧建筑物垃圾，少量进入河道的垃圾，通过定期清漂，打捞收集后处理。

5. 定员及人员职责

工程常年需管理人员 2～3 名，实行倒班制，每次保证在岗人员 1 名，特殊情况下（湿地植物收割），再根据需要增设临时工，具体人数根据工程量的大小来决定。管理人员的任务是，充分发挥各种处理方法的优点，根据设计要求进行科学的管理，在水质条件和环境条件发生变化时，充分利用各种工艺的弹性进行适当的调整，及时发现并解决异常问题，使处理系统高效低耗地完成净化处理作用，以达到理想的环境效益、经济效益和社会效益。要做到这一点，管理人员需熟悉本工程的基本情况、工艺流程、各机械的运行操作。做好设施巡视、设备保养、交接班、安全操作等。具体包括以下方面。

1）维持处理设施正常的运行；

2）做好当班记录，包括当班运行数据、操作要点、测试结果、异常情况及如何处置等；

3）做好交接班，为下一班介绍情况，若发现异常苗子或隐患应强调指出、重点监视；

4）保证工作环境的舒适、卫生整洁；

5）设备维护保养工人应对处理系统的各种机电设备定期检查、保养及维修，对于各种设备，应设专卡专门记录产地、价格、运行状况、维修次数、保养责任人等，对于所有设备，应有足够的零配件、耗损材料的备件；

6）植物管理：植物的管理包括植物病虫害的防治、定期收割、回收再利用，碎屑和残体的及时清理、及时对部分死亡植物进行补栽。

12.1.2 护坡工程管理

1. 管理机构

根据《水利工程管理单位定岗标准》（水办[2004]307 号），并结合本工程的规模及性质，本着精简机构、高效管理的原则，工程建成后，由重庆市城市内河管理机构负责河道建筑及配套设施等的安全运行和维修养护管理，其管理人员负责全区河道及配套建筑物的日常管理、维修等工作。

2. 工程管理范围和保护范围

结合工程实际，考虑到河道面宽较小，工程划定护岸工程管理范围为：左、右岸堤防背水侧堤脚外 5m 之间的所有水面、护岸等。其他附属工程设施有观测、交通、通信设施、测量控制标点、界碑、里程碑等。

工程管理范围内禁止建设妨碍行洪的建筑物，禁止倒垃圾、渣土、从事有碍河势稳定及危害防洪堤安全或其他影响河道行洪的活动。保护范围为堤防背水坡线以外 10～30m，在此范围内禁止挖洞、建窑、打井、爆破等从事危害工程安全的活动。

3. 工程管理办法

管理机构应贯彻、执行国家的有关方针、政策和上级主管部门的指导，纳入防汛部门统计表进行科学调度，确保工程安全，充分发挥效益。工程施工期间依法管理，确保工程安全。

各级管理机构及管理人员，应建立管理人员责任制，认真贯彻执行有关法律、法规，依法进行管理。禁止在流域内乱挖乱建、乱排乱放，人为设障。对堤防、护岸、排污等工程存在的隐患，及时根治，确保工程安全。

工程竣工后，需进行大量的日常维修、养护等管理工作。为稳定队伍，补充管理经费不足，应合理利用综合整治工程的各种资源，开展综合经营，增加收入，壮大实力，以经营促管理，实现管理工作的良性循环。

管理人员应掌握工程规划、设计、施工、运行管理的有关资料，建立健全各项档案，通过管理运用、积累资料、分析整编、总结经验，不断改进管理工作。建立工程管理制度，定期进行巡查和检查、观测、养护维修，消除工程缺陷和隐患，保障各项建筑物和设施处于良好运行状态。

加强防汛指挥体系建设，区防汛指挥部由区委、区政府主要负责人及有关的委、办、局等负责人参加，辖区相应建立防台防汛领导小组。区防汛指挥部设在区水利局内，负责统一发布防汛抗灾命令，指挥、协调、督促各方落实防汛抗灾措施。

沿线设立警示标语，禁止沿线生活区居民向河道内倾倒生活垃圾，禁止在河道两岸的护坡破坏护坡植被、种植蔬菜等经济作物。加强群众护堤员的巡查力度，及时发现并阻止以上破坏行为。

12.2 工程效益评估

12.2.1 环境效益

1）该工程属于环境保护建设项目，它的建成不仅可以去除河道中的一般性污染物质，如 BOD_5、COD 等，还能够去除大量的氮、磷等营养物质及病原菌等。初步统计，工程建成运行后，按照目前设计水量 37 000m^3/d，设计进出水质，可减少对水体的污染物排放量，其中，BOD_5年削减量约为 219t/a，COD_{Cr}年削减量约为 766.5t/a，NH_3-N 年削减量约为 208t/a。从而可有效改善湿地以下河道的水质，减少向嘉陵江的污染物排放量，有利于改善水环境，增加水体自净能力，使河道沿岸水生态系统得以恢复。

2）该工程还可为受污染河道水体的生态处理提供技术支持，达到经济发展与环境保护相协调的目的。同时项目的建成，对于公众生态意识的提高，树立绿色生产、绿色消费的理念，改善区域内河流水系水环境质量，改善地区生态环境，为经济与环境的协调可持续发展、良好外部环境的创立奠定基础。

12.2.2 经济效益

项目建成后，湿地处理在提供更优质水源的同时，还将使重庆市拥有集处理、游览、宣传、科教于一体的水体生态净化设施，为加大招商引资力度、促进地方经济发展起到重要作用，为重庆市经济持续、稳定、健康地发展做出重要贡献，具有一定的潜在经济效益。

1. 水质改善经济价值

流域内水环境质量的提高，极大地改善了区域投资环境。这一效益的取得，为该地区的社会经济发展、外资引进以及产品数量和质量的提高，提供了较高质量的水资源保证条件。

2. 水污染控制效益

水污染控制效益可以用污染损失费用来衡量。目前，流域内部分河段水质出现超标现象，若不及时进行水污染控制和生态恢复，其后果将是十分严重的，势必导致流域水资源紧缺的局面、工农业以及生活用水不足、供水处理成本增加、景观质量下降、健康安全投入增加、水污染治理费用增加等，污染损失费用巨大。

3. 景观旅游效益

流域内通过环境整治以及景观建设大大提升河道的景观旅游价值，通过进一步挖掘现有旅游价值将使旅游环境得以改善，从而提高旅游吸引力，带动旅游产业结构的进一步优化和提升。

12.2.3 社会效益

生态破坏带来的不仅是经济问题，相伴而生的还有社会问题。因此，河道生态修复工程不仅产生环境经济效益，还会产生相应的社会效益。

1）湿地建成将提高城区基础设施水平，随着人们环境保护意识的普遍增强，建设水质净化设施得民心、顺民意，在改善城市环境的同时，也提高了人民生活质量。

2）湿地建设将大大改善河道水质，可有效地解决服务区域及下游河道的水污染问题，为城市服务，为社会服务；可改善城市市容，提高卫生水平，保护人民身体健康。对预防各种传染病、公害病、提高人民健康水平，起到重要作用。

3）该项目可作为公众教育示范基地，采用媒体宣传、公众参与等方式，提高公众对水质保护，人工湿地保护的意识，加大湿地处理工艺拓展和教育设施的投入，提高重庆市的湿地文化水准。同时湿地生态工程具有显著的环境效益与观赏性。

因此，该工程是创建国家卫生城市至关重要的基础设施之一，关系到经济的繁荣和社会的稳定，其社会效益是显著的。

参考文献

白世强，张春梅，卢升高. 2006. 基于维持河流健康的城市河道生态修复研究. 人民黄河，28（8）：3-4.

白玉华，章小军，雷志洪，等. 2008. 垂直流人工湿地净化机理及工程实践. 北京工业大学学报，（07）：761-766.

陈兴茹. 2006. 城市河流生态修复浅议. 中国水利水电科学研究院学报，（03）：226-231.

成水平，况琪军，夏宜琤. 1997. 香蒲、灯心草人工湿地的研究——Ⅰ.净化污水的效果. 湖泊科学，（04）：351-358.

崔伟中. 2003. 日本河流生态工程措施及其借鉴. 人民珠江，（05）：1-4.

董哲仁，孙亚东. 2007. 生态水利工程原理与技术. 北京：中国水利水电出版社.

董哲仁. 2004a. 河流生态恢复的目标. 中国水利，（10）：6-9.

董哲仁. 2004b. 河流保护的发展阶段及思考. 中国水利，（17）：16-17.

董哲仁. 2004c. 美国基西米河生态恢复工程的启示. 水利水电技术，35（9）：8-12.

董哲仁. 2007. 生态水工学探索. 北京：中国水利水电出版社.

高鹏杰. 2004. 浅谈河流治理中的生态问题. 北京水利，（04）：9-11.

高永胜，叶碎高，郑加才. 2007. 河流修复技术研究. 水利学报，（S1）：592-596.

韩黎. 2010. 生态河道治理模式及其评价方法研究. 大连：大连理工大学硕士学位论文.

韩玉玲，严齐斌，应聪慧，等. 2006. 应用植物措施建设生态河道的认识和思考. 中国水利，（20）：9-12.

何冰，高辉巧，夏旭东. 2006. 城市河流及其生态治理规划研究. 中国水土保持，（12）：23-25.

胡海泓. 1999. 生态型护岸及其应用前景. 广西水利水电，（04）：57-59，68.

黄逸群，张民，徐玉新. 2009. 人工湿地填料净化生活污水级配优化研究. 环境科学与技术，（03）：130-134，138.

季永兴，何刚强. 2004. 城市河道整治与生态城市建设. 水土保持研究，（03）：245-247.

季永兴，刘水芹，张勇. 2001. 城市河道整治中生态型护坡结构探讨. 水土保持研究，（04）：25-28.

康军利. 2007. 人工湿地对二级出水中 NH_3-N、TP 去除效果. 安全与环境学报，（05）：35-38.

李杰，钟成华，邓春光. 2007. 人工湿地研究进展. 安徽农业科学，（06）：1778-1780.

廖新俤，骆世明，吴银宝，等. 2004. 人工湿地植物筛选的研究. 草业学报，（05）：39-45.

刘惠清，许嘉巍，刘凤梅. 1998. 景观生态建设与生物多样性保护. 地理科学，（02）：61-67.

刘松岩，何涛，周本翔. 2006. 水生植物净化受污染水体研究进展. 安徽农业科学，（19）：5019-5021.

刘晓涛. 2001. 城市河流治理若干问题的探讨. 规划师，（06）：66-69.

刘延恺，陆苏，孟振全. 1994. 河道曝气法——适合我国国情的环境污水处理工艺. 环境污染与防治，（01）：22-25.

孟伟，傅泽强. 2011. 生态文明创新环境工程与科技的发展模式. 环境工程技术学报，1（1）：1-6.

孟伟，苏一兵，郑丙辉. 2004. 中国流域水污染现状与控制策略的探讨. 中国水利水电科学研究院学报，2（4）：242-246.

水利电力部东北勘测设计院. 1978. 洪水调查. 北京：水利电力出版社.
宋庆辉，杨志峰. 2002. 对我国城市河流综合管理的思考. 水科学进展，13（3）：377-382.
孙东亚，董哲仁，赵进勇. 2007. 河流生态修复的适应性管理方法. 水利水电技术，38（2）：57-59.
汪洋，周明耀，赵瑞龙，等. 2005. 城镇河道生态护坡技术的研究现状与展望. 中国水土保持科学，（01）：88-92.
王诚信，凌晖，史可红. 1999. 污染河流的纯氧曝气复氧. 上海环境科学，（09）：411-413.
王健. 2010. 表面流人工湿地污水处理技术应用探讨. 安徽建筑工业学院学报（自然科学版），（04）：51-55.
王淑梅，王宝贞，金文标，等. 2007. 污染水体就地综合净化方法在福田河综合治理中的应用. 给水排水，33（6）：12-14.
王树义. 2000. 流域管理体制研究. 长江流域资源与环境，（4）：419-423.
王薇，俞燕，王世和. 2001. 人工湿地污水处理工艺与设计. 城市环境与城市生态，（01）：59-62.
翁美娅，刘鹏，徐根娣，等. 2005. 人工湿地进行污水处理的研究进展. 安徽农业科学，（07）：1251-1253.
邬建国. 2000. 景观生态学——格局、过程、尺度与等级. 北京：高等教育出版社.
吴义锋，吕锡武，陈杨辉，等. 2007. 生态护砌改善河道水质的中试研究. 中国给水排水，23（11）：32-35.
徐大勇，徐祖信. 2008. 人工湿地植物生理生态及其去污机理研究. 安徽农业科学，（03）：1144-1146.
徐海波，宗瑞英. 2005. 谈城市河道生态护坡技术. 工程建设与设计，（01）：57-60.
许秋谨，李欣瑞，苏东波. 2001. 城市中小型湖泊河道生态治理的探讨. 环境保护，（06）：19-20.
许晓东. 2004. 边坡治理中植物护坡的选择与验收指标. 人民珠江，（04）：46-47，56.
杨海军，李永祥. 2005. 河流生态修复的理论与技术. 长春：吉林科学技术出版社.
杨芸. 1999. 论多自然型河流治理法对河流生态环境的影响. 四川环境，18（01）：19-24.
应聪慧，韩玉玲. 2005. 浅论植物措施在河道整治中的应用. 浙江水利科技，（05）：49-50，53.
张春艳，韩宝平，王晓. 2006. 提高潜流式人工湿地氮去除率的方法研究进展. 环境科学与管理，（09）：77-79.
张龙. 2007. 生态水利在现代河道治理中的应用. 合肥：合肥工业大学硕士学位论文.
张颂军. 2007. 浅谈城市河流治理与健康对城市生态环境的影响. 水科学与工程技术，（03）：52-54.
张秀敏，马生伟. 1999. 抚仙湖流域综合治理规划方案研究. 环境科学研究，12（5）：16-19.
赵发敏，海热提，韩晓丽. 2011. 人工湿地填料去除氨氮优化配比及影响因素研究. 环境科学与技术，（09）：26-30.
赵进勇，孙东亚，董哲仁. 2007. 河流地貌多样性修复方法. 水利水电技术，38（2）：78-83.
中国水电顾问集团华东勘测设计研究院. 2009. 清水溪流域综合治理规划和可行性研究. 杭州：华东勘测设计研究院.
朱晨东. 2003. 河道的生态治理——北京转河生态化改造. 北京规划建设，（05）：61-62.
Admiraal W，Van Der Velde G，Smit H，et al. 1993. The rivers Rhine and Meuse in the Netherlands：present state and signs of ecological recovery. Hydrobiologia，265（1）：97-128.
Alexander G G，Allan J D. 2006. Stream restoration in the upper Midwest U.S.A. Restoration Ecology，14（4）：595-604.
Bohn B A，Kershner J L. 2002. Establishing aquatic restoration priorities using a watershed approach. Journal

of Environmental Management，64：355-363.

Copeland R R，Mccomas D N，Thorne C R，et al. 2001. Hydraulic Design of Stream Restoration Projects. Vicksburg，Mississippi：Report ERDC/CHL TR-01-28.

Dahm C N，Cummins K W，Valett H M，et al. 1995. An ecosystem view of the restoration of the Kissimmee River. Restoration Ecology，3（3）：225-238.

Harnischmacher S. 2007. Thresholds in small rivers，hypotheses developed from fluvial morphological research in western Germany. Geomorphology，92（3-4）：119-133.

Huang J C，Mitsch W J，Zhang L. 2009. Ecological restoration design of a stream on a college campus in central Ohio. Ecological Engineering，35：329-340.

Hughes R，Whittier T，Rohm C，et al. 1990. A regional framework for establishing recovery criteria. Journal of Environmental Management，14（5）：673-683.

Keulegan G H. 1938. Laws of turbulent flow in open channels. Journal of Research Nation Bureau of Standards，21（6）：707-741.

Kondolf G M. 1998. Lessons learned from river restoration projects in California. Aquatic Conservation：Marine and Freshwater Ecosystems，8（1）：39-52.

Malakoff D. 2004. The river doctor. Science，305（5686）：937-939.

Mitsch W J，Jorgensen S E. 2003. Ecological engineering：a field whose time has come. Ecological Engineering，20（5）：363-377.

Naiman R J，Decamps H，Pollock M. 1993. The role of riparian corridors in maintaining regional biodiversity. Ecological Applications，3（2）：209-212.

Nakamura K，Tockner K，Amano K. 2006. River and wetland restoration：lessons from Japan. BioScience，56（5）：419-429.

National Research Council. 1992. Committee on Restoration of Aquatic Ecosystems. Washington DC：National Academy Press.

Natural Resources Conservation Service. 2007. Stream Restoration Design National Engineering Handbook. Washington DC：United States Department of Agriculture.

Ormerod S. 2003. Restoration in applied ecology：editor's introduction. Journal of Applied Ecology，40（1）：44-50.

Palmer M，Bernhardt E，Allan J，et al. 2005. Standards for ecologically successful river restoration. Journal of Applied Ecology，42（2）：208-217.

Pedroli B，Blust G D，Looy K V，et al. 2002. Setting targets in strategies for river restoration. Landscape Ecology，17（1）：5-18.

Petersen M M. 1999. A natural approach to watershed planning，restoration and management. Water Sciences and Technology，39（12）：347-352.

Schumm S A. 1977. The Fluvial System. New York：John Wiley and Sons.

彩　　图

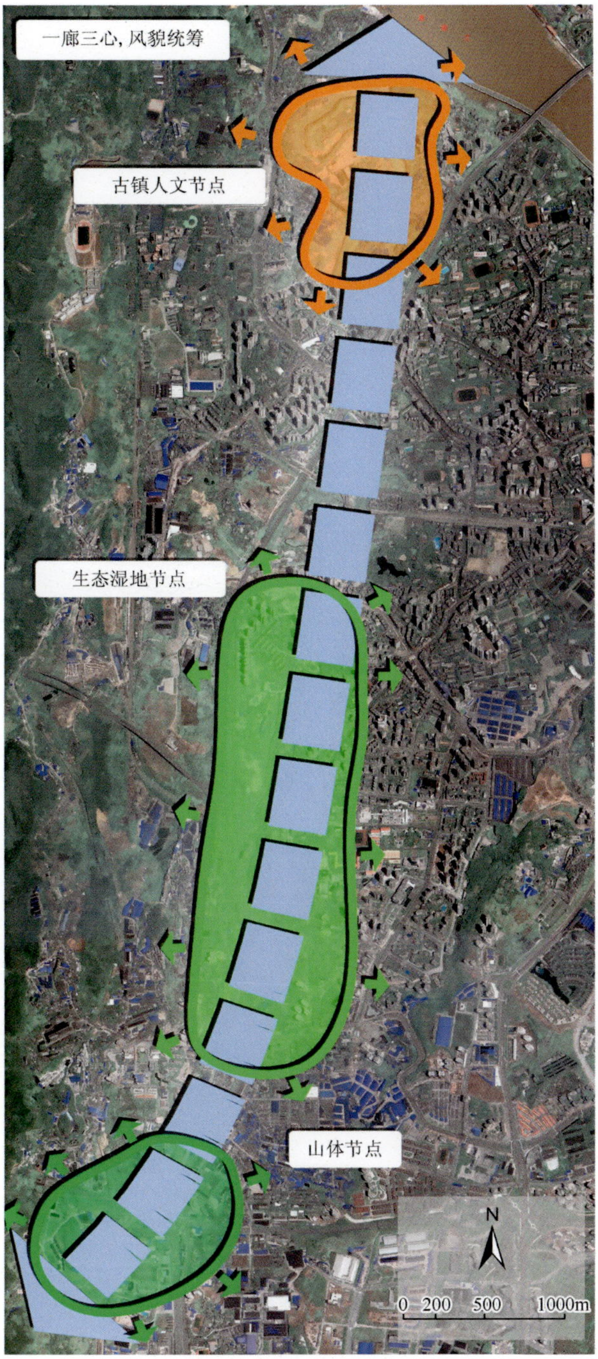

图 7-2　总体景观规划结构

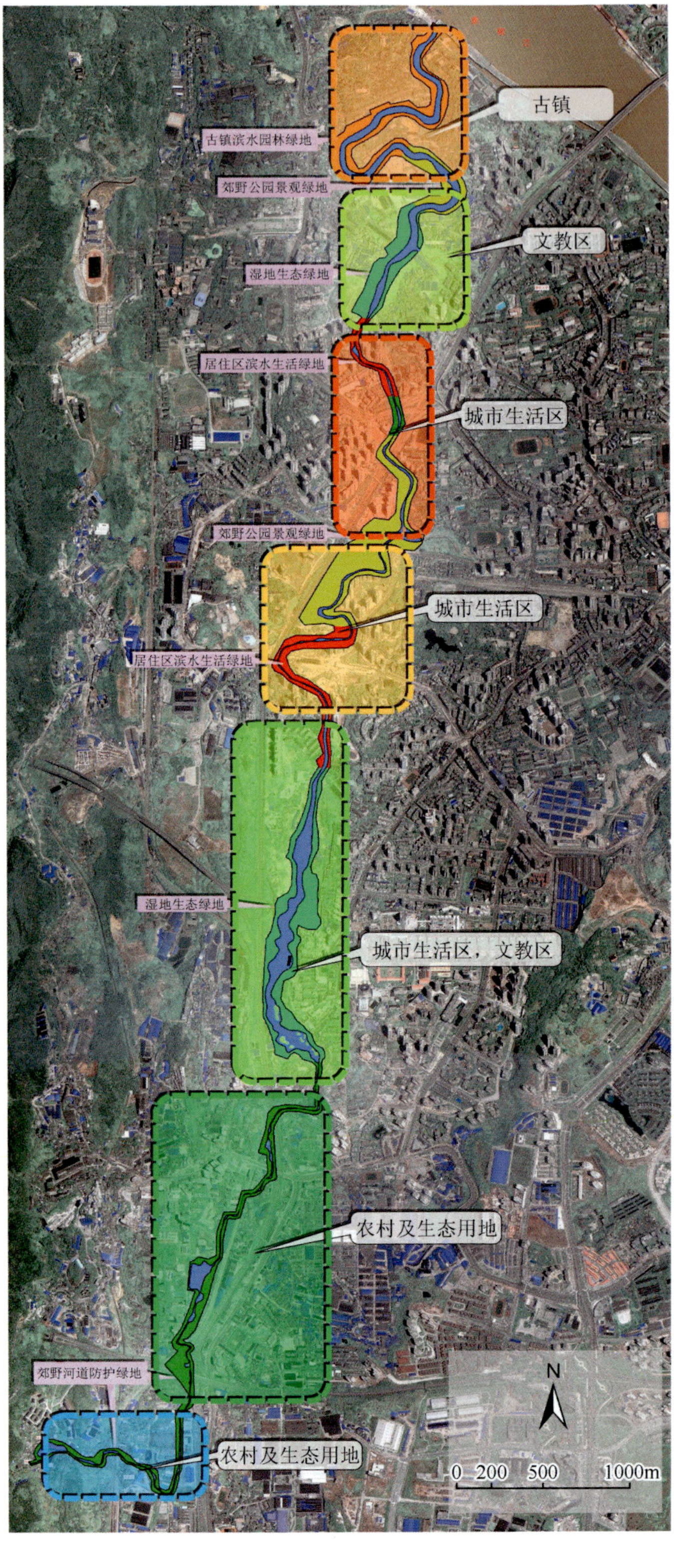

图 7-3　河流流经区段分析图

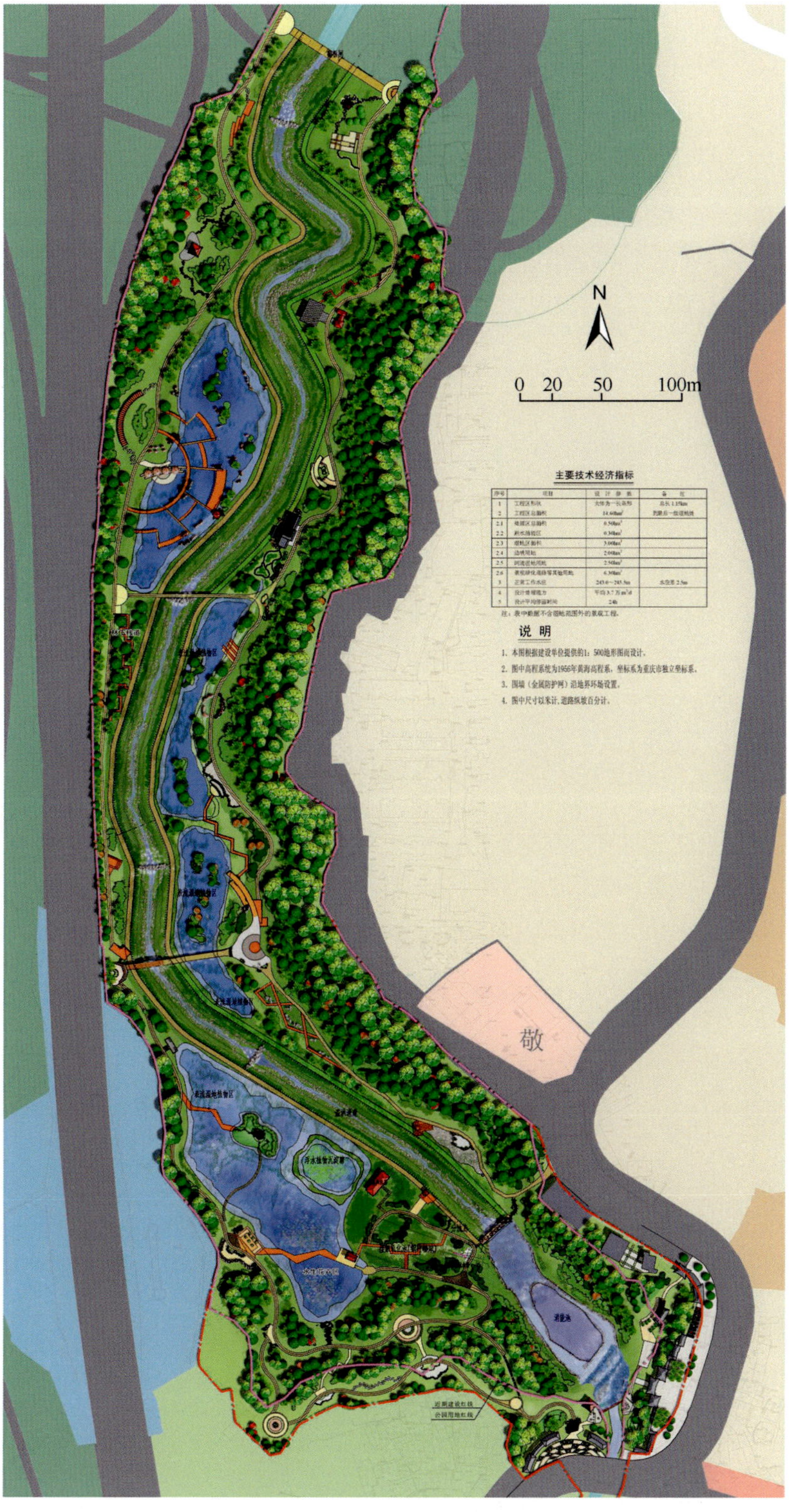

图 8-1　方案一总平面布置图

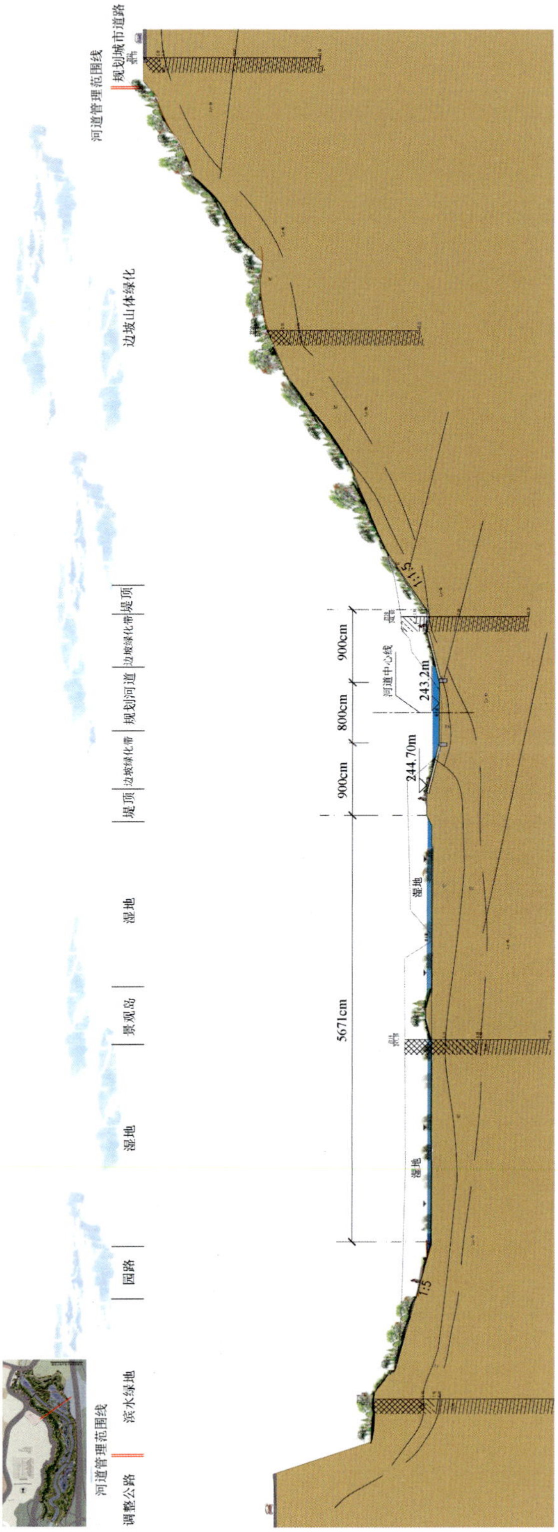

图 8-2　方案一横断面布置示意图

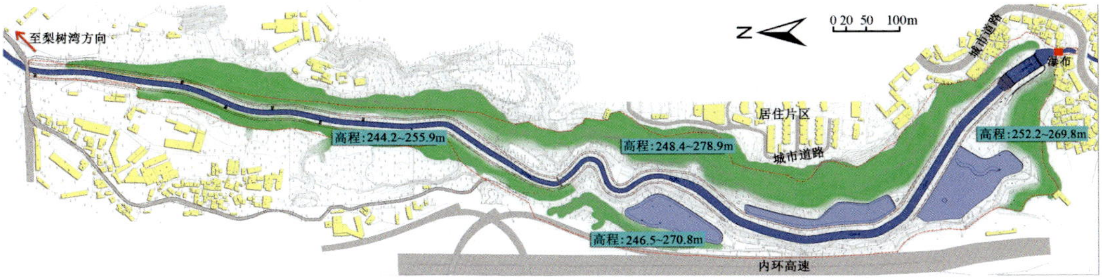

图例

瀑布　　原有建筑

规划及现状周边主交通　　植被分布区域

图 10-3　湿地现状分析图

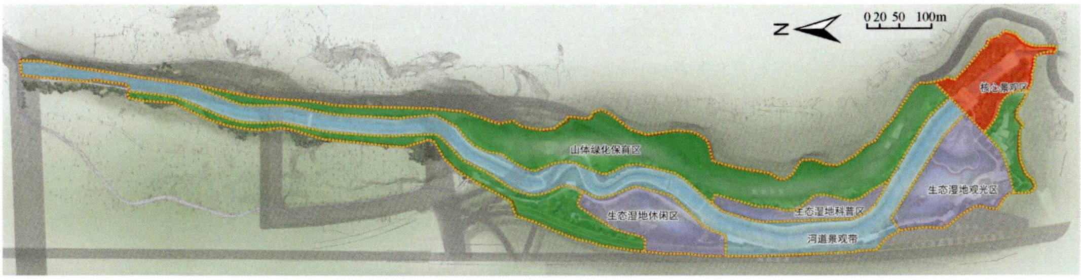

图 10-4　分区设计图

①瀑布 ②消能池 ③一号桥 ④场地内未拆迁民居 ⑤接触氧化池（埋地）⑥高滩岩周边居住区 ⑦规划高架 ⑧内环高速 ⑨内环高速服务区 ⑩鼓风机房 ⑪游客中心（内含厕所）⑫浮水植物沉淀塘 ⑬一号表流湿地 ⑭一号表流湿地栈桥 ⑮生态保育林地 ⑯二号表流湿地 ⑰二号表流湿地栈桥 ⑱会车平台 ⑲厕所 ⑳二号桥 ㉑三号表流湿地景观栈桥及亲水平台 ㉒三号表流湿地 ㉓观景平台 ㉔停车场（共15个）㉕登山步道 ㉖观景亭 ㉗三号桥 ㉘主入口 ㉙四号桥 ㉚进入园区车行道 ㉛现状民居 ㉜永东修理厂 ㉝生态护岸景观带 ㉞垃圾集中转运点 ㉟与园区相连市政道路

技术指标：
总用地面积：181 747m²（约272.5亩①） 湿地面积：16 632m² 水体面积：15 669m² 建筑占地面积：445m² 建筑面积：630m² 道路面积：14 125m²（包括车行道3508m²） 建筑小品：222m²
景观小品面积：1479m² 铺装面积：2520m² 停车场：270m²（15个停车位） 绿化面积：130 385m² 绿化率：88.7%

图 10-5 总平面图

图 10-6　鸟瞰图 1

图 10-7　鸟瞰图 2

(a) 核心景观区平面图

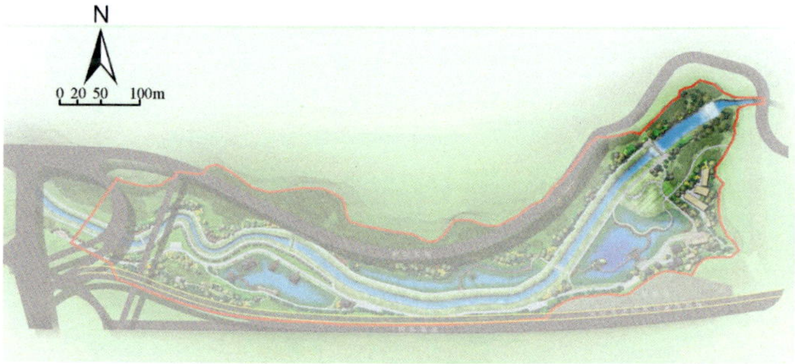

(b) 索引图

图 10-11　核心景观区平面图及索引图

图 10-12　核心景观区效果图

(a) 生态湿地观光区平面图

(b) 索引图

图 10-13　生态湿地观光区平面图及索引图

图 10-14　生态湿地观光区效果图 1

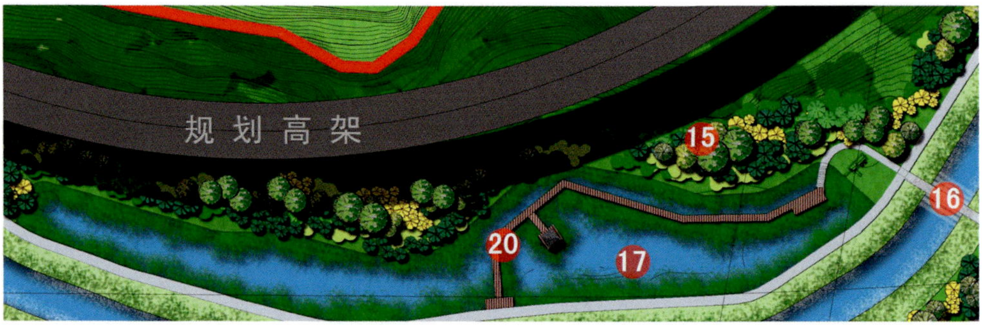

(a) 生态湿地科普区平面图

(b) 索引图

图 10-16　生态湿地科普区平面图及索引图

图 10-17　生态湿地效果图

8 停车场　22 三级表流湿地　25 观景休憩平台
18 休闲平台　23 观景平台　26 眺远台

(a) 生态湿地休闲区平面图

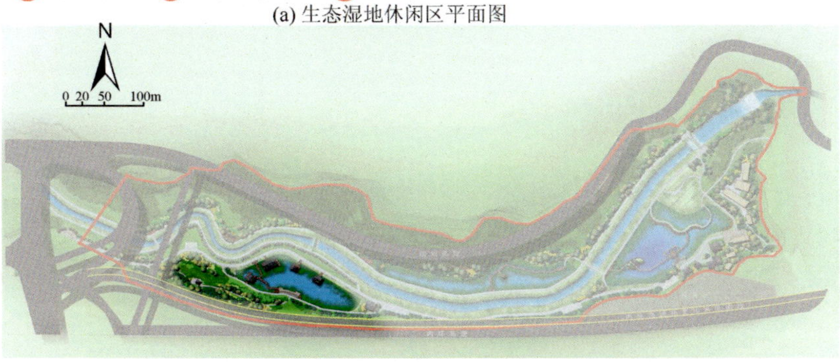

(b) 索引图

图 10-19　生态湿地休闲区平面图及索引图

图 10-20　生态湿地休闲区效果图

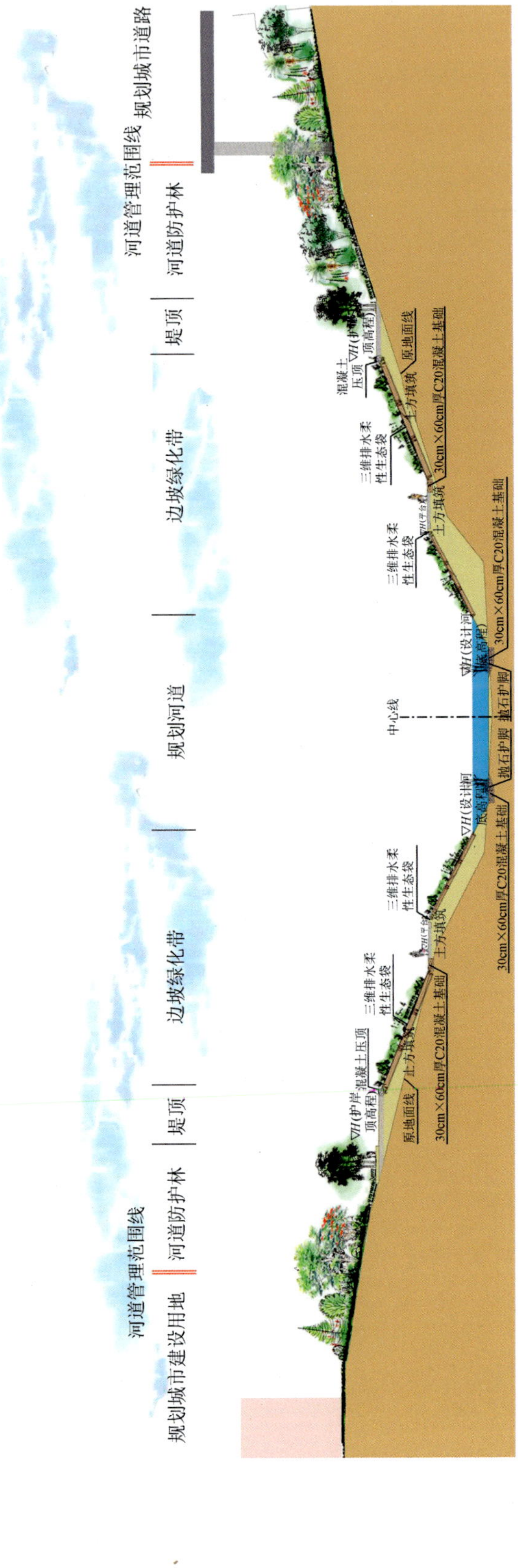

图 10-26　河道典型断面图